우리나라 여름 꽃의 모든 것 !
야생화 · 정원화 · 꽃 나무를 꽃의 색깔별로 수록

여름에 피는 꽃

국 립 생 물 자 원 관
현진오 · 나혜련 · 이병윤

21세기사

이 도서의 국립중앙도서관 출판예정도서목록(CIP)은 서지정보유통지원시스템 홈페이지(http://seoji.nl.go.kr)와

국가자료공동목록시스템(http://www.nl.go.kr/kolisnet)에서 이용하실 수 있습니다.(CIP제어번호: CIP2016016471)

들어가는 말

    지구상에 살고 있는 식물은 선태류와 관다발식물을 포함하여 28만종쯤 된다. 이것은 현재까지 지구에 살고 있는 것으로 밝혀진 생물 150만종 가운데 19%에 해당한다.

    현재 우리나라에 보고되어있는 국내 야생화의 수는 205과 1,158속 4,939종이다. 일반인들이 이해하기 쉽게 꽃이 피는 시기와 꽃의 색에 따라 계절별로 분류하였다.

1. 봄 야생화는 대체적으로 3월에서 5월 사이에 개화하는 야생화들을 봄 야생화로 분류한다. 대표적으로 얼레지, 노루귀, 애기똥풀 등이 있다.
2. 여름 야생화는 꽃이 피는 시기가 6월에서 8월 사이에 야생화들을 여름 야생화로 분류한다. 비비추, 동자꽃, 곰취 등이 있다.
3. 가을 야생화는 9월에서 11월 사이에 꽃이 피는 야생화들을 가을 야생화로 분류한다. 구절초, 꿩의비름, 투구꽃 등이 대표적이다.
4. 겨울 야생화는 다른 계절에 비해 그 수가 현저히 적지만 12월에서 2월 사이에도 꽃을 피우는 야생화들이 있다. 겨울 야생화로 분류하며, 동백과 솜다리등이 있다.

　이들 가운데는 세계적으로 우리나라에만 자라는 종도 있는데 이것을 한국 특산종 또는 한국 고유종이라고 부른다. 설악산의 금강초롱꽃, 소백산의 모데미풀, 지리산의 히어리, 한라산의 구상나무, 울릉도의 섬시호 등이 이런 식물인데, 남북한을 합쳐서 400종쯤 된다. 특산식물은 우리나라에서의 멸종이 지구상에서의 멸종을 의미하므로 우리가 보전해야 할 의미와 가치가 높은 종이므로 많은 관심을 부탁드린다.

차 례

01

노란색 꽃

(연두색 · 황녹색 · 녹색 포함)

가는가래

잎

밑 부분에 달린 잎은 길이 4~6㎝, 나비 0.7㎜정도로서 끝이 뾰족하지만 물 위에 뜨는 잎은 긴 원형이고 길이 2~2.7㎝, 나비 0.5~1㎝로 끝이 둔하며 밑 부분이 예저이다. 엽병은 길이 6~14㎜이고 탁엽은 길이 6~16mm이다.

꽃

꽃은 양성으로서 5~9월에 피며 황록색이고 화경은 길이 8~16mm이며 화수는 길이 6~9mm이고 수술과 암술은 각 4개이다.

열매

수과는 둥글고 대가 있으며 단
단한 과피에 싸여 있고 뒷면에
닭 벗 모양의 돌기가 있다.

줄기

물속에 있는 줄기는 가지가 많
이 갈라져 있다.

뿌리

땅속줄기가 옆으로 길게 뻗고 마디에서 뿌리와 가지가 많이 갈라지는 수중경이
나온다.

크기

높이가 20~60cm정도로 자란다.

분포

전국 각지에 분포한다.

생태

다년생 수초이다. 물속에서 자란다.

이용방안

전초는 안자채, 어린뿌리는 정파질이라 하며 약용한다.

가는갯능쟁이

잎

잎은 어긋나기하고 피침형 또는 선형이며 녹색이고 처음에는 백분으로 덮여 있으며 길이 5~10cm, 폭 3~15mm로서 끝이 뾰족하고 가장자리가 밋밋하거나 2~3개의 톱니가 있으며 길이 5~15mm의 엽병이 있다.

꽃

잎꽃은 7~8월에 피며 단성 꽃이고 줄기 끝이나 윗부분의 잎겨드랑이에 모여 달리며 전체가 이삭꽃차례와 비슷하고 암꽃과 수꽃이 섞여서 달리며 연녹색이고 수꽃은 포가 없으며 4~6개의 꽃받침조각이 있고 꽃잎은 없으며 수술은 4~8개이고 암꽃은 2개의 포가 있으며 꽃받침조각이 없고 씨방에 2개의 암술대가 있다. 포는 자라서 난상 삼각형이 되고 3맥이 있으며 가장자리가 거의 밋밋하고 길이와 폭이 각각 3~4mm로서 1개의 낭과가 들어 있다.

🍒 열매

열매는 낭과 이고 종자는 흑색이며 지름 1.5mm정도로서 원반 모양이다.

🌳 줄기

높이 30~50cm이고 곧게 서며 줄기는 단단하고 가지는 다소 위를 향하며 다육성이다.

🗺 분포

우리나라 중부이남 해변에 분포한다.

🌾 생태

1년생 초본이다. 바닷가 모래땅에서 자란다.

가는기린초

잎

잎은 어긋나기하며 거꿀피침모양이거나 간혹 좁고 긴 타원형이고 양끝이 좁으
며 엽병이 없고 길이 3~6cm, 폭 7~15mm로서 가장자리에 둔한 톱니가 있으며
양면에 털이 없고 육질이다.

꽃

꽃은 7~8월에 피고 지름 10~13mm이며 원줄기 끝의 산 방상 취산꽃차례에 많은
꽃이 달리고 꽃자루는 짧거나 거의 없다. 꽃받침조각은 5개이고 넓은 선형이며
밑 부분이 약간 퍼지고 길이 3~5mm이다. 꽃잎은 5개이며 피침형 또는 넓은 피

침 형이며 끝이 뾰족하고 길이 6~10mm로서 꽃받침보다 1.5~2배 길다. 수술은 10개로서 꽃잎보다 짧고 암술은 5개이다.

🍒 열매

골 돌은 5개가 별처럼 배열되었으며 달걀모양(卵形)이고 10개 내외의 종자가 8~9월에 성숙한다.

🌳 줄기

1~2개의 줄기가 나와 곧게 서며 높이 20~50cm정도 자라고 전체에 털이 없다.

🌱 뿌리

근경은 짧고 굵다.

🗺 분포

전국 각지에 분포한다.

🌾 생태

여러해살이풀이다. 산비탈 돌밭, 모래자갈 땅에서 자란다.

💡 이용방안

관상용으로 이용한다. 어린 순을 나물로 하는데 신맛이 있기 때문에 데친 다음 물에 담갔다가 먹는다. 전초는 경천삼칠, 뿌리는 경천삼칠근이라 하며 약용한다.

가는잎쐐기풀

잎

잎은 마주나기하고 긴 타원형 또는 피침 형이며 길이 6~12cm, 나비 1.5~5cm로서 짙은 녹색이고 끝이 뾰족하며 가장자리에 톱니가 있고 밑 부분이 둥글며 양면에 털이 그다지 많지 않고 뒷면 맥 위에 잔털이 있다. 엽병은 길이 1~3cm로서 짧은 털이 있거나 없으며 기부 양쪽의 탁엽은 4개로서 길이 7~8mm이고 선형이다.

꽃

꽃은 대개 일가화로서 7~8월에 피고 녹색이며 이삭꽃차례는 각 잎겨드랑이에서 2개씩 나오고 윗부분에서 나온 꽃차례에는 암꽃, 밑 부분에서 나온 꽃차례에는 수꽃이 달린다. 수꽃은 화피열편과 수술이 각각 4개이다. 자화서(雌花序)는 액생하며 암꽃은 4개의 화피열편과 1개의 암술이 있다. 화피는 숙존 한다.

🍒 열매

수과는 납작한 달걀모양으로 길이 1mm 가량이고 매끈하며 8~9월에 성숙한다.

🌳 줄기

높이 50~100cm이고 가지가 다소 갈라지며 모여나기하고 둔하게 네모지며 자모(刺毛)가 있다.

🗺️ 분포

전국 각지에 분포한다.

🌱 생태

여러해살이풀이다. 숲 가장자리에서 자란다.

💡 이용방안

줄기의 섬유는 직포와 펄프공업에 쓰인다. 가는잎쐐기풀, 애기쐐기풀의 전초(全草)는 담마, 뿌리를 담마근이라 하며 약용한다.

가래

🍁 잎

물 위에 나온 잎은 길이 5~10cm, 폭 1.5~4cm로서 피침형 또는 난상 타원형이고 엽병은 길이 6~10cm이지만 물의 깊이에 따라 길거나 짧다. 물 속잎은 피침 형이며 엽병이 길고 양끝이 좁으며 가장자리의 세포가 톱니처럼 도드라 진다.

탁엽은 길이 3~4.5cm로서 얇은 막질이고 썩기 쉽다.

🌼 꽃

꽃은 7~8월에 피고 이삭꽃차례에 달리며 황록색으로 핀다. 잎겨드랑이에서 길이 7cm정도의 화경이 나와 많은 꽃이 물 위에 조밀하게 핀다. 화수(花穗)는 길이 2~5cm이고 꽃차례의 대는 윗부분이 가늘어진다. 꽃잎은 4개로서 꽃밥부리가 있고 끝에 짧은 암술대가 달린다. 수술은 4개로 세로로 터지는 2개의 포로 덮인 꽃밥이 있고, 씨방은 4개다.

열매

핵과는 길이 3~3.5mm로 뒷면에 능선이 있고 , 끝에 짧은 암술대가 있다.

줄기

길이가 약 50cm정도 자란다.

뿌리

근경은 옆으로 뻗으면서 마디마다 뿌리가 내린다.

분포

전국에 각지에 분포한다.

생태

여러해살이풀로 관엽식물이다. 논이나 물이 고인 웅덩이에서 자생하는 수생식물이다.

이용방안

수재화단에 심어 관상한다. 연못에 심을 때는 화분에 심어 얕게 들여 놓는다. 전초는 안자채, 어린뿌리는 정파칠이라 하며 약용한다.

가지돌꽃

잎

밑 부분의 잎은 작고 윗부분의 잎은 피침 형이며 길이 4~10mm, 폭1~2.5mm로서 다육성이고 가장자리는 밋밋하다.

꽃

양성 꽃으로서 몇 개가 취산꽃차례에 모여 달리고 꽃받침조각은 4개이지만 2~3개인 것도 있으며 길이 2.5mm로서 끝이 둔하다. 꽃잎은 4(2~3)개이고 서로 닿으며 길이 4.5~5mm로서 황색이고 수술은 8개로서 그중 4개는 꽃잎 밑에 붙어 있으며 4개는 어긋나기하고 꽃잎보다 다소 밖으로 나와 있으며 씨방은 4(2~3)개이다.

열매

열매는 골돌로 4개이다.

 줄기

줄기는 1개가 높이 5~6cm정도 곧게 자란다.

 뿌리

뿌리는 갈라져 길게 자라고 선단에 적갈색 비늘조각으로 덮여 있다.

 분포

우리나라 북부지역에 분포한다.

 생태

여러해살이풀이다. 고산 바위에서 자란다.

특징

좁은잎돌꽃과 비슷하지만 꽃이 양성이고 뿌리가 갈라지는 것이 다르다.

갈퀴꼭두선이

잎

잎은 원줄기에서는 6~10개씩 돌려나기 하지만 그 중 절반은 탁엽이며 가지에서는 4~6개씩 돌려나기 하고 긴 타원상 달걀모양이며 점첨두이고 원저이거나 심장저이며 길이 2~7cm, 폭 2~4cm로서 3~9맥이 있고 윗면은 깔깔하며 뒷면은 맥 위와 가장자리에 짧은 가시가 있고 엽병은 길이 1~10cm이다.

꽃

꽃은 7~8월에 지름 3~4mm의 황백색 꽃이 줄기와 가지 끝에서 취산꽃차례로 피며 전체가 성글게 퍼진 원뿔모양꽃차례 꼴을 이룬다. 꽃자루는 짧고 꽃받침은 끝이 평두로서 분명치 않으며 꽃부리는 바퀴모양이고 5개로 갈라지며 5개의 수술은 꽃통 목안에 붙고 씨방은 하위이며 털이 없고 암술대 윗부분은 두 가닥이다.

 ## 열매

장과는 2개씩 달리고 둥글며 지름 5~6mm로 8~9월에 흑색으로 익으며 1개의 종자가 들어 있다.

 ## 줄기

원줄기는 가늘고 네모지며 능선에 밑을 향한 짧은 가시가 있어 다른 물체에 잘 붙고 속이 비었다.

 ## 뿌리

매듭이 많은 근경이 있으며 자홍색 또는 은홍색의 잔뿌리가 많이 내린다.

분포

전국 각지에 분포한다.

생태

다년생 덩굴초본이다. 숲가장자리 관목림에서 자란다.

이용방안

뿌리를 물감으로 이용한다. 어린 순을 나물로 한다. 꼭두서니/큰 꼭두서니/갈퀴 꼭두서니의 뿌리 및 근경은 천초근, 경엽은 천초경이라 하며 약용한다.

개감수

잎

잎은 어긋나기하며 엽병이 없고 좁고 긴 타원형 또는 거꿀피침모양이며 둔 두이고 밑이 좁으며 길이 3~6cm, 폭 0.7~2cm로서 주맥이 뒷면으로 나오고 톱니가 없으며 포는 삼각상 달걀모양 또는 난상의 넓은 타원모양이다. 원줄기 끝에서는 5개의 피침형 잎이 돌려나기하며 그 윗부분에서 5개의 가지가 갈라진다.

꽃

총포조각은 녹색이며 삼각상 달걀모양 또는 삼각형이고 길이 1~4cm, 폭 0.8~2.5cm로서 둔두 또는 예두이다. 소화서는 1개의 꽃처럼 보이며 소총포는 동

합하여 짧은 가지처럼 되고 길이 3mm로서 갈자색이며 그 속에 1개의 암술로된 1개의 암꽃과 1개의 수술로 된 몇 개의 수꽃이 있다. 선체는 초생달같고 홍자색이며 암술대는 길고 끝이 2개로 갈라진다. 꽃은 녹황색으로 7월에 피며 소총포는 도원추상 종형이고 열편은 달걀모양이다.

열매

삭과는 구형(球形)이고 광택이 나며 지름 3mm로서 3각편 개열하여 난원형의 평활한 종자를 방출한다. 종자는 길이2~3mm정도로서 밋밋하다.

줄기

높이 20~40cm이며 털이 없고 녹색이지만 홍자색이 돌며 자르면 유액이 나온다.

뿌리

뿌리는 수염뿌리로 옆으로 뻗는다.

분포

제주, 전남, 전북, 경남, 경북, 경기, 황해, 함북에 분포.

생태

여러해살이풀이다. 산이나 들에 난다.

이용방안

뿌리를 감수라 하며 약용한다.

개구리미나리

잎

근생엽과 밑 부분의 줄기 잎은 엽병이 길지만 위로 갈수록 짧아지고 없어지며
잎은 2회 3출 복엽이고 길이 3~6cm, 폭 7~12mm이다. 첫째 소엽은 엽병이 있
으나 둘째 소엽은 엽병이 없으며 2~3개씩 깊게 갈라지고 가장자리에 불규칙한
톱니가 있다.

꽃

꽃은 6~7월에 피며 황색이고 꽃자루에 1개씩 달려서 전체가 취산 상으로 되며
지름 1~1.5cm내외. 꽃받침조각은 5개로서 연녹색이며 겉에 털이 약간 있고 달걀

모양이며 뒤로 젖혀지고 꽃잎도 5개로서 꽃받침보다 약간 길며 밑 부분에 비늘 조각 같은 작은 꿀샘이 있다.

 열매

수과는 길이 3mm정도이고 모여서 지름 1cm정도의 둥근 취과로 되며 도란상 원형이다. 암술대 끝이 거의 구부러지지 않는다.

줄기

높이 50~100cm이고 밑 부분에 퍼진 털이 있으며 윗부분에 가지가 갈라지고 털이 적다.

분포

전국 각지에 분포한다.

생태

2년생 초본이다. 산기슭의 습기가 있는 양지나 논두렁에서 자란다.

이용방안

독성이 있으나 줄기와 잎을 생약으로 사용한다.

개모시풀

잎

잎은 마주나기하고, 넓은 달걀모양 또는 원형이며 길이 10cm, 나비 12~18cm로
서 가장자리의 톱니는 결각상이고 줄기 위로 갈수록 결각은 커져서 끝부분이
주맥의 끝부분과 더불어 크게 3개로 갈라진다. 윗부분의 잎은 엽병이 짧으며 난
상 타원형으로서 끝이 꼬리처럼 길게 뾰족해지고 톱니가 그리 크지 않다. 양면
에 짧고 거친 털이 퍼져나 있으며, 막질이다.

꽃

꽃은 암수한그루로서 이삭꽃차례로 달리고 7~8월에 피며 연한 녹색이다.

이삭꽃차례는 잎겨드랑이에서 나오며 밑 부분에 웅화서, 윗부분에 자화서가 달린다. 수꽃은 여러 개가 모여 달리고 4개씩의 화피열편과 수술이 있으며 암꽃은 화피 통으로 싸여 있고 전체에 털이 있으나 윗부분의 것이 가장 길며 여러 개가 모여서 밤송이같이 꽃차례에 달린다.

🍒 열매

열매는 수과로 거꿀달걀모양이고, 가장자리에 날개가 있으며, 전체에 털이 있다.

🌳 줄기

높이가 1m에 달하고 둔한 능선이 있으며 짧은 털이 밀생한다.

분포

우리나라 중부 이남에 분포한다.

🌾 생태

여러해살이풀이다. 산기슭, 골짜기에 분포한다.

27

개비름

🍁 잎

잎은 어긋나기하며 녹색이지만 흔히 갈자색이 돌고 사각상 달걀모양이며 요두
예저이고 길이 4~8cm, 넓이 2.5~4cm로서 가장자리가 밋밋하다. 표면은 녹색이
고 뒷면은 담녹색이며 양면에 털이 없다. 엽병은 길이 1~4cm이다.

🌼 꽃

0.5~1.5mm로서 둔두이다. 꽃부리는 황색이고 길이 7~7.5mm, 나비 1.5mm로서
5꽃은 양성으로서 6~7월에 피며 작고 잎겨드랑이와 원줄기 끝에 모여서 이삭꽃
차례를 형성하고 전체적으로는 원뿔모양꽃차례로 된다. 포는 작으며 꽃받침보

다 짧고 꽃받침은 녹색이며 3개로 갈라지고 열편은 길이 1.5mm정도로서 피침형이다. 수술은 3개이며 암술은 1개이고 암술대는 3개로 갈라진다.

🍒 열매

낭과는 편 원형이며 벌어지지 않고 주름이 없으며 꽃받침보다 다소 길다. 종자는 지름 1.2mm정도이며 흑갈색이고 윤채가 있으며 가장자리는 얇다. 8~9월에 열매가 성숙한다.

🌳 줄기

높이 30~80cm이고 전체에 털이 없으며 기부에서 많은 가지가 갈라지고 가로 눕거나 비스듬히 서며 연한 녹색이고 능선이 있다.

🗾 분포

전국 각지에 분포한다.

🌱 생태

한해살이풀이다. 길가나 빈터, 밭둑 등 볕이 잘 드는 곳에 흔히 자란다.

💡 이용방안

어린 순을 나물로 한다. 줄기와 잎을 사료로 쓴다. 전초 또는 뿌리를 백현이라 하며 약용한다.

개쇠뜨기

잎

엽초는 열편과 더불어 길이 10~12mm로서 녹색이고 열편은 피침 형이며 갈색에서 흑색으로 되고 가장자리는 백색막질이다.

열매

포자낭수는 원줄기 끝에 달리며 길이 1~3cm로서 긴 타원형이며 갈색이 도는 자주색에서 점차 누른빛이 돌고 대가있다.

줄기

식물체 전체가 영양경과 포자경을 겸한다. 원줄기는 마디 또는 땅속줄기 끝에서 곧게 자라고 높이 20~60cm, 지름 2~4mm로서 옆으로 잔주름이 있으며 가지가 규칙적으로 돋지만 끝부분에는 가지가 없다. 마디에서 여러 개의 가지가 둘러나고 비스듬히 서며 갈라지지 않는다.

뿌리

땅속줄기는 옆으로 뻗으며 마디가 있고 흑갈색이며 마디에서 잔뿌리가 돋는다.

분포

울릉도 및 중부, 북부지방에 분포한다.

생태

여러해살이풀이다. 산야의 습지, 늪가의 응달에서 무리지어 자란다.

이용방안

전초를 골절초라 하며 약용한다.

개시호

잎

잎은 이열로 어긋나고 근생엽은 엽병이 길며 넓은 피침 형 또는 긴 타원형이고 줄기 잎은 엽병이 없으며 밑 부분이 이저로서 원줄기를 얼싸안고 끝이 예두 또는 둔 두이며 길이 5~15cm, 폭 2~3.5cm이고 구두창 같으며 쐐기모양의 긴타원모양 또는 피침 형이고 뒷면에 약간 흰빛이 돌며 가장자리가 밋밋하다.

꽃

꽃은 황색으로 7~8월에 피고 겹우산모양꽃차례로서 윗부분의 잎겨드랑이와 줄기 또는 가지 끝에 정생하며, 5~10개의 꽃자루가 갈라지고 10~15개의 꽃이 달린다. 총포는 긴타원모양으로 1~2개이며, 소총포는 5개로서 달걀모양 또는 피침형이다. 꽃부리는 소형이고 꽃잎은 긴타원모양 5개이며 안으로 굽는다.

열매

열매는 분과로 긴 타원형이며 길이 3.5~4mm로서 능선이 있다.

줄기

높이 40~50cm이고 전체에 털이 없으며 곧게 자라고 윗부분에서 가지가 갈라진다.

분포

제주, 전남(지리산), 전북(덕유산), 경남, 강원(백석산), 경기(가평), 황해, 평북에 분포한다.

생태

여러해살이풀이다. 깊은 산의 나무 밑이나 초생지에 난다.

이용방안

어린 순을 나물로 한다. 뿌리를 시호과 하며 약용한다.

개연꽃

잎

잎은 근 생이며 침수 엽과 수상엽, 2형이 있다. 침수 엽은 길고 좁으며 가장자리
가 물결모양이고 막질이다. 수상 엽은 긴 달걀모양 또는 긴 타원형이며 둔두 또
는 원두이고 밑 부분이 전형(箭形)이며 길이 20~30cm, 폭 7~12cm로서 가장자
리가 밋밋하고 표면은 털이 없으나 뒷면은 어릴 때 털이 약간 있으며 광채 나는
가죽질이다.

꽃

꽃은 황색으로 8~9월에 피며 뿌리에서 원주형의 긴 꽃대가 나와 황색 꽃이 1개

씩 달리며 꽃은 지름 5cm이고 5개의 꽃받침조각은 넓은 거꿀달걀모양이며 원주이고 길이 2.5cm로서 꽃잎 같으며 꽃잎은 많고 장방형으로서 밖으로 젖혀진다. 수술은 황색으로서 많으며 밖으로 굽고 씨방은 광란 형이며 다실(多室)이고 암술머리는 방석처럼 퍼지며 가장자리에 톱니가 있다.

열매

열매는 삭과로서 난상 구형이며 물속에서는 초록색이고 길이 4cm내외이며 익으면 물컹해져 종자가 나온다.

뿌리

근경은 비후하고 옆으로 뻗으며 굳은 해면질(海綿質)이고 군데군데 잎이 달렸던 자리가 있다.

분포

중부 이남에 분포한다.

생태

다년생 수초이다. 얕은 물속에서 자란다. 개천이나 연못 또는 늪에 난다.

이용방안

왜개연꽃, 개연 꽃의 종자를 평봉초자, 뿌리를 평봉초근이라 하며 약용한다.

개통발

잎

잎은 어긋나기하며 긴 타원형으로서 밑부분의 잎은 하반부가 우상으로 갈라지고 엽병이 길며 엽신 밑부분이 흘러서 날개처럼 되고 기부에서는 특히 넓어져서 원줄기를 감싸며 가장자리에 열편과 더불어 톱니가 있다. 윗부분의 잎은 거꿀피침모양 또는 선형으로서 톱니는 거의 없다.

꽃

꽃은 5~7월에 피고 황색으로서 줄기나 가지 끝에 총상꽃차례로 달리며 꽃자루는 길이 10mm정도로서 수평으로 퍼지고 털이 없다. 꽃받침조각은 4개이며 길이 2mm정도로서 타원형이다. 꽃잎도 4개이고 보다 얇으며 길이가 약 2mm로서 서로 비슷하고 수술은 길이 1.5mm정도이며 6개 수술 중 4개는 길고, 1개 암술이 있다.

🍒 열매

열매는 거의 둥근 모양의 각과로서 길이 2.5mm이고 끝에 0.5mm정도의 암술대가 있다.

🌳 줄기

높이가 60cm에 달하며 줄기는 곧게 서고 윗부분에는 털이 거의 없으며, 윗부분에서 많은 가지가 갈라진다.

📍 분포

충북 단양 이북지역에 분포한다.

🌾 생태

여러해살이풀이다. 산록이나 풀밭, 냇가에서 자란다.

개황기

🍁 잎

잎은 어긋나기하고 엽병이 있으며 8~13쌍의 소엽으로 구성된 홀수깃모양겹잎이
고 소엽은 긴 타원형 또는 긴 타원상 피침 형이며 양 끝이 둔하고 짧은 엽병이
있으며 길이 12~46mm, 나비 3~12mm로서 표면에는 중앙으로 붙어 있는 복모
가 약 간 있으며 뒷면에서는 다소 밀생한다.

🌼 꽃

꽃은 6~8월에 피고 옅은 노란색이며 긴 화경 끝에 총상으로 달리고 꽃자루는
꽃받침보다 짧으며 꽃받침과 더불어 갈색 털이 밀생한다. 작은포는 막질이고 달

갈모양이며 길이 2mm로서 끝이 뾰족하고 꽃받침은 길이 4mm로서 털이 있고 흑색으로 익으며 2실로 된다.

열매

열매는 협과, 길이는 17mm, 난상 타원형, 검은색으로 익는다.

줄기

높이가 1m에 달하며 전체에 복부로 붙어 있는 복모가 있고 줄기는 곧게 선다.

분포

강원도 이북지역에 분포한다.

생태

여러해살이풀이다. 고산지대에서 자란다.

특징

자주 황기에 비해 전체적으로 크다.

갯능쟁이

잎

잎은 어긋나기하며 난상 삼각형, 달걀모양 또는 피침 형이고 끝이 뾰족하며 밑부분이 창검과 비슷하고 가장자리에 크고 불규칙한 톱니가 있으나 위로 갈수록 작아지며 밋밋하고 표면은 녹색이며 뒷면은 흰빛이 돈다.

꽃

꽃은 7~8월에 피고 연한 녹색이며 한군데에 모여 달리지만 가지 전체로서는 이삭꽃차례같이 보인다. 꽃잎은 없고 단성 꽃이며 수꽃에 포가 없고 꽃받침이 5개로 갈라지며 5개의 수술이 각 열편과 마주나기한다. 암꽃은 2개의 포가 있고 꽃받침은 없으며 씨방은 둥글고 2개의 암술대가 있다. 암꽃의 포는 자라서 난상 삼각형으로 되며 길이 6~10mm, 폭 5~9mm로서 1개의 낭과가 들어있다.

열매

열매는 낭과며 종자는 갈색이고 지름 3~4mm로서 원반모양이다.

줄기

높이 40~60cm이며 털이 없고 곧추서며 가지가 비스듬히 퍼진다.

분포

전국 각지에 분포한다.

생태

1년생 초본이다. 바닷가의 모래땅에서 자란다.

갯돌나물

 잎

비늘잎은 어긋나기하고 피침 형으로 길이 2~3mm, 폭 1.0~1.5mm이며 끝부분은 뾰족하다. 두꺼운 잎은 송곳모양으로 길이 6~15mm, 폭 1.5~2.0mm이며 끝이 뾰족하고 적록색을 띤다.

꽃

꽃은 줄기 끝에 한 개가 달린다. 꽃잎과 꽃받침은 미성숙 한다. 암술은 미성숙하고 살 눈으로 변화한다.

줄기

줄기는 가늘고 약하며, 비스듬히 자라고 높이 5~10cm이다. 어린 가지에 비늘조각이 덮여 있다.

 열매

열매는 골돌과이다. 8~9월에 익는다.

 분포

전라남도 관매도.

 **생태**

여러해살이 풀이다. 바닷가 바위틈에서 자라며 덩굴줄기를 가진다.

갯보리

잎

엽초는 털이 없으며 잎혀는 길이 1mm가량이고 평두(平頭)이다. 잎은 납작하며 길이 10~20cm, 폭 4~8mm로 표면은 껄끄러우며 뒷면은 털이 없고 때로는 분록색을 띤다.

꽃

꽃은 7~8월에 피고 이삭꽃차례는 길이 15cm, 폭 6~10mm로서 곧추서며 양쪽에 소수(小穗)가 어긋나기 하는데 소수는 보통 2개씩 달리고 길이 1~1.5cm로서 3~4개의 낱꽃으로 되며 보통 녹색이고 소수 경에는 잔털이 밀생한다. 포영은 피침 형이고 첫째 것은 길이 11mm로서 3맥이 있으며 둘째 것은 길이 13mm로서 5맥이 있고 모두 맥위에 잔 돌기가 있다. 호영은 피침형이고 길이 10mm로서 5맥이 있으며 끝이 갈라지고 길이 20mm정도의 까락이 돋으며 까락은 꺾이거나 곧고 잔돌기가 있다. 내영은 호영과 길이가 비슷하며 2맥이 있고 맥줄에는 잔털이 있다. 수술은 3개이며 꽃밥은 길이 2~2.2mm이고 씨방 끝에 털이 있다.

줄기

높이 50~100cm이며 털이 없고 뭉쳐나며 곧게 선다.

분포

전국 각지에 분포한다.

생태

여러해살이풀이다. 바닷가에서 자란다.

이용방안

품질이 좋고 수량이 많은 사료식물이다. 제지원료로도 이용된다. 줄기로 맥고모자를 만든다.

갯쇠보리

잎

잎은 편평하며 길이 15~30cm, 폭 8~12mm로서 엽초와 더불어 양면에 보통 복모가 있고 잎혀는 절두이거나 또는 2개 내지 여러 개로 잘게 갈라지며 잔털이 있다.

꽃

꽃은 7월에 피고 꽃차례는 밑 부분과 마디에 털이 있으며 반원주형의 화수(花穗) 2개가 합쳐져서 1개의 원주형 화수 같이 보이고 길이 6~12cm로서 긴 털이 있다. 작은 이삭은 각 마디에 2개씩 달리며 그 중 1개는 대가 있고 1개는 대가 없으며 길이 7~8mm로서 넓은 달걀모양이고 뒷면에 긴 털이 밀생한다. 포영은 막질이며 5~10맥이 있고 호영은 끝이 2개로 갈라지며 그 틈에서 포영 길이의 2배 정도 되는 까락이 돋는다(까락의 길이 10mm)

줄기
모여나기 하며 높이 30~80cm이고 밑 부분의 마디에서 굵은 뿌리가 내리며 가지가 많이 갈라지고 비스듬히 자란다.

분포
중부이남 지역에 분포한다.

생태
여러해살이풀이다. 바닷가의 모래땅에서 자란다.

거북꼬리

잎

잎은 마주나기하고 달걀모양이며 끝이 3개로 갈라지고 중앙열편은 길이 2~5cm
의 거북꼬리처럼 되며 3출 맥이 뚜렷하고 밑부분이 넓은 예저 또는 원저이며 길
이가 8~20cm, 나비 5~15cm로서 가장자리에 큰 톱니가 있고, 뒷면 맥위와 표면
에 잔털이 있다. 엽병은 붉은빛이 돈다.

꽃

꽃은 암수한그루로 7~8월에 피며 잎겨드랑이의 이삭꽃차례에 달리고 녹색이며
꽃대는 없다. 웅화서는 줄기 밑 부분에, 자화서는 줄기 윗부분에 달린다. 수꽃

은 4~5개로 갈라진 꽃받침과 4~5개의 수술이 있으며, 암꽃은 여러 송이가 모여 달리고 통형의 꽃받침으로 싸여 있으며 암술대는 1개이다.

🍒 열매

열매는 수과로 거꿀달걀모양이지만 여러 개가 모여 둥글게 보이며, 겉에 잔털이 있고, 연녹색이다.

🌳 줄기

줄기는 곧게 서며 높이 50~100cm로서 거의 털이 없고 가지가 적으며 잎자루와 함께 붉은색이 돈다.

🗺 분포

중부이남 지역에 분포한다.

🌱 생태

여러해살이풀이다. 계곡의 숲가장자리 또는 약간 그늘진 곳에서 자란다.

💡 이용방안

어린 순을 나물로 한다. 줄기는 섬유사원으로 사용한다.

거지덩굴

잎

잎은 어긋나기하고 손모양겹잎이며 소엽은 5개이고 달걀모양 또는 긴 달걀모양
이며 가장자리에 톱니가 있고 중앙부의 소엽은 작은 잎자루와 더불어 길이
4~8cm, 나비 2~3cm이며 표면의 맥 위에 털이 있고 엽병이 길다.

꽃

산 방상 취산꽃차례는 잎과 마주나기하고 처음에는 3개로 갈라지며 길이
8~15cm이고 꽃은 7~8월에 피며 연한 녹색이고 꽃받침은 작으며 꽃잎과 수술은
각 4개이고 1개의 암술이 있으며 밀 선반은 둥글고 적색이다. 꽃이 다수이고 소

형이다.

🍒 열매

장과는 둥글고 흑색으로 익으며 지름 6~8cm로서 상반부에 옆으로 달린 1개의 줄이 있고 종자는 길이 4mm정도이다.

🌳 줄기

털이 거의 없으며 원줄기는 녹자색으로서 능선이 있고 마디가 긴 털이 있으며 다른 식물체로 뻗어가서 왕성하게 퍼진다.

🌿 뿌리

뿌리가 옆으로 길게 뻗고 새싹이 군데군데에서 나온다.

🗾 분포

제주, 전남, 전북(비안도), 경북(울릉도), 충남(계룡산), 경기도(강화도)에 분포한다.

🌾 생태

덩굴성 여러해살이풀이다.
마을 부근 및 밭둑에 난다.
흔히 식재한다.

💡 이용방안

전초(全草) 또는 근경(根莖)을 오렴 매라고 하며 약용한다.

결명자

잎

잎은 어긋나며 짝수깃모양겹잎이다. 갈래 잎은 2~4쌍이고, 거꿀달걀모양이며 3~4cm이다.

꽃

꽃은 6~8월에 노란색으로 잎겨드랑이에 핀다. 꽃받침은 5개로 긴 달걀 모양이며, 꽃잎은 5개로 거꾸로 선 달걀 모양의 원형이다.

열매

과실은 삭과로 긴 선형이고 활같이 굽는다.

 줄기

높이는 1.5m정도 이다.

분포

전국 각지에 분포한다.

생태

한해살이풀 이다. 민가에서 재배한다.

이용방안

변비를 치료한다. 대황과 함께 끓여 마시거나 꿀을 넣어 마시면 변비치료에 더 효과적이다. 위가 약하거나 위장병에 좋다. 눈의 피로나 충혈을 낫게하고 간에 좋다. 한방에서는 간의 화가 위로 치솟아 풍열이 상초에 머물면 눈이 충혈되고 붓는 증상이 나타나며 빛을 쬐면 눈물이 나오는 등의 증상이 생긴다고 한다. 이 때 결명자가 매우 좋은 효과를 나타낸다. 이 밖에도 야맹증이나 결막염, 백내장, 녹내장 등의 안과질환에 응용된다.

겹삼잎국화

잎

잎은 어긋나며 근생엽은 3~7갈래로 천열하고 아래쪽 잎 우상복열한다. 줄기 잎은 3~5갈래로 천열하고 엽병이다. 가장 위쪽 잎은 아주 작다.

꽃

꽃은 7~9월에 선황색의 머리모양꽃차례가 달린다. 머리모양꽃차례 지름은 5~10cm이다. 총포조각은 엽상이고, 두 줄로 배열하며 진한 녹색이다. 혀꽃은 다수이고, 바깥쪽것은 뒤로 젖혀진다. 통상 화는 수가 적다. 화상의 인편 주걱모양이고, 평 두 또는 원두이며, 배면 상부에 밀모가 있다.

열매

열매는 수과이다.

줄기

전체에 털이 없고 곧게 서며 분처럼 흰색이 돈다. 높이는 100~200cm이다.

분포

전국 각지에 분포한다.

생태

길가, 나지에서 자란다.

이용방안

어린잎은 식용하고 관상용으로 심는다.

고삼

🍁 잎

잎은 어긋나기하며 엽병이 길고 15~40개의 소엽으로 이루어진 홀수깃모양겹잎
으로서 길이 15~25cm이다. 소엽은 긴 타원형 또는 긴 달걀모양이고 둔두 또는
예두이며 원저이고 길이 2~4cm, 폭 7~15mm로서 양면 또는 뒷면에만 복모가
있으며 가장 자리는 밋밋하다.

🌼 꽃

꽃은 6~8월에 피고 길이 15~18mm로서 연황색이며 원줄기 끝과 가지 끝의 총상
꽃차례에 많은 꽃이 달린다. 꽃받침은 통같고 겉에 복모가 있으며 길이 7~8 mm

로서 끝이 5개로 얕게 갈라지고 겉에 복모가 있고 기꽃잎은 숟가락 형이며 날개 꽃잎보다 길다. 수술은 10개로 기부가 이합될 뿐이다.

열매

협과는 선형으로 부리가 길고 길이 7~8cm, 나비 7~8mm로서 짧은 대가 있다. 3~7개 종자가 들어 있으며 종자 사이부분이 다소 잘록하고 8~9월에 익지만 갈라지지 않는다. 종자는 밤갈색으로 둥글며 지름 5mm가량이다.

줄기

높이가 1m에 달하고 녹색이지만 어릴 때는 검은 빛이 돈다. 줄기는 곧게 서며 윗부분에서 가지를 치고 1년생 가지는 털이 있으나 후에 없어진다.

뿌리

땅속 깊이 내린 원주상의 굵은 황갈색 뿌리는 맛이 매우 쓰다.

분포

전국 각지에 분포한다.

생태

여러해살이풀이다. 강가나 산비탈 메마른 모래 자갈땅, 햇볕이 잘 드는 곳에서 자란다.

이용방안

뿌리는 고삼, 종자는 고삼 실이라 하며 약용한다.

국화마

잎

어긋나기, 엽병이 길고, 마르면 흑갈색으로 되며, 잎몸은 깊게 5~7갈래이고 길이와 폭은 각각 5~12㎝로서 밑 부분이 보통 심장저이다. 국화잎과 비슷하다. 밑은 대개 심장형이고 가장자리는 물결 모양이다. 중앙열편은 삼각상 달걀모양 또는 좁은 달걀모양이며 길게 뾰족해지거나 낮은 원두이며 가장자리가 침상이다.

꽃

암수딴그루로 꽃은 연한 황록색이고 잎겨드랑에 이삭꽃차례로 달린다. 수꽃 꽃차례는 이삭꽃차례며 잎겨드랑이에서 나오고 수화 피는 가지가 갈라지고, 웅화피는 갈라지지 않는다. 암꽃화서는 갈라지지 않는다. 화피는 6장, 수술은 6 개이다.

 열매

삭과로 3개의 날개가 있고 2cm정도로서 밑으로 처진 꽃차례에 달려 위를 향하며, 종자는 둘레에 날개가 있다.

 뿌리

털이 없고 굵은 뿌리가 옆을 뻗는다.

 분포

전국 각지에 분포한다.

 생태

덩굴성 여러해살이풀이다. 산이나 들에 자란다.

 이용방안

덩이뿌리는 강장제로 사용한다.

귀박쥐나물

잎

잎은 어긋나기하고 근 엽은 소형으로 화시에 마르며 중엽은 3~4매이고 콩팥모양으로 길이 7~17cm, 나비 11~25cm이며 끝은 짧게 뾰족하고 밑은 심형이며 가장자리에 불규칙한 톱니가 있고 엽병은 길이 4.5~9cm이며 날개가 있고 기부가 귀처럼 넓어진다.

꽃

꽃은 8~9월에 피고 노란색 머리모양 꽃이 총상 또는 겹총상꽃차례로 달린다. 줄기 끝에 총상 원뿔모양꽃차례로 달리고 화경은 길이 2~6mm이며 포는 3~4개이다. 총포는 좁은 통형이고 포편은 5개로 길이 8~10mm이다. 낱꽃은 3~6개이고 꽃부리는 8.5mm이다.

 열매

수과는 원주형으로 길이 4~5mm이다.

줄기

줄기는 마디를 따라 꾸불꾸불하게 자라며 상부에서 짧은 가지가 갈라지며 흔히 엉킨 털이 있다. 높이는 60~120cm이다.

분포

강원도 양구군, 홍천군, 전라남도 구례군, 무주군, 화순군

생태

여러해살이풀이다. 깊은 숲속에서 자란다.

이용방안

어린잎은 식용한다.

금매초

잎

뿌리 잎은 잎자루가 길며, 줄기 잎은 위로 갈수록 잎자루가 짧아진다. 잎몸은
원형으로 3갈래로 밑 부분까지 갈라지며, 끝은 뾰족하고, 가장자리는 불규칙한
톱니 모양이다.

꽃

꽃은 7~8월에 줄기와 가지 끝에서 1개씩 피고, 노란색이다. 꽃받침 잎은 5장, 타
원형이다. 꽃잎은 8~22장이며, 수술보다 길다.

열매

열매는 골 돌과, 타원형이다.

줄기

줄기의 곧추서고 가지를 치며,
높이 40~100cm이다.

분포

우리나라 북부지방에 분포한다.

생태

높은 산 습기 있는 풀밭에 자라는 여러해살이풀이다.

이용방안

관상용으로 심는다.

금불초

잎

근 엽은 보다 소형으로 화시에 마르고 경엽은 어긋나기하며 넓은 피침 형 또는
장 타원형으로 길이 5~10cm, 나비 1~3cm이고 끝은 뾰족하며 밑은 갑자기 좁아
져 줄기를 감싸고 가장자리는 밋밋하며 양면에 누운 털이 있거나 없다.

꽃

꽃은 7~9월에 황색으로 피고 가지와 줄기 끝에 산방상으로 달리며 머리모양꽃
차례는 지름 3~4cm이다. 총포는 반구형이고 포편은 5열로 배열하고 가장자리에
털이 있다.

열매

과실은 수과로 10개의 능선과 털이 있으며 관모는 길이 5mm이다.

 줄기

줄기는 곧추 서있고 누운 털이 있거나 없다.

 뿌리

근경이 뻗으면서 번식한다.

분포

전국 각지에 분포한다.

생태

다년초로 여러해살이 풀이다. 습지나 물가에서 자란다.

이용방안

금불초/가는잎금불초/버들금불초의 두화(머리모양꽃차례)는 선복화, 뿌리는 선복화근, 전초는 금비초라 하며 약용한다.

금잔화

잎

잎은 어긋나기하고 긴 타원형으로서 부드러우며 가장자리에 톱니가 있다.

꽃

꽃은 7~8월에 피고 붉은빛이 도는 황색으로서 원줄기와 가지 끝에 머리모양꽃
차례가 1개씩 달리며 가장자리의 것은 혀꽃이고 안쪽 것은 통상화로서 지름
1.5~2cm이다.

열매

수과는 굽으며 겉에 가시 모양의 돌기가 있다.

줄기

야생상의 것은 높이 10~20cm이고 재배하고 있는 것은 높이가 30cm에 달하며 가지가 갈라진다.

분포

전국 각지에 분포한다.

생태

두해살이풀이다. 전국적으로 식재한다.

이용방안

» 관상용으로도 이용된다.

» 금잔화의 전초 및 꽃은 금잔초, 뿌리는 금잔초근이라 하며 약용한다.

금혼초

잎

근생엽은 모여 나며 꽃이 필 때까지 남아 있거나 없어지며 엽병이 있거나 없고 도피침상 긴 타원형이며 끝이 둔하고 길이 10~27cm, 나비 1.5~5.5cm로서 양면, 특히 맥 위에 털이 많으며 치아모양톱니가 있다. 줄기 잎은 어긋나기하고 밑 부분의 것은 긴 타원형이며 길이 12~19cm, 나비 3.5~5cm로서 밑부분이 원줄기를 감싼다.

꽃

꽃은 6~8월에 피고 황색이며 머리모양꽃차례는 1개씩 달리고 꽃이 필 때는 지름 4~6cm이다. 총포는 종형이고 길이 17~22mm, 나비 25~40mm로서 밑 부분에 거미줄 같은 털이 있으며 포편은 4줄로 배열되고 외편은 긴 타원형 또는 난상 긴 타원형이며 길이 9~15mm로서 끝이 둔하고 장미색이며 가장자리와 뒷면에 밀모가 있다. 꽃부리는 길이 20~40mm, 나비 2.5~4mm이고 판통은 길이 11~20mm로서 털이 없다.

열매

수과는 원주형이고 길이 6mm이며 연한 황갈색이고 능선이 많으며 털이 없고 관모는 깃꼴의 볏짚 색으로 길이 16mm이며 8~9월에 익는다.

줄기

높이 35~73cm이며 밑 부분이 분해된 잎으로 덮여 있고 줄기는 곧추서며 단일하고 홈줄이 있으며 길이 1.5~2.5mm의 벌어진 거센 갈색 털이 있다.

분포

강원도 이북에 분포한다.

생태

여러해살이풀이다. 냇가 또는 산비탈 양지바른 풀밭에서 자란다.

이용방안

관상용. 뿌리는 이뇨작용이 있어 수종 병의 치료에 쓰인다.

기린초

잎

잎은 어긋나기하고 거꿀달걀모양 또는 넓은 거꿀피침모양이며, 끝은 둥글고 기부는 좁아져서 줄기에 붙는다. 잎의 길이는 2~4cm, 폭은 1~2cm정도로 잎의 양면에 털이 없고, 가에는 둔한 거치가 있다.

꽃

꽃은 6~7월에 피며 5수이고 원줄기 끝에 달리는 산방상 취산꽃차례로 많은 황색 꽃이 핀다. 꽃받침조각은 피침상 선형이고 둔 두로서 녹색이며 꽃잎은 5개로 피침 형 예두이고 끝은 뾰족하며 길이는 5mm정도로서 황색이다. 수술은 10개이다.

열매

골돌과로서 5개이며 별모양이다.

줄기

원줄기는 곧게 서고, 줄기는 모여 나며 원주형으로 녹색이다. 높이 5~30cm가량
이다.

뿌리

뿌리가 굵으며 잔뿌리가 보통으로 나있다.

분포

전국 각지에 분포한다.

생태

다육성의 숙근성 여러해살이
풀이다. 보통 표고 1,000m이하
의 산지의 바위나 돌밭 등지에
서 자란다.

이용방안

바위틈이나 화단에 심어 관상한다. 연한 어린 순은 식용하는데 주로 4월 중에
채취하여 가볍게 데쳐서 나물로 먹으면 맛이 대단히 담백하다. 약용으로 사용
하기도 하는데 백삼칠(白三七)이라 한다.

긴흑삼릉

잎

잎은 편평하고 길며 뒷면에 능선이 있고 나비 4~11㎜이다. 엽초는 용골 모양이다.

꽃

꽃은 일가화로서 7~8월에 피고 암꽃은 두상화수가 2~5개로서 처음 1~2개는 대개 화경이 있으며 수꽃은 두상화수가 5~8개이고 보다 밀접하게 달린다. 꽃자루는 길이 2mm정도이며 암술대는 1개로서 암술머리와 더불어 길이 2mm정도이다. 포는 꽃차례보다 길고 화서는 갈라지지 않는다.

열매

방추상 긴 타원형이고 길이 5㎜, 각이 지지 않았다.

 줄기

높이 40~70cm이다.

분포

인천시 옹진군, 경기도 용인시, 강원도 인제군

생태

여러해살이풀이다. 연못가와 도랑에 자란다.

길골풀

🍁 잎

잎은 편평하며 나비 1mm정도로서 원줄기보다 짧고 위로 다소 말리며 귀같은
돌기는 타원형이고 길이 2~3mm로서 회백색이다.

🌼 꽃

꽃은 6~7월에 피며 원줄기 끝에서 갈라진 여러 개의 가지에 다수의 작은 담녹
색 꽃이 모여 핀다. 꽃차례 기부에 고르지 않은 포가 3~4개 있다. 첫째 포는 잎
같으며 길이 5~20cm로서 꽃차례보다 길고 꽃이 1개씩 달린다. 화피열편은 피침
형이며 끝이 뾰족하고 길이 3.5~4mm로서 연한 녹색이며 가장자리가 백색 막질

이다. 수술은 6개이고 화피 길이의 1/2정도이며 꽃밥은 수술대 길이의 1/2정도이고 암술 1개이다. 암술대는 깊게 3개로 갈라져 암술머리를 이루고 털이 많다.

열매

삭과는 연한 녹색으로서 난상 타원형이며 화피와 길이가 비슷하다. 종자는 찌그러진 거꿀달걀모양이고 길이 0.5mm정도 이다.

줄기

근경에서 모여나기하며 높이 30~60cm이다.

분포

전국 각지에 분포한다.

생태

여러해살이풀이다. 응달이나 풀밭에서 흔히 자란다.

꽈리

🍁 잎

잎은 어긋나기 하지만 한군데에서 2개씩 나오며 그 틈에서 꽃이 피고 넓은 달걀
모양이며 엽병이 있고 예두이며 원저 또는 넓은 예저이고 길이 5~12cm, 나비
3.5~9cm로서 가장자리에 결각상의 톱니가 있다.

🌼 꽃

꽃은 6~7월에 피고 잎 사이에 1개씩 달리며 꽃자루는 길이 3~4cm이고 꽃받침
은 짧은 통형이며 끝이 얕게 5로 갈라지고 가장자리에 털이 있다. 꽃부리는
바퀴모양이며 약간 누른빛이 돌고 지름 1.5cm정도이며 가장자리가 5개로 약간

갈라지고 꽃이 핀 다음 꽃받침은 길이 4~5cm로 자라 달걀모양으로 되며 열매를 완전히 둘러싼다. 5개의 수술이 있다.

열매

열매는 장과로서 둥글며 지름 1.5cm정도로서 꽃받침으로 둘러싸이고 적색으로 익으며 먹을 수 있다.

줄기

높이 40~90cm이며 털이 없고 가지가 갈라진다.

뿌리

땅속줄기가 길게 뻗어 번식한다. 근경 및 뿌리를 산장, 등려근이라 한다.

분포

전국 각지에 분포한다.

생태

여러해살이풀이다. 집마을 빈터, 산비탈 길가 풀밭에서 자라고 흔히 심기도 한다.

이용방안

관상용으로 식재한다. 열매는 식용한다. 전초는 산장, 뿌리는 산 장근, 숙존악 및 과실은 괘금 등이라 하며 약용한다.

꿩의다리아재비

잎

근경 윗부분에서 2개의 잎이 어긋나기하며 각 2~3회 3출하고 제1차 엽병은 길지만 제2차 엽병은 짧다. 소엽은 막질이며 긴타원모양 또는 타원상 피침 형이고 길이 4~8cm, 폭 2~4cm로서 끝이 뾰족하며 가장자리가 밋밋하거나 2~3개로 갈라진다.

꽃

6~7월에 원줄기 끝에 원뿔모양꽃차례가 달리고 많은 꽃이 피며 꽃은 지름 10~12mm로서 녹황색이고 화경이 있다. 꽃받침조각은 6개이고 거꿀달걀모양이

며 대형이고 길이 6~8mm로서 꽃잎 같으며 꽃잎은 꽃받침조각과 마주나기하고 작아져서 꿀샘같이 되며 꽃받침 겉에 3~4개의 작은 포가 있다. 수술은 6개이고 꽃밥은 편열되며 암술이 1개이고 씨방은 1실 2난자로서 꽃이 핀 후 씨방은 즉시 터져서 난자를 노출한다. 씨방은 꽃이 핀 다음 자라지 않기 때문에 종자가 밖으로 나출되어 마치 열매같이 보인다.

열매

열매가 파열되어 종자가 노출된 상태로 성장하므로 종자가 열매같이 보인다. 종자는 길이 4~6mm, 지름 6~7mm로서 굵은 대가 있고 하늘색이다.

줄기

전체에 털이 없고 높이 40~80cm이며 분빛이 도는 분백이고 줄기가 곧게 선다.

뿌리

근경은 비후하고 수염뿌리가 많다. 근경은 옆으로 낡은 원줄기의 밑 부분과 연결되며 그 끝에서 새순이 나와 곧추 자라고 밑 부분이 인 엽으로 싸여 있다.

분포

전북 및 중부 이북지역.

생태

여러해살이풀이다. 깊은 산의 나무가 적은 숲에서 자란다.

이용방안

어린 식물을 나물로 한다. 근경 및 뿌리를 홍모칠이라 하며 약용한다.

나도황기

잎

잎은 어긋나기하고 5~10쌍의 소엽으로 구성된 홀수깃모양겹잎이며 소엽은 타원형, 긴 타원형 또는 피침 형이고 양 끝이 둔하며 표면에 털이 없고 뒷면에 짧은 털이 있다.

꽃

꽃은 7~8월에 피며 길이 10~15mm로서 황색이고 총상꽃차례에 다소 한쪽으로 치우쳐서 달린다. 꽃받침은 종형이며 끝이 5개로 갈라지고 첫째 열편이 판통보다 2배 정도 길며 기꽃잎과 용골꽃잎은 길이가 비슷하지만 날개 꽃잎보다는 길다.

🍒 열매

열매는 협과로 편평한 선형이고 1~5개의 마디가 있으며 마디사이에 종자가 1개
씩 들어 있고 길이 5cm정도이며 겉에 주름이 있고 털 또는 가시 같은 털이 있
다. 종자는 갈색이며 길이 3mm정도로서 평활하다.

🌳 줄기

높이가 70cm에 달하고 전체에
복모가 없으며 가지가 많이 갈
라진다.

분포

함경남도 낭림산 이북의 백두
산지역에 분포한다.

🌾 생태

여러해살이풀이다.

남개연

🍁 잎

잎은 뿌리줄기 끝에서 나며, 길이 6~17cm, 폭 6~12cm의 넓은 난형으로 물 위에
뜬다. 잎자루는 속이 차 있다.

🌼 꽃

꽃은 6~8월에 피며 물 위로 올라온 꽃대 끝에 1개씩 핀다. 꽃의 지름은 1~3cm
이다. 꽃잎처럼 보이는 꽃받침은 노란색이고 5장이며 도란형이다. 꽃잎은 숫자가
많고 노란색이며, 주걱 모양이다. 암술머리는 넓으며, 돌기가 여러 개 있고, 붉은
색이다.

열매

열매는 장과로 물속에서 익는다.

줄기

뿌리줄기는 굵고, 땅속으로 뻗는다.

분포

전국 각지에 분포한다.

생태

강이나 연못에서 자라는 부엽성 여러해살이풀이다.

너도양지꽃

🍁 잎

잎은 원줄기 끝에 밀접 되어 있으며 3출 복엽이다. 소엽은 쐐기모양이고 끝부분에 3~5개의 치아모양톱니가 있으며 길이 1~1.5cm, 폭6~10mm로서 양면에 잔털이 있어 다소 백색으로 보이고 엽병은 길이 2~6cm이며 탁엽이 있다.

🌼 꽃

꽃은 7~8월에 피고 연황색이며 10개 정도가 원줄기 끝에 밀착하고 꽃받침조각은 5개이며 난상 피침 형으로서 길이 2mm이지만 4mm정도로 자란다. 부악편은 선형이고 길이 1.3mm이지만 2mm정도로 자라며 꽃잎은 5개이고 길이 1.5mm로서 좁은 거꿀달걀모양이다. 수술은 5개이며 심피는 5~10개이고 안쪽 옆에 암술대가 달려 있으며 짧은 대가 있다.

 ### 열매

열매는 수과로 타원형이고 광택이 나며 길이 1mm정도로서 털이 없다.

 ### 줄기

밑 부분이 마른 엽병으로 싸이고 잎은 원줄기 끝에 밀접 되어 있다.

분포

제주도 한라산, 함경북도 백두산에 분포한다.

생태

여러해살이풀이다. 높은 지대에서 자란다.

넓은잎잠자리란

🍁 잎

잎은 넓은 타원형 또는 긴 타원형이고 길이 10~20㎝, 나비 3~8㎝이다.

🌸 꽃

6~8월 개화. 연녹색이고 이삭꽃차례는 길이 7~15㎝로서 꽃이 많이 달리며 포는
좁은 피침 형이고 끝이 뾰족하며 꽃보다 길거나 비슷하다. 중앙부의 꽃받침조각
은 타원형이고 끝이 둥글며 길이 4~5㎜로서 1맥이 있고 옆꽃받침조각은 약간
길며 꽃잎과 길이가 비슷하다. 측열편은 작고 예리한 삼각형이며 중앙열편은 선
상 긴 타원형으로서 원두이다. 입술모양꽃부리는 길이 5㎜정도이고 밑 부분에

서 3개로 갈라지며 거(距)는 길이 7~9mm로서 원통형이고 앞으로 굽는다.

줄기

높이 25~50cm이고 중앙부에 2~3개의 잎이 달리며 그 위에 포가 약간 있다.

뿌리

뿌리가 옆으로 퍼지고 그 중 큰 것에는 1개의 눈이 있다.

분포

전국 각지에 분포한다.

생태

여러해살이풀이다. 산지의 숲속에서 자란다.

이용방안

근경을 반춘련이라 하며 약용한다.

노랑갈퀴

잎

잎은 어긋나기하고 2~4쌍의 소엽으로 구성된 1회우상복엽으로서 끝에 덩굴손의 흔적이 있다. 소엽은 긴 달걀모양이며 끝이 뾰족하고 길이 3~7cm로서 가장자리가 밋밋하고 탁엽은 끝이 길게 뾰족해진다.

꽃

총상꽃차례는 잎겨드랑이에서 발달하며 화경이 길고 꽃은 6월에 피며 길이 12mm정도로서 자줏빛이 도는 황색이고 꽃자루가 밑으로 처지며 꽃받침은 통형이고 끝이 5개로 갈라진다. 황색 꽃이 피기 때문에 노랑갈퀴라고 한다.

🍒 열매

열매는 협과로 선상타원형이며 털이 없고 2~4개의 종자가 들어 있다.

🌳 줄기

높이가 80cm에 달하고 줄기는 곧게 서고 전체에 털이 없다.

🌾 뿌리

뿌리는 갈라져 길게 자라고 선단에 적갈색 비늘조각으로 덮여 있다.

🗾 분포

중부이북 심산지역

🌱 생태

여러해살이 풀이다. 깊은 숲속에서 자란다.

노랑원추리

🍁 잎

잎은 2줄로 돋고 부채처럼 퍼지지만 거의 곧추서며 윗부분만이 뒤로 처지고 길이 60~90cm, 폭 20~40mm로서 선형이며, 휘어져 밑으로 드리운다.

🌼 꽃

6~7월에 잎 중앙에서 꽃대가 나와 1m이상 자라면서 가지가 많이 갈라진다. 꽃은 등록 색으로서 오후 4시경부터 피기 시작하여 아침 11시 경에는 거의 쓰러진다. 포는 선상 피침 형이고 밑 부분의 것은 길이 7.5cm이며 꽃자루는 길이 1~2cm이고 판통은 길이 1.3~2.8cm, 지름 7.5~10cm이다. 외꽃 덮이는 거꿀피침

모양 둔두로서 끝이 약간 파지며 내꽃 덮이는 주걱모양 비슷하고 폭 2.8cm이내
로서 끝이 둔하며 약간 파진다. 수술은 6개이고 꽃덮이보다 짧다.

열매

삭과는 거꿀달걀모양이고 길이 2.5~3.8cm, 지름 21mm로서 끝이 둔하며 약간
파지고 밑으로 갑자기 좁아진다. 종자는 길이 6mm정도로서 흑색 타원형이며
광채가 있다.

뿌리

굵은 뿌리가 근경에서 사방으로 뻗는다.

분포

전국 각지에 분포한다.

생태

여러해살이풀이다. 산지의 풀밭이나 숲가, 고원 등의 건조한 곳에서 자란다.

노랑코스모스

🍁 잎

잎은 마주나기 잎차례이고 아래쪽의 것은 긴 잎자루가 있고, 잎몸은 윤곽이 삼각상 달걀모양으로 2회 우상 심열을 하며, 열편은 긴타원모양~피침형, 끝이 뾰족하고 양면 모두 털이 없다. 위쪽의 잎은 거의 무병이며 1~2회 우상 심열을 한다.

🌼 꽃

꽃은 7~9월에 피며, 머리모양꽃차례는 다수이며 가지 끝에 1개씩 피고, 꽃의 지름 5~6㎝, 주황색이다. 외총포편은 8개, 진한 녹색이며, 끝이 점첨두이고 내총포편도 8개, 막질이다. 통상화는 양성이며 황색이고 끝이 5심열되며, 열편은 삼각상 피침형이다. 화상의 비늘조각은 피침 형이다.

 ## 열매

수과는 약간 굽었으며 긴 부리 모양의 돌기가 있고 2개의 가시가 있다.

 ## 줄기

줄기는 높이 40~100㎝, 곧추 서며 가지를 많이 치고 털이 없다.

 ## 분포

전국 각지에 분포한다.

 ## 생태

한해살이풀이다. 관상용 식물로 재배되고 있으며 일부 일출되어 야생화 되었다.

능소화

🍁 잎

잎은 마주나기하며 달걀모양이고 기수 1회 우상복엽으로, 소엽은 7~9개이며 길이 3~6cm로, 가장자리 톱니와 더불어 연모가 있다.

🌼 꽃

꽃은 8~9월에 피고 지름 6~8cm로 주홍색이지만 겉은 적황색이며, 가지 끝의 원뿔모양꽃차례에 5~15개가 정생한다. 꽃받침은 길이 3cm이고 열편은 피침 형 첨두로서 털이 없으며 꽃부리는 깔때기 비슷한 종형이고 판통이 꽃받침 밖으로 나오지 않으며 대형이고 대체로 고르지 않은 5갈래로 갈라진다. 둘긴수술과 1개의 암술이 있다. 꽃을 능소화라 한다.

열매

열매는 삭과로 네모지며 끝이 둔하고 가죽질이며 2개로 갈라지고 10월에 익는다.

분포

중부 이남 분포한다.

생태

낙엽 활엽 덩굴성식물이다. 양지에서 잘 자라고 내한성이 약하여 서울에서는 보호하여야 월동이 가능하며 수분이 많고 비옥한 사질양토에서 생장이 좋다. 해안에서도 잘 자라며 공해에도 강하다.

이용방안

동양적인 정원이나 사찰, 공공장소의 휴식처 등에 관상용으로 좋다. 염료 식물로 이용할 수 있다. 꽃은 능소화, 뿌리는 자위근, 경엽은 자위경엽이라 하며 약용한다.

단풍돼지풀

 잎

잎은 마주나며, 길이와 폭이 각각 10~30cm이고 단풍잎처럼 3~5갈래로 깊게 갈라진다.

 꽃

꽃은 7~10월에 암수한포기로 피며, 가지 끝에서 머리모양꽃이 총상꽃차례를 이루어 달리고, 노란빛이 도는 녹색이다. 꽃차례 위쪽에는 수꽃으로 된 머리모양꽃이 많이 달리고, 아래쪽에는 암꽃으로 된 머리모양꽃이 몇 개 달린다.

열매

열매는 수과로 난형이다.

줄기

전체에 거센 털이 있다. 줄기는 높이 1~2.5m로 곧추서며, 가지가 갈라진다.

분포

전국 각지에 분포한다.

생태

북미 원산의 귀화식물로 길가나 빈터에 자라는 한해살이풀이다.

닻꽃

잎

잎은 마주나기하고 3(5)맥이 있으며 긴 타원형 또는 좁은 달걀모양이고 끝이 뾰족하며 밑 부분이 다소 엽병처럼 되고 길이 2~6cm, 나비 1~2.5cm로서 뒷면 맥위와 가장자리에 잔돌기가 있다.

꽃

꽃은 7~8월에 피며 연한 황록색이고 잎겨드랑이에 취산꽃차례로 달리며 꽃자루는 길이 1~4cm이다. 꽃받침은 4개로 갈라지고 열편은 선형이며 잔돌기가 있고 꽃부리는 길이 6~10mm로서 4개로 깊게 갈라지며 열편 밑 부분에 길이

3~7mm의 거(距)가 있고 수술은 4개이다. 씨방은 하위이고 방추형이며 1실이고 암술대는 없으며 암술머리는 두 가닥이다.

열매

삭과는 피침 형으로 꽃부리와 길이가 비슷하고 대가 없으며 9~10월에 익어 두 쪽으로 터져 종자를 쏟아낸다. 종자는 길이 1mm정도로서 타원형이며 겉이 평활하다.

줄기

높이 10~60cm이고 전체에 털이 없으며 줄기는 곧게 서고 4개 능선이 있다.

분포

경기도 가평군, 강원도 양구군, 인제군

생태

1년생 또는 두해살이풀이다. 숲가장자리 햇볕이 잘 드는 습초지에서 자란다.

이용방안

전초(全草)를 화묘라 하며 약용한다.

대가래

잎

잎은 어긋나기 하지만 꽃차례가 돋는 부분에서는 마주나기하고 물 위에 뜨는
잎은 거의 없으며 선상 긴 타원형 또는 피침 형이고 길이 8~12cm, 폭 1~2.5cm
로서 7~13맥이 있으며 가장자리에 희미한 잔 톱니가 있고 주름이 지며 끝이 짧
은 돌기로 되고 밑 부분이 둔하다. 엽병은 길이 2~7cm이며 탁엽은 길이 3~6cm
이다.

꽃

꽃은 양성으로 7~9월에 피고 화경은 길이 4~8cm이며 화수는 길이 3~5cm로서

꽃이 다소 성글게 달린다. 수술과 암 술은 각 4개이고 꽃밥부리 끝이 꽃잎처럼 자란다.

열매

수과는 난상 원형이고 짧은 부리가 있으며 길이 3mm정도로서 뒷면에 3개의 능선이 있고 중앙부의 능선이 튀어나오며 거의 밋밋하다.

줄기

길이 1m정도 뻗고 가늘며 길고 물속에 잠긴다. 가지가 다소 갈라진다.

뿌리

땅속줄기는 가늘고 길며 옆으로 뻗어 번식하고 마디에서 뿌리와 줄기가 돋는다.

분포

전국 각지에 분포한다.

생태

여러해살이풀이다. 흐르는 물속, 논에서 자란다.

이용방안

가래와 같이 전초를 약용한다.

덩굴민백미꽃

잎

잎은 마주나기, 거꿀달걀모양 또는 타원형, 길이 3~10cm, 폭 2~7cm, 끝이 짧게
뾰족하고, 맥에도 흰색의 곱슬곱슬한 털이 있으며, 밑 부분이 둥글고, 엽병은
길이 3~10mm이다.

꽃

꽃은 5~7월에 피며 황백색으로서 액생하는 우상모양꽃차례로 달리고 꽃대가
있으며 꽃자루는 길이 5~10mm이고 꽃차례에 흰색의 곱슬곱슬한 털이 있다. 꽃
받침은 깊게 5개로 갈라지고 판통은 꽃받침보다 짧으며 열편은 길이 4~5mm로
서 털이 없고 덧꽃부리는 도란상 원형이며 암술과 수술이 합쳐진 대와 길이가

비슷하다.

 열매

열매는 골 돌로 넓은 피침 형이고 길이 5~6cm, 지름 1.5cm로서 털이 없으며 종자는 넓은 달걀모양이고 길이 8~10mm로서 가장자리에 좁은 날개가 있다.

 줄기

높이 30~80cm이고 원줄기는 여러 대가 모여나기하며 곧게 서지만 윗부분이 흔히 덩굴성으로 되고 줄기에 백색 곱슬털이 있다.

 분포

전라남도 진도군

 생태

여러해살이풀이다. 바다 근처의 풀밭에 자란다.

덩굴박주가리

 잎

잎은 마주나기하고 곧추선 부분의 잎은 크며 막질이고 넓은 피침 형 또는 좁은
난상 긴 타원형이며 길이 5~12cm, 폭 1~3cm로서 끝이 길게 뾰족해지고 밑 부
분이 둥글거나 아심장저이며 가장자리는 밋밋하고 엽병은 길이 2~4mm이다.

 꽃

꽃은 7~8월에 피며 지름 7~8mm로서 누른빛이 돌고 윗부분의 잎겨드랑이에 산
형으로 달리며 화경이 없고 꽃자루는 길이 3~4mm로서 꽃보다 짧다. 꽃부리는
5개로 갈라지며 열편은 좁은 삼각형이고 끝이 둔하며 덧꽃부리의 열편은 낮은

삼각형으로서 암술과 수술이 합쳐진 대 길이의 1/2정도이다.

열매

열매는 골 돌로 넓은 피침 형이고 길이 4~5cm, 지름 5~7mm로서 털이 없으며 종자는 난상 타원형이고 길이 5mm정도로서 가장자리에 좁은 날개가 있다.

줄기

길이 40~100cm로서 곱슬털이 다소 있고 밑 부분이 곧게 서며 윗부분은 덩굴성 이다.

분포

제주도, 강원도 이북

생태

덩굴성 여러해살이풀이다. 산지에서 자란다.

이용방안

한방에서는 뿌리를 백미 꽃의 대용품으로 사용한다.

도깨비바늘

잎

잎은 마주나기하며 중앙부의 것은 길이 11~19mm로서 양면에 털이 다소 있고 2회 우상으로 갈라지며 위로 올라갈수록 작아지고 첫째 열편은 2~3개이거나 정열 편은 선형으로서 끝이 뾰족하고 밑 부분에 치아모양톱니가 약간 있으며 엽병은 길이 3.5~5cm이다.

꽃

꽃은 8~9월에 피고 지름 6~10mm로서 줄기나 가지 끝에 1개씩 달리며 화경은 길이 1.8~8.5cm이다. 총포는 통형이고 포편은 5~7개로서 선상 긴 타원형이며 양면에 털이 있고 길이 2.5mm이던 것이 열매가 달릴때는 길이 5mm정도로 된다. 화상(花床)의 비늘조각은 길이 3.5~4mm에서 6~8mm로 자라며 혀꽃은 황색이고 1~3개이며 길이 5~6mm로서 중성이다.

열매

수과는 선형이고 길이 12~18mm, 나비 1mm로서 3~4개의 능선과 짧은 털이 있

으며 편평하고 상단의 관모는 3~4개이며 길이 3~4mm로서 밑을 향한 가시 같은 털이 있어 물체에 잘 붙는다. 수과의 가시 털은 위를 향하고, 관모의 가시털은 밑을 향한다.

줄기

높이가 25~85cm에 달하며 원줄기는 네모지고 거의 털이 없다.

분포

전국 각지에 분포한다.

생태

한해살이풀이다. 산야의 습지나 빈터에서 자란다.

이용방안

어린 순을 식용으로 한다. 전초를 귀침 초라하며 약용한다.

독활

잎

잎은 어긋나기하고 길이 50~100cm로서 기수2회우상복엽이며 어릴 때는 연한
갈색 털이 있다. 소엽은 각 우편에 5~9개씩 있고 달걀모양 또는 타원형이며 예
두이고 원저 또는 심장저이며 길이 5~30cm, 폭 3~20cm로서 양면에 털이 드문
드문 있으며 특히 맥 위에 많고 표면은 녹색이며 뒷면은 흰빛이 돌고 가장자리
에 톱니가 있다.

꽃

7~8월에 가지와 원줄기 끝 또는 윗부분의 잎겨드랑이에서 큰 원뿔모양꽃차례가

자라며 총상으로 갈라진 가지 끝에 우상모양꽃차례가 달린다. 꽃은 일가화로서 연한 녹색이고 지름 3mm정도로서 5수이다. 꽃부리는 소형이고 꽃잎은 거꿀달걀모양으로 5개이며 5개의 수술이 있고 씨방은 하위이다. 꽃받침은 술잔모양이고 5열 되며 열편은 짧고 작으며 삼각형이다.

🍒 열매

장과로서 소구형(小球形)이고 9~10월에 검게 익는다.

🌳 줄기

높이가 1.5m에 달하며 꽃을 제외한 전체에 짧은 털이 드문드문 있고 엉성하게 가지를 진다.

🌱 뿌리

땅 속의 근경은 괴상으로 굵고 섬유가 많은 육질이며, 독활(獨活)이라 한다.

🗺️ 분포

주산지는 울릉도이며, 전국적으로 분포 한다.

🌾 생태

여러해살이풀이다. 표토가 깊고 부식질이 많은 유기질이 풍부한 배수가 잘 되는 땅에 재배한다.

💡 이용방안

» 어린 순은 데쳐서 먹는다.
» 어린 싹, 채 피지 않은 어린 잎, 꽃봉오리, 열매, 뿌리 등은 약술의 원료로 쓰인다.
» 뿌리 및 근경이 독활이다.

돌양지꽃

 잎

근생엽은 엽병이 길고 모여나기하며 소엽은 3개(간혹 5개)이고 사각상 달걀모양 또는 타원형이며 길이 2.5~5cm, 폭1.5~3cm로서 뒷면이 분백색이고 끝이 뾰족하거나 둔하며 가장자리에 뾰족한 톱니가 있고 탁엽은 피침 형이며 예두이다.
줄기 잎은 3출 또는 우상으로 갈라지고 소엽은 길이 2cm의 달걀모양이며 가장자리에 뾰족한 톱니가 있고 뒷면이 백색이다.

꽃

꽃은 6~7월에 피고 지름 10mm내외로서 황색이며 꽃턱에 길이 2mm의 백색털이 밀생하고 정생 또는 액생하는 취산꽃차례에 10개 내외의 꽃이 달린다. 꽃받침 조각은 끝이 뾰족하며 좁은 달걀모양이고 부악편은 피침 형이며 꽃밥은 넓은 달걀모양이고 암술대는 길이 1.5mm이다.

 ## 열매

수과는 달걀모양이며 갈색으로서 밋밋하고 밑 부분에 수과보다 긴 꼬불꼬불한 털이 있다.

 ## 줄기

높이가 10~20cm이며 전체에 복모가 밀생한다.

 ## 뿌리

근경은 굵고 목질이다.

분포

전국 각지에 분포한다.

 ## 생태

여러해살이풀이다. 산지의 햇볕이 잘 들고 건조한 바위틈 또는 배수가 잘되는 척박한 사질토양에 주로 생육한다.

이용방안

관상용으로 심는다.

두메고들빼기

잎

밑 부분의 잎은 일찍 쓰러진다. 잎은 어긋나기하며 삼각형 또는 삼각상 심장형
이고 예두로서 가장자리가 불규칙하게 치아상으로 갈라지며 밑 부분이 얕은 심
장저 또는 절저이고 표면은 녹색이며 뒷면은 흰빛이 돌고 일부분이 둥근 심장형
으로 되어 원줄기를 감싸며 엽병에 날개가 있다. 위로 올라갈수록 잎이 작아지
고 엽병이 원줄기를 감싸지 않는다.

꽃

꽃은 7~8월에 피며 황색이고 원줄기 끝에 큰 원뿔모양꽃차례가 발달하여 많은

머리모양 꽃 차례가 달리며 머리모양 꽃 차례는 15개 정도의 혀꽃으로 구성된다. 총포는 통상종꼴로 길이 0.8~1.1mm, 지름 5~8mm이며 총포조각은 2~3층으로 배열되고 뒷면에 짧은 샘털과 털이 약간 있으며 끝이 뾰족하고 외편은 난상 피침형이며 내편은 선상피침형이다.

열매

수과는 타원형 또는 넓은 달걀 모양으로서 길이 4mm, 넓이 2mm이며 납작스름하고 흑색 또는 암적색이며 관모는 길이 6~7mm의 백색이며 8~9월에 익는다.

줄기

높이가 1m에 달하고 원줄기는 곧게 서며 둥글고 털이 없으며 밑 부분이 자주빛을 띠고 윗부분에서 가지가 갈라진다.

분포

전국 각지에 분포한다.

생태

두해살이풀이다. 심산지역에서 자란다.

이용방안

어린순을 나물로 한다. 뿌리는 감기, 기침, 폐결핵, 뱀독에 쓴다.

두메담배풀

잎

근생엽은 개화 시에도 남아 있고 꽃무늬처럼 퍼지거나 발달하지 않으며 밑 부분의 잎과 더불어 길이 13~20cm, 폭 3~5cm로서 난상 긴 타원형이고 밑 부분이 둥글며 양면에 털이 밀생하고 가장자리에 불규칙한 톱니가 있으며 엽병에 넓은 날개가 있다. 중앙부의 잎은 좁고 끝이 뾰족하며 위로 갈수록 점점 작아져서 피침 형 또는 선상 피침형으로 되고 양끝이 좁으며 포는 많고 선상 피침형으로서 머리모양꽃차례와 길이가 비슷하거나 보다 길며 젖혀진다.

꽃

꽃은 7~9월에 피고 황색이며 지름 1cm가량으로서 머리모양꽃차례가 줄기 끝의
잎겨드랑이에서 1개씩 아래로 향하여 핀다. 총포는 종꼴로서 길이 5~6mm이며
총포조각은 끝이 둥글고 중편은 흔히 짧아진다.

열매

수과는 거꿀달걀모양이고 길이
3.5mm가량이며 선점이 있다.

줄기

높이 40~100cm이고 줄기는 곧
게 서며 밑 부분에 벌어진 털
이 밀생하고 윗부분에서 가지를 낸다.

분포

전국 각지에 분포한다.

생태

여러해살이풀이다. 숲속, 숲
가장자리에서 자란다.

이용방안

뿌리와 전초를 감기, 눈 결막염, 인후염, 치통, 회충증, 위장염, 비뇨계염증, 임파
선결핵, 우선염, 이선염, 치핵출혈, 뱀독 등에 쓴다.

두메대극

 잎

밑 부분의 잎은 일찍 쓰러진다. 잎은 어긋나기하며 삼각형 또는 삼각상 심장형이고 예두로서 가장자리가 불규칙하게 치아상으로 갈라지며 밑 부분이 얕은 심장저 또는 절저이고 표면은 녹색이며 뒷면은 흰빛이 돌고 일부분이 둥근 심장형으로 되어 원줄기를 감싸며 엽병에 날개가 있다. 위로 올라갈수록 잎이 작아지고 엽병이 원줄기를 감싸지 않는다.

꽃

꽃은 7~8월에 피며 황색이고 원줄기 끝에 큰 원뿔모양꽃차례가 발달하여 많은 머리모양꽃차례가 달리며 머리모양꽃차례는 15개정도의 혀꽃으로 구성된다.

총포는 통상종꼴로 길이 0.8~1.1mm, 지름 5~8mm이며 총포조각은 2~3층으로 배열되고 뒷면에 짧은 샘털과 털이 약간 있으며 끝이 뾰족하고 외편은 난상피침형이며 내편은 선상피침형이다.

🍒 열매

수과는 타원형 또는 넓은 달걀모양으로서 길이 4mm, 넓이 2mm이며 납작스름하고 흑색 또는 암적색이며 관모는 길이 6~7mm의 백색이며 8~9월에 익는다.

🌳 줄기

높이가 1m에 달하고 원줄기는 곧게 서며 둥글고 털이 없으며 밑 부분이 자주빛을 띠고 윗부분에서 가지가 갈라진다.

🗺 분포

전국 각지에 분포한다.

🌱 생태

두해살이풀이다. 심산지역에서 자란다.

💡 이용방안

어린순을 나물로 한다. 뿌리는 감기, 기침, 폐결핵, 뱀독에 쓴다.

두메양귀비

 잎

잎은 뿌리에서 뭉쳐나고 엽병은 다소 길다. 난상 타원형으로 1~2회 깃꼴로 갈라진다. 갈라진 조각은 달걀 모양 타원형 또는 피침 형이고 끝은 뾰족하고 가끔 갈라지지 않은 잎이 함께 있다.

꽃

꽃은 7~8월에 노란빛을 띤 꽃이 꽃대 끝에 1송이 핀다. 꽃받침조각은 2개인데, 타원형 배모양이고 꽃잎은 4개가 다소 둥글며 지름 1.5~2cm이다. 수술은 많고 씨방은 거꿀달걀모양이며 암술대는 방사형으로서 씨방꼭지를 우산 모양으로 덮는다.

열매

열매는 삭과로 달걀 모양 구형이고 퍼진 털이 있다.

 줄기

꽃대는 외가닥 또는 2~3가닥으로 곧게 또는 비스듬히 난다. 높이는 5~10cm 정도이다.

 뿌리

전체에 퍼진 털이 있으며 뿌리는 땅속으로 30cm정도 곧게 들어가고 지름 1cm 정도이다.

 분포

강원도 이북

 생태

두해살이풀이다. 고산지대에서 자란다.

딱지꽃

잎

잎은 우상복엽이며 근생엽이 옆으로 퍼지고 줄기 잎은 어긋나기하며 소엽은 15~29개로서 밑 부분의 것은 점차 작아지고 윗부분의 것은 거꿀피침모양 또는 긴 타원형이며 길이 2~5cm, 폭 8~15mm로서 표면은 털이 거의 없으나 뒷면은 백색 면모(綿毛)가 밀생하고 특히 맥위에 긴 견모가 있으며 거의 주맥까지 갈라지고 탁엽은 넓은 타원형이며 우상으로 갈라진다.

꽃

꽃은 황색으로 6~7월에 피고 지름 1~2cm로서 산 방상 취산꽃차례로서 정생한

120

다. 화경은 가늘며, 포는 손바닥모양으로 갈라진다. 꽃받침조각은 좁은 달걀모양이고 예두이며 부악편은 피침 형이고 뒷면에 흰 솜털이 있다. 꽃잎은 도란상 요두로서 각각 5개이며 턱엽에 털이 있다.

🍒 열매

수과로서 넓은 달걀모양이고 세로로 주름살이 지며 길이 1.3mm정도이고 뒷면에 능선이 있다.

🌳 줄기

높이 30~60cm이고 모여나기 하며 거칠고 크다. 융털이 있다.

🌱 뿌리

땅속에 흑갈색의 굵고 긴 원주상 뿌리가 있다.

🗺️ 분포

제주, 전남, 전북(덕유산), 경남 (금정산), 경북(팔공산), 충남, 충북, 강원(치악산), 경기(광릉) 분포 한다.

🌾 생태

여러해살이풀이다. 개울가의 들이나 해변가에 난다.

💡 이용방안

어린 순을 나물로 한다. 딱지꽃, 털딱지꽃의 뿌리 및 전초를 위릉 채라 하며 약용한다.

땅꽈리

잎

잎은 어긋나기하며 엽병이 길고 달걀모양이며 길이 3~7cm, 나비 2~5cm로서 끝
이 뾰족하고 밑 부분이 둥글며 가장자리에 큰 톱니가 있거나 없다.

꽃

꽃은 7~8월에 피고 황백색이며 잎겨드랑이에 1개씩 밑을 향해 달리고 꽃자루는
길이 1cm정도이다. 꽃받침은 통형이며 꽃이 필 때는 길이 4~5mm이나 열매를
맺을 때는 2.5cm정도로 길어져 열매를 완전히 둘러싸고 달걀모양이며 능각에
짧은 털이 있고 녹색이다. 꽃부리는 길이 8mm정도로서 가장자리가 오각형으로

되며 끝이 얕게 5개로 갈라진다. 수술은 5개이고 꽃밥은 보통 자주색이다.

🍒 열매

길이 2.5cm정도이고, 지름은 1cm가량의 둥근 장과이다. 열매는 익어도 녹색이다.

🌲 줄기

높이 30~40cm이고 짧은 털이 있으며 곧게 서고 가지가 갈라진다.

🗺 분포

울릉도, 제주도와 충주, 제천, 단양이남, 목포 등 남부지방에 귀화하여 분포한다.

🌱 생태

한해살이풀이다. 들이나 길가에서 자란다.

💡 이용방안

전초 및 과실을 천포자라 하며 약용한다.

말똥비름

잎

잎은 원줄기 밑 부분의 것은 마주나기하고 엽병이 짧으며 달걀모양이지만 윗부분의 것은 어긋나기하고 주걱모양이며 밑 부분이 점차 좁아져서 엽병이 없어지고 길이 10~15mm, 폭 2~4mm로서 끝이 둔하다. 잎겨드랑이에 생기는 2쌍의 잎이 달려있는 둥근 살 눈으로 번식한다.

꽃

꽃은 6~8월에 피며 지름 10~14mm로서 황색이고 꽃대가 없으며 원줄기 끝에서 가지가 갈라져서 취산꽃차례가 발달하고 꽃이 한쪽으로 치우쳐서 달리며 꽃밑의 포가 1개씩 있다. 꽃받침조각은 녹색이고 긴 타원상 주걱모양으로서 끝이 둔하고 크기가 각각 다르다. 꽃잎은 5개이며 피침 형이고 길이 5mm정도로서 예두이다.

열매

열매는 5개이며 골돌이다.

줄기

높이 7~22cm이며 전체가 부드럽고 약하며 원줄기 밑 부분이 옆으로 뻗으면서 마디에서 뿌리가 내리고 털이 없다.

분포

전국 각지에 분포한다.

생태

2년생 초본이다. 논밭 근처에서 자란다.

125

모시풀

잎

잎은 어긋나기하고 난상 원형이며 길이 10~15cm, 폭 6~12cm로서 끝이 꼬리처럼 약간 길고 밑 부분은 둔저 또는 원저이며 가장자리에 규칙적인 톱니가 있고 표면은 짙은 녹색으로서 털이 약간 있으나 뒷면은 솜털이 밀생하여 흰빛이 돌며 맥 위에 퍼진 털이 있다. 엽병은 잎과 길이가 같거나 약간 짧고 퍼진 잔털이 있다.

꽃

꽃은 7~8월에 피고 암수한그루로서 원뿔모양꽃차례로 잎겨드랑이에 달리고, 꽃차례가 엽병보다 짧다. 수꽃 꽃차례는 줄기 밑 부분에, 암꽃 꽃차례는 줄기 윗부분에 달리며 꽃차례는 길이 5~10cm이다. 수꽃은 황백색으로 화피 4장, 수술 4개로 되어 있다. 암꽃은 연녹색으로 통모양의 화피에 싸이고, 여러 개의 꽃이 모여 둥글게 되며 암술 1개로 구성되어 있다.

열매

열매는 수과로 타원형이며 길이 1mm정도로서 여러 개가 함께 붙어 있다.

줄기

원줄기는 높이 1~2m이고 둥글며 약간 가지가 갈라지기도 하고 녹색으로서 엽병과 더불어 퍼진 잔털이 많다.

뿌리

뿌리는 목질로 땅속에서 옆으로 뻗는다.

분포

중부 이남에 분포한다.

생태

여러해살이풀이다.

이용방안

껍질은 섬유로 이용한다. 뿌리는 저마근, 경피 저 마피, 잎은 저마엽, 꽃은 저마화라 하며 약용한다.

127

물꼬챙이골

🍁 **잎**

엽초는 적갈색이고 가장자리가 수평이며 막질이다.

🌼 **꽃**

꽃대는 높이 30~60cm, 지름 2~5mm이지만 마르면 편평하게 되는 특성이 있다. 꽃은 7~10월에 피며 화수는 원주형이고 화경보다 넓으며 길이 1~3cm, 지름 3~6mm로서 짙은 갈색이고 끝이 둔하며 밑 부분에 달린 2개의 비늘조각에 꽃이 없다. 그 밖의 비늘조각은 피침상 긴 타원형이고 길이 5mm로서 끝이 둔하며 짙은 갈색이지만 가장자리는 백색이다. 암술대는 밑 부분이 압축된 삼각추형이며 다소 둥근 편이며 끝이 2개로 갈라진다. 씨방은 보통 5~6개의 침형의 화피열편에 싸여있다. 화피열편은 수과보다 2배정도 길며 밑을 향한 잔돌기가 있다.

열매

수과는 길이 1.5~2mm로서 렌즈상 거꿀달걀모양이고 연한 갈색으로 익는다.

줄기

원통형이며 모여나기한다.

뿌리

근경은 옆으로 뻗는다.

분포

전국 각지에 분포한다.

생태

여러해살이풀이다. 연못가의 습지에서 군생한다.

물꽈리아재비

잎

잎은 마주나기하고 달걀모양 또는 타원형으로 길이 1~4cm, 나비 5~25mm이며 끝은 뾰족하거나 둔하고 밑은 뾰족 하며 가장자리에 톱니가 있고 윗부분의 잎을 제외하고는 엽병이 있다.

꽃

꽃은 6~7월에 황색으로 피고 잎겨드랑이에 1개씩 달리며 꽃자루는 길이 15~22mm이다. 꽃받침은 5개의 좁은 날개가 있는 능선이 있고 끝이 돌기같이 5열하고 열편은 길이 1mm 이하이다. 꽃부리는 길이 10~12mm이고 끝이 5열하며 안쪽 위에 이열의 털 같은 돌기가 있다. 수술은 4개이다.

🍒 열매

과실은 삭과로 장 타원형이다.

🌳 줄기

줄기는 연약하고 네모지며 가지가 많이 갈라지고 전주에 털이 없다.

분포

묘향산 이남에 분포한다.

🌱 생태

여러해살이풀이다. 물가의 습지에서 자란다.

물레나물

잎

잎은 마주나기하며 엽병이 없이 원줄기를 마주 싸고 끝이 뾰족한 피침 형이며 길이 5~10cm, 폭 1~2cm로 투명한 점이 있다.

꽃

꽃은 6~8월에 피고 지름 4~6cm로서 황색 바탕에 붉은빛이 돌며 가지 끝에 큰 꽃이 달린다. 꽃받침조각은 5개이고 달걀모양이고 길이 1cm가량이며 맥이 많고 꽃잎은 길이 2.5~3cm, 폭 1.5cm가량으로 낫같이 굽은 넓은 달걀모양이다. 수술은 다체이고 암술대는 길이 6~8mm이며 윗부분에서 암술머리와 더불어 5가닥이 난다.

열매

삭과는 달걀모양이고 길이 12~18mm이며 종자에는 작은 그물맥이 있고 한쪽에 능선이 있으며 길이 1mm이다.

줄기

높이 50~100cm이고 원줄기는 네모지며 윗부분이 녹색이고, 밑 부분은 목질화 된 연한 갈색이고 가지가 갈라진다.

뿌리

근경이 있고, 근경에서 뿌리가 내린다.

분포

전국 각지에 분포한다.

생태

여러해살이풀이다. 숲가 또는 논이나 밭둑과 같이 토양이 기름지고 양지 바른 곳에 주로 생육한다.

이용방안

» 어린 순은 식용한다.
» 전초를 홍한련이라 하며 약용한다.

133

물지채

잎

잎은 선형이고 횡선열매는 반원형으로서 부드러우며 길이 13~22㎝, 폭 1㎜이고 끝이 둔하며 밑 부분이 엽초로 된다. 엽초끝은 막질로 되어있으며 엽설의 길이는 1㎜이다.

꽃

7~8월에 잎 사이에서 길이 15~40cm의 꽃대가 자라 윗부분에 자줏빛이 도는 녹색 꽃이 수상(穗狀)으로 달린다. 꽃자루는 길이 3mm이지만 4~8mm로 자라고 화피와 수술은 각 6개이며 암술은 1개로서 3개의 합생심피(合生心皮)로 되고 암술대가 없

으며 짧은 털이 있다.

열매

열매는 삭과로 선형이고 길이는 8~10㎜, 지름 1.2mm로서 밑 부분이 3개로 갈라져서 종자가 나온다. 종자는 각 심피에 1개씩 들어 있다.

줄기

밑 부분이 굵고 잎이 모여나기하며 기는 줄기가 뻗는다.

분포

우리나라 북부 지역에 분포한다.

생태

여러해살이풀이다. 습지에 자란다.

특징

지채(T. maritima L.)와 비교하여 기는 줄기가 있고, 잎은 꽃줄기보다 짧으며, 꽃은 이삭꽃차례에 성글게 달리므로 구분된다. 또한 우리나라에서 지채는 전국의 바닷가 갯벌에서 볼 수 있지만, 물지채는 북부지방에 분포한다.

물참새피

잎

잎은 어긋나기(互生) 잎차례이고 엽초는 대개 털이 없고 마디사이보다 짧다.
엽설(葉舌)은 높이 2㎜이고 잎몸은 길이 5~10㎝, 폭 6~8㎜, 털이 없다.

꽃

꽃은 6~9월에 핀다. 꽃차례는 2개의 총(總)으로 이루어지며, 총은 길이 4~9㎝,
이열로 담녹색의 소수(小穗)가 달린다. 소수는 긴타원모양, 길이 3㎜, 미모가 산
생한다. 제1포영이 없거나 또는 인편상이며, 제2포영은 3~5맥, 소수와 같은 길이
이다. 제1낱꽃은 불임성, 제2낱꽃은 양성이며, 임성이다. 암술머리는 흑자색이며

꽃밥은 길이 1.5 ㎜이다.

줄기

줄기는 곧추 서며, 높이 20~40㎝, 기부는 광범위하게 포복하며 마디에서 뿌리
가 난다.

분포

제주도와 목포, 진주에서도 분포한다.

생태

여러해살이풀이다. 수습지에서 자란다.

미색물봉선

잎

잎은 어긋나기하고 긴 타원형이며 끝이 둔하고 밑 부분이 뾰족하며 엽병을 제외한 길이 4~8cm, 폭 2.5~4cm로서 표면은 분백이고 뒷면은 흰빛이 돌며 가장자리에 둔한 톱니가 있고 밑 부분의 톱니가 실같다.

꽃

총상꽃차례는 잎겨드랑이에서 밑으로 처지며 1~5개의 꽃이 달리고 꽃은 8~9월에 피며 지름 2cm정도로서 노랑물봉선화에 비해 연한 황색이고 안쪽에 적갈색 반점이 있으며 흔히 닫힌 꽃도 있고 포는 선형이며 거가 밑으로 굽는다.

열매

삭과는 피침 형이고 탄력적으로 터지면서 종자가 튀어 나온다.

 줄기

높이가 50cm에 달하며 육질이고 가지가 많이 갈라지며 마디가 특히 두드러진다.

 분포

전국 각지에 분포한다.

 생태

한해살이풀이다. 산골짜기 냇가에서 자란다.

밀나물

잎

잎은 어긋나기하며 달걀모양 또는 난상 긴 타원형이고 길이 5~15cm, 폭 2.5~7cm로서 5~7맥이 있으며 끝이 뾰족하고 밑 부분은 심장저 또는 원저이며 가장자리가 밋밋하고 표면은 녹색으로서 털이 없으나 뒷면 맥위에 잔돌기가 있는 것도 있다. 엽병은 길이 5~30mm로서 밑 부분에 탁엽이 변한 덩굴손이 있다.

꽃

꽃은 5~7월에 피며 우상모양꽃차례는 잎겨드랑이에서 나오고 화경은 엽병보다 훨씬 길며 길이 7~12mm의 꽃자루가 15~30개 정도 달린다. 수꽃의 화피는 뒤로 젖혀지고 피침 형이며 길이 4mm정도로서 황록색이고 수술은 화피 길이의 2/3~4/5이다. 꽃밥은 길이 1.5mm정도이며 암꽃에 꽃밥이 없는 수술은 없다.

열매

꽃이 진 후 동그란 장과가 결실하여 검게 익는다.

줄기

줄기와 덩굴손으로 다른 식물에 의지하여 감겨 붙어 자란다. 가지가 많이 갈라지고 능선이 있다.

분포

전국 각지에 분포한다.

생태

덩굴성 여러해살이풀이다. 전국의 산기슭, 강기슭, 들판, 구릉지 등의 수림 사이의 밝은 덤불 속에 자생한다.

이용방안

≫ 어린 순이나 연한 줄기와 꽃봉오리 등을 식용하는데 어린 순은 생으로 튀김 요리도 하고 마요네즈나 초고추장에 찍어 먹어도 향미롭다. 국거리로도 이용되며, 조림, 소금물에 저림 가공도 할 수 있다. 영양가가 높을 뿐만 아니라 노화를 방지하고 혈액순환을 원활하게 하며 이뇨와 강장의 효과도 있다 한다.

≫ 근경 및 뿌리를 우미채라 하며 약용한다.

바위채송화

잎

잎은 어긋나기하며 피침상 선형이고 끝이 뾰족하며 길이 6~15mm, 폭 1.2~2.5mm로서 편평한 육질이고 밑 부분은 자주색이며 엽병이 없다.

꽃

꽃은 8~9월에 피고 황색이며 꽃대가 없고 가지 끝에서 가지가 갈라지며 취산꽃차례에 약간 달리고 포가 꽃보다 다소 길다. 꽃받침조각은 5개이며 길이 2mm정도로서 서로 다르고 선형 또는 선상 침형이며 꽃잎은 5개이고 피침 형이며 길이 5~6mm로서 예두이다. 수술은 10개로서 꽃잎보다 짧고 심피는 5개이며 밑 부분이 약간 붙어 있다.

열매

열매는 5개이고 길이 8~9mm로서 둥근 피침형인 골 돌이다.

줄기

원줄기는 밑 부분이 옆으로 뻗고 윗부분이 가지와 더불어 곧추서서 높이가 10cm에 달하며 밑 부분에 갈색이 돌고 꽃이 달리지 않는 가지에는 잎이 밀생한다.

분포

전국 각지에 분포한다.

생태

여러해살이풀이다. 전국적으로 매우 건조한 바위 위에 이끼가 말라죽은 곳이나 먼지 등이 쌓인 곳에서 자란다.

이용방안

돌담 위나 정원석 위에 약간의 토양을 얹고 심어도 좋다. 초물분재용 소재로 이용한다.

방가지똥

잎

근생엽은 꽃이 필 때 쓰러지거나 남아 있고 밑 부분의 잎보다 작다. 밑 부분의
잎은 긴 타원형 또는 넓은 거꿀피침모양이며 길이 15~25cm, 나비 5~8cm로서
우상으로 거의 완전히 갈라지고 가장자리에 불규칙한 치아모양톱니가 있으며
톱니 끝이 바늘처럼 뾰족하고 엽병에 날개가 있으며 중앙부의 잎은 이저로서 원
줄기를 감싼다.

꽃

꽃은 5~9월에 피고 지름 2cm이며 꽃차례는 거의 산형 비슷하고 화경은 길이

1.5~5.5cm로서 샘털이 있다. 총포는 길이 11mm, 나비 12~18mm로서 꽃이 핀 다음 밑 부분이 커지며 포편은 3~4줄로 배열되고 능선을 따라 샘털이 있으며 외편은 길이 3.5~4.5mm, 중편은 길이 6mm, 내편은 길이 9mm이다. 꽃부리는 황색 또는 백색이고 길이 11~12mm, 지름 1mm정도이며 판통은 길이 6mm로서 백색 털이 있다. 꽃은 모두 혀꽃이다.

열매

수과는 갈색의 거꿀달걀모양이며 길이 3mm로서 양면에 각각 3개의 능선이 있고 관모는 백색으로 길이 6mm이며 9~10월에 익는다.

줄기

높이 30~100cm이며 줄기는 원주형으로서 속이 비고 세로로 능선이 있는 회녹색 또는 녹자색인데 어려서는 분질로 덮이며 털이 없거나 윗부분에 샘털이 있다.

뿌리

뿌리는 방추형이다.

분포

전국 각지에 분포한다.

생태

1년 또는 두해살이풀이다. 들에서 자란다.

이용방안

>> 어린순을 나물로 한다.
>> 전초는 고채, 뿌리는 고채근, 꽃과 종자는 고채화자라 하며 약용한다.

방기

🍁 잎

잎은 어긋나기하고 넓은 달걀모양 또는 장상 다각형이며 길이 6~15cm, 폭 3~12cm로서 점첨두이고 원저 또는 심장저이며 가장자리는 밋밋하거나 3~7개의 얕은 물결모양의 결각이 있다. 표면에 털이 없으며 뒷면은 회녹색으로서 털이 없거나 잔털이 있고 장상의 맥이 있으며 엽병은 길이 5~10cm이다.

🌼 꽃

꽃은 암수딴그루로 6~7월에 피고 연녹색이며 원뿔모양꽃차례는 액생하고 꽃차례는 길이 10~20cm이다. 꽃받침조각과 꽃잎은 각각 6개이며 수꽃은 9~12개의 수술이 있고 암꽃은 3개의 헛수술과 3개의 심피가 있다. 암술대는 젖혀지며 암술머리는 갈라지지 않는다.

 열매

열매는 핵과로서 흑색이며 6~7㎜로서 둥글고 10월에 익는다.

줄기

길이가 7m에 달하고 1년생 가지에 털이 없으며 종선이 있다. 줄기는 다른 물체를 감고 자란다.

분포

남쪽 섬에 분포한다.

생태

낙엽 만경목이다. 제주도의 낮은 지대의 숲 가장자리에서 드물게 자란다.

이용방안

만경을 청풍등이라 하며 약용한다.

백일홍

잎

잎은 마주나며, 긴 난형으로 길이 4~6cm, 폭 3~5cm, 밑 부분은 줄기를 감싼다. 잎 가장자리는 밋밋하며, 양면에 거친 털이 난다. 잎자루는 없다.

꽃

꽃은 6~10월에 줄기와 가지 끝에 머리모양꽃차례가 1개씩 달린다. 머리모양꽃차례 가장자리에 혀모양꽃이 달리고, 가운데에 관모양꽃이 달린다. 관모양꽃은 꽃부리 끝이 5갈래이며, 보통 노란색이다. 모인꽃싸개조각은 둥글고, 끝이 둔하며, 위쪽이 검은색이다.

열매

열매는 수과로서 9월에 익는
다. 씨를 심어 번식한다. 털
이 없다.

줄기

줄기는 곧추서며, 높이
30~90cm이다.

분포

전국 각지에 분포한다.

생태

한해살이풀이다.

뱀무

잎

근생엽은 엽병이 길고 두대우열(頭大羽裂)되어 측열편은 소형으로 1~2쌍이고 소
엽 같은 부속체가 있고 정소엽은 크며 난상 원형 또는 심장형이고 둔두 심장저
이며 길이와 폭이 각 3~6cm로서 흔히 3개로 갈라지고 양면에 짧은 털이 있으며
가장자리에 톱니가 있다. 줄기 잎은 엽병이 짧고 거꿀달걀모양 또는 넓은타원모
양이며 예두 또는 둔 두이고 심장저 또는 예저로서 약간 또는 깊게 3렬하고 치
아모양톱니가 있으며, 탁엽(托葉)은 잎모양이고 성기게 치아모양톱니가 있다.

꽃

꽃은 황색으로 6월에 피며 취산꽃차례로서 줄기 끝이나 가지 끝에 성기게 난다. 꽃자루에는 비로드 같은 털이 있으며 부악편은 선형이고 길이 2mm정도이다. 꽃받침조각은 5개로서 삼각상 피침 형이며 겉에 융털이 밀생하고 꽃이 핀 다음 뒤로 젖혀지며 꽃잎도 5개로서 원형이고 꽃받침조각과 길이가 비슷하거나 약간 짧으며 꽃받침조각 가장자리에 착생한다. 암술과 수술은 많다.

열매

암술대는 끝까지 남아 있고 끝이 갈고리처럼 굽으며 과탁에 길이 2~3mm의 털이 있다. 열매는 두상과(頭狀果)로서 다소 구형이고 수과에 센털이 밀생한다.

줄기

줄기의 윗부분에서 가지가 갈라지고, 높이 25~100cm이고 전체에 털이 있다.

분포

제주, 경북(울릉도), 경기도(광릉)에 분포한다.

 생태

여러해살이풀이다. 산이나 들에 난다.

이용방안

» 어린 순을 나물로 한다.
» 전초는 수양매, 뿌리는 수양매근이라 하며 약용한다.

버들금불초

🍁 잎

잎은 어긋나기하며 중앙부의 잎은 피침 형이고 끝이 뾰족하며 밑 부분이 원줄기를 감싸고 길이 5~8cm, 나비 1~2cm로서 표면은 윤채가 있으나 약간 거칠며 뒷면은 맥 위에 털이 있고 가장자리에 점같은 톱니와 털이 있으며 위로 갈수록 점점 작아져서 포로 된다.

🌼 꽃

꽃은 6~8월에 피고 가지 끝과 원줄기 끝에 금불초의 꽃 같은 머리모양꽃차례 (頭狀花)가 달리며 머리모양꽃차례는 지름 4cm이고 혀꽃은 길이 9mm, 나비

2mm로서 끝에 3개의 톱니가 있으며 관상화는 끝이 5개로 갈라진다. 총포는 반구형으로서 길이 1cm, 지름 2cm이고 총포조각은 4줄로서 길이가 같으며 외포편은 넓은 피침 형이고 예두이며 가장자리에 털이 있고 내포편은 선형이며 길게 뾰족해진다.

열매

수과는 길이 1.5mm로서 10개의 능선이 있고 털이 없으며 관모는 길이 8mm이다.

줄기

높이 60~80cm이며 전체에 털이 있고 윗부분에서 가지가 갈라진다.

뿌리

땅속줄기가 사방으로 퍼져 나가면서 마디에서 새싹이 돋아난다.

분포

전국 각지에 분포한다.

생태

여러해살이풀이다. 습윤한 산록의 풀밭이나 논두렁 또는 밭두렁에서 다른 잡초들과 섞여서 자란다.

이용방안

금불초/가는잎금불초/버들금불초의 머리모양꽃차례는 선복화, 뿌리는 선복화근, 전초는 금비초라 하며 약용한다.

버들까치수염

잎

잎은 교호로 마주나기하며 거꿀피침모양 또는 넓은 도피임형이며 양끝이 좁고
엽병과 털이 없으나 어릴 때는 원줄기 윗부분 및 꽃차례와 더불어 길고 연한 갈
색 면모가 산생하며 점첨두두 또는 아둔두에 쐐기모양이고 길이 4~10cm, 넓이
15~25mm로서 전체에 흑색 점이 있으며 밑 부분의 것은 퇴화되어 비늘처럼 된
다. 표면은 털이 없고 뒷면은 담백색에 줄기끝, 꽃차례와 더불어 담갈색의 장면
모가 드물게 있다.

꽃

꽃은 6~7월에 피며 황색이고 원줄기 중앙에서 액생한 길이 2~3cm의 총상꽃차례에 밀생한다. 꽃받침조각은 6개이고 꽃부리는 꽃받침보다 1.5배 길며 6개로 깊게 갈라지고 열편은 넓은 선형에 둔 두이고 길이 4~5mm이며 윗부분에 흑 점이 다소 있고 수술은 6개로서 꽃부리보다 길다.

열매

삭과는 둥글며 지름 2.5mm정도로서 흑점이 있고 길이 4mm정도 되는 암술대가 숙존 한다.

줄기

높이 30~60cm이고 줄기는 원주형이며 곧추서고 가지가 적게 갈라지거나 없으며 밑잎은 인편상이다.

뿌리

근경이 지하에서 길게 가로 뻗는다.

분포

북부지방의 고원에 분포한다.

생태

여러해살이풀이다. 고원습지에서 자란다.

이용방안

습지 조경에 쓸 수 있는 관상용식물이다.

부지깽이나물

잎

잎은 어긋나기하고 엽병이 거의 없으며 선형 또는 선상 피침 형으로서 끝이 뾰족하고 가장자리가 밋밋하지만 밑 부분의 잎은 얕은 물결모양의 톱니가 있으며 길이 4cm, 폭 5mm로서 양면에 갈라진 털이 있다.

꽃

꽃은 5~6월에 피고 황색이며 지름 1cm가량의 십자모양꽃부리로서 줄기 끝에서 총상꽃차례로 달리고 꽃자루는 길이 3mm정도로서 능선이 있으며 거의 수평으로 달리지만 열매는 꽃자루 끝에서 약간 위로 향한다. 꽃받침조각은 길이

5~8mm의 타원형이며 꽃잎은 거꿀달걀모양으로 길이 12~15mm이다.

열매

장각과는 다소 네모지고 길이 4~6cm이며 홍갈색이고 꽃자루와 더불어 차상(叉
狀)의 털이 있다. 길이 2~2.5mm의 타원형 종자가 1줄로 배열되어 7~8월에 성숙
된다.

줄기

높이가 60cm에 달하고 밑에서부터 가지가 갈라지며 전체에 갈라진 털이 있다.

분포

북부지방에 분포한다.

생태

2년생 초본이다. 산비탈 메마른 모래자갈 땅이거나 암석지에서 자란다.

이용방안

쑥부지깽이, 부지깽이나물의 전초를 계죽당개라 하며 약용한다.

157

부채마

잎

엽병이 길며 어긋나고 심장형, 달걀모양 또는 광달걀모양으로 길이 5~12cm, 폭 5~10cm이며 점첨두에 심장저이고 3가닥이 나며 가운데 조각은 난상피침형이며 길지만, 옆조각은 짧고 다시 3~5조각이 나기도 한다. 잎 표면은 녹색, 뒷면은 담녹색으로 잎맥이 튀어 나오며 앞뒷면에 잔털이 약간 있다.

꽃

7~8월에 피며 작으며 녹황색이다. 암·수꽃이 딴 그루에서 잎겨드랑이에 달린 이삭꽃차례로 배열되어 있다. 수꽃이삭은 처지지 않으며 옆으로 비스듬히 서며

수꽃은 화피가 작은 종꼴로서 끝이 타원형으로 6조각이 나며 수술은 6개로서 화피보다 짧고 꽃통에 붙었다. 암꽃이삭은 갈라지지 않고, 밑으로 처지며 화피는 타원형으로 6조각이 나고 씨방은 하위이며 3실이고 암술머리는 3갈래에서 다시 2개로 갈라진다.

열매

삭과는 도란상 타원형으로 길이 15~20mm, 폭 0.6~1mm의 3개의 날개가 있으며 밑으로 처진 축에 위를 향해 달리며 8월에 익는다. 종자는 위쪽에 넓은 날개가 있다.

줄기

왼쪽으로 감기며 털이 없다.

뿌리

근경은 굵고 질기며 옆으로 뻗고 짙은 황갈색이며 살은 백색 또는 황백색이다. 원주형이다.

분포

남부, 중부, 북부의 산지에 분포한다.

생태

덩굴성 여러해살이풀이다.

이용방안

덩이줄기를 황약자, 주엽은 황독령여자라고 하며 약용한다.

159

비진도콩

잎

잎은 어긋나기하며 3출 엽으로서 엽병이 길고 소엽은 긴 달걀모양이며 위로 갈수록 점차 좁아지고 둔한 끝에 소돌기가 있으며 밑 부분이 재저이거나 둔하고 표면에 털이 없으며 뒷면은 흰빛이 돌고 짧은 복모가 다소 있으며 가장자리가 밋밋하다. 탁엽은 넓은 선형이고 3맥이 있으며 길이 3~4mm로서 끝이 뾰족하고 작은 잎 턱잎은 길이 1mm정도이다.

꽃

총상꽃차례는 1~3개가 액생하며 길이 2~5cm로서 화경이 있고 꽃은 8~9월에 피며 길이 15~20mm로서 황색이고 꽃받침은 통형으로서 끝이 비스듬히 잘리며

160

털이 없다.

열매

열매는 협과로 거꿀피침모양이고 길이 4~5cm, 나비 7~8mm로서 연한 자주색으로 익으며 흑색의 둥근 종자가 3~5개 들어 있다.

줄기

원줄기는 나약하며 자흑색이 돌고 밑을 향한 짧은 복모가 있는 것도 있다.

분포

경상남도, 비진도에 분포

생태

덩굴성 여러해살이풀이다.

특징

1978년에 김삼식 교수가 비진도에서 처음으로 채집했기 때문에 비진도 콩이라고 한다.

산미나리아재비

🍁 **잎**

뿌리 잎은 모여 나고 잎자루가 길며, 양면에 털이 있다. 줄기 잎은 2~5장이고, 보통 3~5갈래로 갈라지며, 갈래조각은 좁은 선형으로 끝이 뾰족하다.

🌼 **꽃**

꽃은 6~8월에 황금색으로 피고 가지끝에 취산꽃차례로 달리며 꽃대는 길다. 꽃받침조각은 5개이고 타원형 또는 넓은 타원형으로 뒤쪽에 털이 있다. 꽃잎은 5개로 넓은 거꿀달걀모양이다.

열매

과실은 수과로 달걀모양이고 길이 2mm이며 구형으로 모여 난다.

 줄기

줄기는 누운 털이 있다.

 분포

북부 고산지대

 생태

여러해살이풀이다. 고산산지에서 자란다.

특징

산미나리아재비는 애기미나리아재비에 비하여 경엽의 열편이 선형으로 폭이 좁고(0.5~3mm) 거의 밋밋하다.

산씀바귀

 잎

근생엽은 꽃이 필 때 쓰러지고 줄기 잎은 날개가 있는 긴 엽병이 있으며 원줄기를 감싸지 않고 표면은 붉은빛이 도는 녹색으로서 털이 약간 있으며 뒷면은 분백으로서 맥 위에 털이 있고 무우잎처럼 갈라진다. 정열 편은 난상 삼각형이며 끝이 뾰족하고 불규칙한 톱니가 있으며 측열편은 1~3쌍으로서 가장자리에 치아모양 톱니가 있다. 중앙부의 잎은 길이 8~11cm로서 엽병이 길지만 위로 올라갈수록 점차 짧아지고 피침 형으로 된다.

꽃

꽃은 8~10월에 피며 지름 1.5cm정도로서 원줄기 끝의 원뿔모양꽃차례에 달리고 화경은 길이 5~9mm에서 6~18mm로 자란다. 총포는 길이 10~11mm이며 총포 조각은 녹색이지만 가장자리는 백색이고 4줄로 배열되며 내편은 길이 5mm, 외편은 길이 1.5~2mm이다. 꽃부리는 황색이며 길이 12mm이고 판통은 길이 4.5mm정도로서 털이 있다.

 ## 열매

수과는 납작한 거꿀달걀모양이고 황색이며 부리와 더불어 길이 2.5~3mm로서 4~5개의 능선이 있고 관모는 백색 또는 황갈색이며 길이 5.5mm정도이고 9월에 익는다.

 ## 줄기

높이 65~150cm이고 줄기는 곧게 서며 분홍빛을 띠고 조각모양의 털이 밀생한다.

 ## 뿌리

방추형의 뿌리가 있다.

 ## 분포

전국 각지에 분포한다.

 ## 생태

한해두해살이풀이다. 숲가장자리나 냇가 근처에서 자란다.

 ## 이용방안

» 이른 봄에 뿌리와 어린 순을 나물로 한다.

» 뿌리는 감기, 기침, 폐결핵, 뱀독에 쓴다. 전초를 풍습관절염, 옹종창 양, 뱀독에 쓴다.

산조아재비

잎

잎은 길이 10㎝, 폭 5~6㎜로서 편평하며 녹색이고 털이 없으며 잎혀는 반원형이고 길이 3.5mm이며 막질로 되어 있다.

꽃

꽃은 7월에 피고 꽃차례는 원주형이며 길이 1.5~3㎝, 지름 8~10mm로서 자줏빛이 도는 연한 녹색이고 소수(小穗)가 밀착하며 소수는 길이 3mm, 지름 1.5mm이고 편평하다. 포영은 3맥이 있으며 둥근 절두이고 능각 끝에 길이 1mm정도의 퍼진 털이 있으며 끝이 길이 2mm정도의 까락으로 된다. 호영은 길이 2㎜정도로서 밋밋하고 용골에 센털이 있으며 표면에 연모가 있고 절두이며 3맥이 있고 끝에서 까락이 나온다. 외영은 길이 2.5㎜로서 투명하고 5맥이 있으며 절두이고 연모가 있다. 내영은 호영보다 약간 짧으며 피침 형이다. 수술은 8개이고 꽃밥은 길이가 1㎜정도로서 황색이지만 때로는 자줏빛이 돈다.

줄기
높이 30~40cm이고 포기를 형성하며 밑이 땅을 기다 윗부분이 곧게 서며, 털이 없다.

뿌리
근경은 짧다.

분포
북부 고산지대에 분포한다.

생태
여러해살이풀이다.

이용방안
목초로 이용한다.

167

산짚신나물

잎

잎은 어긋나기하며 홀수깃모양겹잎이고 소엽은 큰 것과 작은 것이 있어 불규칙하며 큰 것은 타원형 예두이고 가장자리에 치아모양톱니가 있으며 탁엽은 큰 소엽과 크기가 비슷하고 불규칙한 톱니가 있다.

꽃

7~8월에 원줄기 끝과 가지 끝에 총상꽃차례가 발달하여 꽃이 드문드문 달리며 작은 포가 잘게 갈라진다. 꽃받침통은 도원추형이고 끝이 5개로 갈라지며 열편은 달걀모양으로서 끝이 날카롭고 밑 부분에 갈고리 같은 털이 있어 옷 같은데

잘 붙는다. 꽃잎은 5개이며 거꿀달걀모양 또는 타원형으로서 황색이고 수술은 5~10개이다.

열매

수과는 꽃받침으로 싸여 있다.

줄기

큰 것은 높이가 1m에 달하며 전체적으로 털이 엉성하게 돋아 있다.

뿌리

뿌리가 약간 굵다.

분포

전국 각지에 분포한다.

생태

» 여러해살이풀이다.

» 낮은 지대의 들이나 길가에서 흔히 자란다.

이용방안

» 어린 줄기와 잎을 나물로 한다.

» 짚신나물, 산짚신나물의 전초는 선학초, 뿌리는 용아초근, 근경은 선학초근 이라 하며 약용한다.

산해박

잎

잎은 마주나기하며 피침 형 또는 선형이고 끝이 예첨두이며 밑 부분이 예저이고 길이 6~12cm, 폭 4~15mm로서 표면과 가장자리에 짧은 털이 약간 있으며 가장자리가 약간 뒤로 말리고 엽병은 길이 1~3mm이다.

꽃

꽃은 8~9월에 피며 연한 황갈색이고 꽃차례는 윗부분의 잎겨드랑이에서 나와 몇 개로 갈라지며 잎보다 짧거나 길고 꽃받침과 꽃부리가 각 5개로 갈라진다. 꽃받침조각은 삼각상 피침 형이며 화관열편은 삼각상 좁은 달걀모양이고 길이

7~8mm로서 털이 없으며 덧꽃부리의 열편은 달걀모양 둔 두이고 수술대보다 약간 짧다.

열매

골 돌과로서 뿔같으며 가늘고 길며 길이 6~8cm, 지름 6~8mm로서 털이 없고 종자는 좁은 달걀모양이며 좁은 날개가 있고 길이 4~5mm로서 가장자리가 밋밋하다.

줄기

높이가 60cm에 달하며 줄기는 가늘고 길며 강질인데 곧게 선다.

뿌리

짧은 근경으로부터 굵은 수염뿌리가 뭉쳐난다.

분포

전국 각지에 분포한다.

생태

여러해살이풀이다. 산이나 들의 풀밭에서 자란다.

이용방안

» 뿌리, 근경 및 전초를 서장경이라 하며 약용한다.

산호란

잎

잎은 막질의 잎집으로 된다.

꽃

황록색, 짧은 꽃대가 있고, 굽으며, 3~9송이가 총상꽃차례를 이룬다. 꽃받침과 꽃잎은 긴 피침 형, 길이 4~6mm이고, 황백색, 녹황색 또는 적갈색이다. 입술모양꽃부리는 꽃받침과 곁꽃잎보다 약간 짧으며, 3갈래로 갈라지고, 희며, 붉은 줄과 얼룩무늬 반점이 있다.

줄기

꽃대는 서며, 기둥 모양이고, 홍갈색이다. 엽초는 3~4장이고 연한 홍갈색이며, 밑동에 있는 엽초의 길이는 1cm정도 이다.

 뿌리

땅속줄기는 산호 모양으로 갈라지고, 다육성이다.

 분포

북부지대

 생태

부생란이다. 높은 산 침엽수림에서 자라는 여러해살이풀이다.

새머루

🍁 잎

잎은 덩굴손과 마주나기하고 달걀형의 원형 또는 삼각상 달걀형이며 점첨두, 절저 또는 심장저이고, 길이와 폭은 각 5~8cm×3~8cm로, 주맥에 갈색 털이 많고, 톱니가 드문드문 있으며, 어린나무의 것은 깊이 갈라지기도 한다.

✿ 꽃

꽃은 암수딴꽃이며 연한 황록색으로 5월 말~6월 중순에 피고, 원뿔모양꽃차례는 잎과 마주나기 하며 길이 7~10cm이고, 꽃대에서 덩굴손이 발달하고 꽃받침은 돌려나기하고 꽃잎 윗부분에서 합쳐져서 밑 부분이 떨어지며 수술은 5개이다.

열매

열매는 장과로 지름 8mm 검은색이며, 2~3개 종자가 들어 있고, 10월에 성숙한다.

 줄기

길이 3m이상 자라고 줄기나 1년생 가지에 털이 없다.

 분포

황해도와 강원도 이남에 분포.

생태

낙엽 활엽 덩굴성이다. 양지와 음지 모두에서 잘 자라며 건조지보다는 땅이 걸고 기름진 곳에서 생장이 양호하다.

이용방안

» 열매는 생식하거나 술을 담근다.
» 만경의 수액은 갈류즙, 뿌리, 과실은 갈류과실이라 하며 약용한다.

175

새모래덩굴

잎

잎은 어긋나기로 첨두 심장저이고 3~7각이거나 가장자리가 밋밋하며 길이와 폭이 각각 5~13cm로서 표면은 녹색이고 뒷면은 흰빛이 돌며 털이 없다. 잎자루는 길이 3~10㎜로서 가장자리에서 6~10㎜ 떨어져 방패처럼 달려 있다.

꽃

꽃은 암수딴그루로 4월 말~6월 초에 연한 노란색으로 피고 원뿔모양꽃차례는 가지 옆에 달린다. 수꽃은 꽃받침조 각이 4~6개, 꽃잎이 6~10개, 수술은 12~20개이고 암꽃은 3개의 심피와 암술대가 2개로 갈라진 1개의 암술이 있다.

열매

열매는 둥글며 검은색으로 지름이 1cm이고 종자는 편평하며 둥근 콩팥모양으로 지름이 7mm정도로 요철이 심한 홈이 있으며 9월에 성숙한다.

 줄기

털이 없고 길이 1~3cm로서 길게 옆으로 뻗는다. 줄기는 녹색의 원주형이다.

 뿌리

뿌리를 만주방기(滿洲防己)
라 한다.

 분포

전국 각지에 분포한다.

 생태

» 낙엽 활엽 덩굴식물이다.
» 각지의 응달이나 돌담 근방에서 자란다.
» 산기슭 양지쪽에 나며 추위에 강하고 양지와 음지에서 모두 잘 자란다.

 이용방안

» 황폐지나 도로변의 절 사면에 식재했을 때 사방효과가 좋다.
» 만경은 편복갈, 뿌리는 편복갈근이라 하며 약용한다.

석류풀

잎

잎은 밑 부분에서는 3~5장씩 돌려나기하며 질이 얇고 윗부분에서는 마주나기하고 피침 형 또는 거꿀피침모양이며 길이 1.5~3cm, 폭 3~7mm로서 양끝이 좁고 가장자리가 밋밋하며 엽병이 없고 주맥이 하나 있으며 뚜렷하고 탁엽은 막질이고 침형이다.

꽃

꽃은 7~10월에 피며 황록색이고 취산꽃차례는 가지 끝이나 잎겨드랑이에 달리며 포는 작고 막질이다. 꽃자루는 길 이 1~4mm로서 꽃이 진 다음 처지며 꽃잎은 없고 꽃받침열편은 5개이며 긴 타원형으로 길이 1.8mm로서 끝이 파진다. 수술이 3~5개, 1개의 암술로 이루어져 암술대는 3개로 갈라진다.

열매

열매는 삭과로 둥글며 지름 2mm로서 3개로 갈라진다. 씨는 납작한 콩팥모양으로 지름 0.5mm로서 진한 갈색이고, 잔돌기가 있다.

줄기

줄기는 가늘고 높이 10~30cm이고 밑에서부터 가지가 많이 갈라지며 전체에 털이 없고, 줄기에는 능선이 있다.

분포

중부 이남에 분포한다.

생태

1년생 초본이다. 밭이나 빈터에서 자란다.

이용방안

전초를 지마황이라 하며 약용한다.

특징

전체적으로 털이 없다.

선인장

❀ 꽃

꽃은 6~8월에 노란색으로 피며, 가지의 가장자리에 달린다.

🍒 열매

열매는 작은 무화과 열매처럼 생겼으며, 이듬해 봄에 붉은색으로 익고, 겉에 털 같은 가시가 있다. 가지가 손바닥 모양으로 생겨서 손바닥선인장으로 부르기도 한다.

줄기

줄기는 높이 1~2m이며, 넓고 납작한 가지가 여러 개 연결되어 있다. 가지는 긴 타원형으로 손바닥 같으며, 두꺼운 다육질이고, 짙은 녹색이다. 겉에 길이 1~3cm의 가시가 2~5개씩 모여 난다. 가시 옆에는 갈색 털이 난다.

분포

제주도와 남부지방에 분포한다.

생육환경

바닷가의 모래땅에서 자란다.

181

선투구꽃

잎

잎은 어긋나기하고 거의 3개로 갈라지며 측열편은 다시 2개로 갈라지고 가장자리에 뾰족한 톱니가 있으며 엽병이 있고 양면 맥위에 긴 털이 드물게 있으며, 특히 표면에 많다.

꽃

꽃은 7~8월에 피고 황색이며 총상꽃차례에 달린다. 꽃자루에 꼬부라진 털이 밀생하고 꽃받침조각은 5개로서 꽃잎같으며 겉에 극히 짧고 꼬부라진 털이 있으나 안쪽에서는 긴 털이 밀생한다. 씨방은 3~4개이며 털이 약간 있다.

열매

골 돌은 3개이며 암술대는 뒤로 말리고 겉에 꼬부라진 털이 있다.

줄기

높이가 1m에 달하고 곧게 자라며 1년생 가지에 잔털이 있다.

 뿌리

뿌리가 굵다.

분포

강원도 북부지방

생태

여러해살이풀이다. 고산지대에서 자란다.

섬기린초

잎

잎은 어긋나기하고 피침 형 둔 두이며 좁은 예저이고 길이 5~6cm, 폭 1.0~1.4cm
로서 양쪽 가장자리에 6~7쌍의 둔한 톱니가 있으며, 표면은 황록색, 뒷면은 회
녹색으로 양면에 털이 없다.

꽃

꽃은 7월경에 피고 지름 13mm로서 황색이며 편평꽃차례에 20~30송이가 달린
다. 꽃받침은 선형이며 꽃잎도 피침 형이고 길이 6~7mm로서 각각 5개이다. 수
술은 10개이며 꽃밥은 황적색이고 수술대는 황록색이며 암술은 5개이고 암술머

리는 가늘며 황록색으로서 길고 뾰족하다.

열매

열매는 골돌, 5개이고 끝이 가시같이 뾰족하다.

줄기

높이가 50cm에 달하고 기부 30cm정도가 겨울동안 살아남아 있다가 다음해 봄에 다시 싹이 나와서 자라며 줄기가 옆으로 비스듬히 뻗으면서 자란다.

분포

경북 울릉도와 독도에 분포한다.

생태

여러해살이풀이다. 줄기 밑 부분 30cm정도가 겨울에 살아 있다가 다음 해 봄에 싹이 나온다.

섬말나리

잎

몇 층의 윤생 엽과 작은 어긋나기 엽이 달린다. 윤생 엽은 6~10개씩 달리고 길이 10~18cm, 폭 2~4cm로서 거꿀피침 모양 또는 긴 타원형이며 어긋나기 엽은 윤생엽과 비슷한 크기와 모양에서 점점 작아져 윗부분의 포와 연결된다.

꽃

꽃은 6~7월에 피고 원줄기 끝과 가지 끝에 1개씩 달려서 4~12개가 밑을 향해 핀다. 화피열편(花被裂片)은 6개이며 두꺼운 피침 형 또는 거꿀피침모양이고 길이 3~4cm로서 붉은 빛이 도는 황색이며 안쪽에 검붉은색 반점이 있고 뒤로 말린다. 밑구에 털이 없고 씨방이 암술대보다 짧다.

열매

열매는 삭과로 지름 2.5~3.5cm로서 둥글고 9월에 결실한다.

줄기

원줄기는 높이 50~100cm이다.

뿌리

비늘줄기는 달걀모양이고 약간 붉은 빛이 돌며 간혹 관절이 있나.

분포

경상북도, 울릉군에 분포한다.

생태

여러해살이풀이다. 낙엽수가 울창하게 자란 그늘진 낙엽수림 하부의 완만한 경사면에서 널리 생육한다.

이용방안

» 그늘진 장소에 군식하거나 키가 낮은 지피식물을 심고 함께 심으면 6~7월경에 화려하게 개화한 경관을 볼 수 있다. 화단에 키가 낮은 초화류를 전면에 심고 후면에 배치하여도 좋다.

» 비늘줄기를 식용으로 한다.

섬쑥

 잎

잎은 어긋나기하고 길이 2~3.5cm이며 2회 우상으로 갈라지고 열편은 선형이며 끝이 갑자기 뾰족해지고 나비가 0.8mm정도로서 털이 없으며 가장자리가 밋밋하고 화서부의 잎은 단엽으로서 선형이며 가장자리가 밋밋하다.

꽃

꽃은 8~9월에 피고 머리모양꽃차례는 지름 1.5mm정도로서 달걀모양 또는 난상구형이며 화경이 짧고 옆을 향한다. 총포조각은 4줄로 배열되며 외포편이 가장 작고 끝이 둔하며 달걀모양이다.

줄기

높이 20~40cm이다.

 ## 분포

부산, 경상북도 및 백두산지역에 분포한다.

 ## 생태

여러해살이풀이다. 제비 쑥과 비슷하지만 잎이 우상으로 갈라지는 것이 다르다.

189

세뿔투구꽃

 잎

잎은 길이 6~7cm, 폭 5~6cm로서 오각형 또는 삼각형이며 3~5개로 갈라지고 밑 부분의 것은 3개로 갈라진 다음 양 쪽 열편이 다시 2개로 갈라진 다음 각 열편 의 끝이 결각상으로 갈라진다. 중앙부의 잎은 5개로 중열되며 열편은 마름모 모 양으로서 서로 겹치고 가장자리에 치아모양톱니가 있으며 위로 갈수록 삼각형 이 되고 엽병도 짧아지며 끝이 뾰족해진다.

꽃

꽃은 7~9월에 피고 노란빛을 띤 자주색의 투구 모양 꽃이 잎겨드랑이에 총상화

서로 달린다. 뒤쪽의 꽃받침은 앞에 부리가 있고 방한모 같으며 길이 1.8cm정도로서 옆의 꽃받침은 둥글며 밑의 꽃받침은 긴 타원형이고 모두 겉에 잔털이 있다. 수술은 많으며 암술은 3~4개이다.

열매

골 돌 보통 3개로 긴 타원형이며 암술머리가 뒤로 젖혀지고 겉에 잔털이 다소 있다.

줄기

높이 60~80cm이고 곧게 자라며 꽃차례 이외에는 털이 없고 가지가 갈라지지 않는다.

뿌리

한라돌쩌귀(지하부에 원뿔모양의 작은 덩이줄기가 달려있는데 매년 자기 몸의 포기만큼 새로운 덩이줄기를 형성하여 옆으로 이동하면서 자라난다.)와 비슷하다.

분포

남부지방에 분포한다.

생태

여러해살이풀이다.

이용방안

꽃이 아름답기 때문에 절화용 또는 초물분재로도 좋고 음지의 지피식물용으로도 적합하다. 뿌리는 약용한다.

솜아마존

잎

잎은 마주나기, 엽병이 없고 원줄기를 반 정도 감싸며, 도란상 긴 타원형 또는 긴 타원형, 길이 4~8cm, 폭 2~4cm, 가장자리는 밋밋하고, 예두이다.

꽃

꽃은 6~7월에 피고 지름 1cm정도로서 연한 황색이며 취산꽃차례는 잎겨드랑이에서 나오고 잎보다 대개 짧거나 같으며 꽃자루는 길이 3~7mm이다. 꽃받침조각은 5개로서 좁은 삼각형이고 때로는 가장자리에 잔털이 있으며 꽃잎은 난상 삼각형으로서 길이 3mm이고 덧꽃부리의 열편이 반원형이다. 꽃부리 안쪽에만 털이 있다.

열매

열매는 골 돌로 좁은 피침 형이고 길이 5cm, 폭 6~7mm이며 종자에 긴 흰색털이 있다.

줄기

높이 40~60cm이며 전체에 흰빛이 돌고 줄기는 곧게 서며 원주형이다.

분포

경기도 남양주시, 충청북도 단양군, 제주도 서귀포시

생태

여러해살이풀이다. 산이나 들에 난다.

이용방안

전초를 합장소라 하며 약용한다.

수박풀

잎

잎은 어긋나기하며 엽병이 있고 3~5개로 깊게 갈라지며 윗부분의 것은 3개로 깊게 갈라지고 중앙열편이 가장 크며 가장자리에 톱니가 있고 중앙부의 것은 5개로 얕게 갈라지며 밑 부분의 것은 난상 원형으로서 갈라지지 않는다.

꽃

꽃은 7~8월에 피고 연한 황색이며 잎겨드랑이에서 자란 꽃자루 끝에 1개씩 달리고 지름 3cm가량이며 아침에 피었다가 오전에 시들며 꽃 밑의 작은 포는 11개이고 선형이며 연모가 있다. 꽃받침은 5개로서 투명한 종형의 막질이고 맥 위에 털이 있으며 꽃잎은 5개로서 밑 부분이 합쳐지고 윗부분은 기왓장을 이고 있는 모양이며 기부에 자줏빛 반점이 있다. 한 몸수술의 축은 짧으며 암술대는 끝이 5개로 갈라지고 암술머리는 두상이며 깊게 5가닥으로 갈라지고 5실 씨방이 있다.

 열매

삭과는 길이 1.5cm가량으로 막질이며 검은 맥이 뚜렷한 꽃받침에 싸여 8~9월에 익는다. 종자는 검고 콩팥모양이며 길이 3.5~6mm, 폭 2.5~4.5cm, 두께 1~2mm이다.

줄기

높이 30~60cm이고 줄기가 곧게 서며 백색 털이 성글게 있다.

분포

전국 각지에 분포한다.

 생태

한해살이풀이다. 집마을 주변지의 빈터, 밭과 그 주변에서 자란다.

이용방안

》 관상용으로 심는다.
》 뿌리 또는 전초(全草)를 야서과묘라 하며 약용한다.

수송나물

잎

잎은 어긋나기하고 육질이며 원주형이고 짙은 녹색이며 솔잎처럼 가늘고 길이 1~3cm로서 끝이 뾰족하며 처음에는 연하고 부드럽지만 나중에 줄기와 함께 딱딱해져서 가시같이 된다.

꽃

꽃은 7~8월에 피고 연한 녹색이며 잎겨드랑이에 1개씩 달리고 밑 부분에 2개의 작은 포 가 있으며 꽃받침은 5개로 갈라진 좁은 피침 형으로서 얇다. 수술은 5개이고 꽃받침보다 짧으며 꽃밥은 흑색이고 암술은 1개이며 씨방은 달걀모양 이고 끝부분의 암술대가 깊게 2개로 갈라진다.

열매

낭과는 연골질의 꽃받침으로 싸여 있으며 절두이고 달걀모양으로서 암술대가
남아 있으며 1개의 종자가 들어 있고 종자의 수명이 짧다. 배(胚)는 나선형이다.

줄기

줄기는 밑 부분에서 많은 가지가 갈라지고 비스듬히 서거나 옆으로 기며 높이
10~40cm로서 전체에 털이 없다.

분포

전국 각지에 분포한다.

 생태

>> 한해살이풀이다.
>> 해안 모래땅에서 자란다.

이용방안

어린순과 잎을 따서 삶든가 데

쳐서 나물로 무쳐도 좋고 샐러드로도 맛이 있으며 마요네즈에 찍어 먹어도 맛있
고 볶아도 좋다. 또 찌개나 국거리로도 훌륭하며 튀김도 만들 수 있다. 또 염장
가공도 할 수 있고 가공식품으로의 개발도 바람직하다.

197

쑥국화

잎

밑 부분의 잎은 개화 시에 없어지고 엽병이 있으며, 중앙의 잎은 긴 타원형이고 길이 15~25cm, 폭 7~11cm로서 밑 부분이 흔히 원줄기를 감싸며 2회 우상으로 갈라지고 첫째 열편은 12쌍정도이며 나비 12~20mm로서 피침 형이고 최 종열편은 나비 2~3mm로서 양면에 거미줄 같은 털이 있으며 표면에 선점이 있고 가장자리는 뾰족하고 딱딱한 톱니 가 있다.

꽃

꽃은 7~9월에 피며 황색이고 머리모양꽃차례는 지름 10mm로서 12~38개가 밀집하여 산 방상으로 배열되며 화경은 길이 7~21mm이다. 총포는 반구형이고 길이 4mm, 지름 10mm로서 거미줄 같은 털이 부분적으로 있으며 포편은 4줄로 배열되고 막질이며 외편은 난상 긴 타원형이고 중편보다 짧으며 끝이 모두 둔하다. 혀꽃은 머리모양꽃차례 가장자리에 1줄로 배열되고 암꽃으로서 길이 2.5mm정도이며 흔히 3개로 갈라진다.

열매

수과는 길이 2mm정도로서 털이 없으며 5륵(肋)이 있고 관모는 극히 짧으며 관처럼 붙어 있다.

줄기

높이 60~70cm이고 거미줄 같은 털이 있으며 꽃차례 이외에는 가지가 갈라지지 않고 곧게 선다.

분포

북부 지방에 분포한다.

생태

여러해살이풀이다. 산지에서 자란다.

이용방안

방충제와 염료로 사용한다.

알꽈리

잎

잎은 어긋나기, 긴 타원형 또는 타원형으로 양끝이 좁고 밑 부분이 갑자기 좁아져서 짧은 엽병의 날개로 되며 길이 8~18cm, 나비 4~10cm로서 가장자리가 밋밋하거나 희미한 물결모양의 톱니가 있다.

꽃

꽃은 7~8월에 피고 연한 황색이며 잎겨드랑이에 1~5송이씩 달리고 꽃자루는 열매가 익을 때쯤 되면 굵어지며 밑으로 굽고 길이 1.5~2.5cm이다. 꽃받침조각은 잔 모양이고 윗가장자리가 수평적이며 털이 없고 낮으며 종모양꽃부리고 지름

8m정도로서 5개로 얕게 갈라지며 열편은 피침상 삼각형이고 끝이 뾰족하며 젖혀진다.

열매

열매는 장과로 둥근모양이고 지름 7~10mm로서 나출되어 있으며 붉게 익는다.

줄기

높이 60~90cm이고 다소 차상(叉狀)으로 갈라지며 털이 거의 없다.

분포

중부 이남 지역에 분포한다.

생태

여러해살이풀이다.

이용방안

전초는 용주, 뿌리는 용주근, 과실은 용주자라 하며 약용한다.

애기기린초

잎

잎은 어긋나기하고 엽병이 없으며 길이 1.5~2cm로서 피침 형이고 예두 또는 둔
두이며 예저이고 한 쪽에 2~3개의 톱니가 있으며 밑부분이 점점 좁아져서 직접
원줄기에 달린다.

꽃

꽃은 양성으로서 원줄기 끝에 황색 꽃이 취산꽃차례로 붙는다. 꽃받침조각과
꽃잎은 각각 5개이며 수술은 10개로서 꽃잎보다 짧고 씨방은 5개의 심피로 되며
떨어져 있다.

열매

골 돌 5개이고 밑에서 옆으로 퍼진다.

줄기

높이가 20cm정도에 달하고 겨울 동안에 지상 10cm내외 윗부분이 말라 죽으면 그 밑에서 다시 싹이 나와 새둥지처럼 된다.

분포

강원도 이북지역에 분포한다.

생태

여러해살이풀이다. 해발 800m이상의 높은 산에 강한 광선이 비추는 건조한 바위 위에 주로 얹혀서 산다.

이용방안

암석 원을 비롯하여 건조지에 군식하여 지피식물로 이용이 가능하다. 초물분재로도 좋다.

애기원추리

잎

잎은 마주나 기하여 서로 얼싸안고 길이 40cm, 폭 6~10mm로서 황록색이며 잎 표면에 깊은 골이 생기지 않는다.

꽃

꽃은 6~7월에 피며 연한 황색이고 꽃대는 높이 0.5~1m로서 윗부분이 약간 갈라 지며 3~6개의 꽃이 달리고 저녁때 피었다가 다음날 아침에 시들며 화피열편은 길이 10cm정도로서 뒤로 젖혀지지 않고 판통은 가늘고 길다. 수술은 6개이며 화피보다 짧고 암술대는 길다.

열매

삭과는 넓은 타원형이며 끝이 오목하게 들어가고 뒤쪽이 벌어져 검은색 종자가 나온다.

 뿌리

뿌리는 방추형이고 타원형의 굵은 덩이뿌리가 생긴다.

 분포

전국 각지에 분포한다.

 생태

여러해살이풀이다.

 이용방안

» 어린잎을 보통 식용으로 하지만 꽃도 데쳐 말렸다가 식용으로 한다.

» 뿌리를 훤초근, 유묘는 훤초눈묘, 화뇌는 금침채라 하며 약용한다.

애기천마

🍃 잎

잎이 없으며 초상 엽은 얇은 막질이고 길이 4~10mm로서 1맥이 있다. 밑동은 줄기를 싼다.

🌼 꽃

꽃은 7~8월에 피며 길이 3~5cm의 이삭꽃차례에 5~10송이의 꽃이 달리고 포는 막질이며 난상 긴 타원형이고 길이 5~8mm로서 곧추선다. 꽃받침조각은 긴 달걀 모양이며 1맥이 있고 중앙부의 것은 길이 2.5~3mm이며 측엽은 길이 3.2~4.5mm 이고 꽃잎은 넓은 선형이며 중앙부의 꽃받침과 길이가 같다. 입술모양꽃부리는 길이 6㎜정도이고 판연은 정자형(丁字形)이며 끝부분이 사각형이고 밑 부분이 부풀며 안쪽에 둥근 돌기가 2개 있다. 암술대의 안쪽 윗부분에 2개의 각상 돌기가 있다.

 줄기

땅속줄기는 기며 통통하고, 땅위줄기는 곧게 서거나 비스듬히 선다.

 뿌리

근경은 굵고 옆으로 뻗으며 가지를 치고 소비늘조각이 있다.

 분포

전라북도 정읍시, 전라남도 장성군, 제주도 서귀포시

 생태

활엽수림 밑에서 죽은 나무에 붙어사는 부생식물이다.

여주

🍁 잎

잎은 어긋나기하고 엽병이 길며 5~7개고 장상으로 갈라지고 열편은 끝이 뾰족하며 가장자리가 다시 갈라지기도 하고 대개 톱니가 있다.

🌸 꽃

꽃은 일가화로서 황색이며 잎겨드랑이에 1송이씩 달리고 포는 달걀모양이며 녹색이다. 꽃받침은 종형이고 5개로 갈라지며 열편은 달걀모양이고 꽃부리는 지름 2cm정도로서 5개로 깊게 갈라지며 수술은 3개이고 떨어져 있으며 씨방은 3실이고 암술대는 보통 3개로 갈라진다.

열매

열매는 타원형이며 혹 모양의 돌기가 밀생하고 황적색으로 익으면 불규칙하게 갈라져서 홍색 육질로 싸여 있는 종자가 나타난다. 성숙한 종자를 싸고 있는 홍색 육질은 달지만 과피는 쓴맛이 있다.

줄기

줄기는 가늘고 길이 1~3m 자라며 덩굴손으로 다른 물건을 감아서 올라간다.

분포

전국 각지에 분포한다.

생태

덩굴성 한해살이풀이다. 정원에서 재배한다.

이용방안

» 어린 열매는 식용한다. 과실은 고과, 뿌리는 고과근, 줄기는 고과등, 잎은 고과엽, 꽃은 고과화, 종자는 고과자라 하며 약용한다.

원추천인국

잎

잎은 어긋나기하며 엽병이 없고 긴 타원상 주걱모양이며 길이 3~8cm로서 가장
자리가 밋밋하다.

꽃

꽃은 7~8월에 피고 긴 꽃대 끝에 1개씩 달리며 총포조각은 잎같고 선상 긴 타원
형 또는 피침 형이며 털이 있다. 혀꽃은 황색이거나 윗부분이 황색, 밑 부분이
자갈색이고 길이 1.5~2.5cm이며 통상화는 흑색이고 길이 1.8cm로서 반구 형이
다. 소화 밑의 포는 길며 끝이 뾰족하고 가장자리에 털이 있으며 암술대는 끝이

가늘고 길며 뾰족하고 관모가 없다.

 줄기

높이 30~50cm이고 털이 있어
서 거칠다.

 분포

전국 각지에 분포한다.

 생태

한해살이풀이다. 화단이나 길가에서 자란다.

이용방안

관상용으로 재배한다.

은양지꽃

잎

근생엽은 엽병이 길며 3출 복엽이고 소엽은 타원형 또는 도란상 타원형이며 둔두 예저이고 길이 10~35mm, 폭 8~20mm이며 표면은 견모가 있고 녹색이지만 뒷면은 꽃대 및 엽병과 더불어 백색 면모가 밀생하며 백색이고 가장자리에 톱니가 있으며 탁엽은 건 막질이고 갈 적색이다.

꽃

꽃은 7월에 피며 황색이고 지름 15~20mm로서 화경 끝에 2~4송이가 달리며 꽃받침조각은 끝이 뾰족한 넓은 피침형이고 부악편은 꽃받침조각보다 좁으며 짧다. 꽃잎은 거꿀달걀모양이고 길이 6mm정도로서 끝이 오목하며 수술은 많고 황색이며 꽃턱에 짧은 털이 있다.

열매

열매는 수과로서 달걀모양이고 길이 1.5mm이며 털이 없다.

줄기

높이 10~20cm이다.

뿌리

굵은 뿌리가 땅속으로 깊이 들어간다.

분포

강원도 이북지역

생태

여러해살이풀이다. 고산지대에서 자란다.

잇꽃

잎

잎은 어긋나기하고 넓은 피침 형으로서 톱니 끝이 가시처럼 된다.

꽃

꽃은 7~8월에 피며 모양이 엉겅퀴와 같으나 붉은빛이 도는 황색이고 머리모양꽃
차례는 원줄기끝과 가지끝에 1개씩 달리며 길이 2.5cm, 지름 2.5~4cm이다. 총
포는 잎같은 포로 싸여 있고 가장자리에 가시가 있다. 잔 꽃은 가는 통형이며,
판연은 5갈래로 갈라지고, 심화는 관모가 있으나 변화에는 없다. 관상 화를 건
조한 것을 홍화(紅花)라 한다.

열매

수과는 백색이고 길이 6mm정도로서 윤채가 있으며 짧은 관모가 있다.

줄기

높이가 1m에 달하고 전체에 털이 없다.

분포

전국 각지에 분포한다.

생태

두해살이풀이다.

이용방안

꽃은 홍화, 싹은 홍화묘, 과실은 홍화자라 하며 약용한다.

자귀풀

잎

잎은 엽병이 짧고 20~30쌍의 소엽으로 구성된 1회우상복엽이며 소엽은 선상 타원형이고 끝이 둥글며 길이 10~15mm, 폭 2~3.5mm로서 뒷면이 분백색이다. 탁엽은 달걀모양 또는 피침 형이고 끝이 뾰족하며 길이 7~12mm로서 약간 윗부분에 달린다.

꽃

총상꽃차례는 잎겨드랑이에 달리고 1~2개의 잎과 2~3개의 꽃이 달리며 꽃은 7월에 피고 길이 1cm정도로서 황색이며 포는 탁엽과 비슷하지만 보다 작고 작은

포 꽃받침 밑 부분에 달리며 녹색이다. 꽃받침은 밑부분에서 2개로 갈라지고 길이 5mm정도로서 막질이다.

열매

열매는 협과로 대개 털이없고 편평한 선형이며 길이 7~8mm의 대와 더불어 길이 3~5cm, 나비 5mm이고 6~8개의 마디가 있으며 익으면 마디사이의 양쪽에 주름이 생긴다.

줄기

높이 50~80cm로서 줄기는 연하고 윗부분은 속이 비어 있으며 흔히 원줄기, 엽축 및 화경에 반구형의 기반이 있는 잔털이 드문드문 돋는다.

분포

전국 각지에 분포한다.

생태

한해살이풀이다.

이용방안

전초(全草)를 합맹이라 하며 약용한다.

자주솜대

잎

잎은 타원형 또는 넓은 타원형이고 양끝이 좁으며 길이 6~11㎝, 폭 2.5~5㎝로서
밑 부분이 갑자기 밑으로 흘러 짧은 엽병으로 되고 털이 거의 없으며 뒷면 맥위
에 잔돌기가 약간 있다.

꽃

꽃은 6~7월에 피고 지름 4.5~5mm이며 끝의 총상꽃차례는 간혹 1개 정도 가지
가 갈라지고 꽃이 달린 부분은 길이 4~4.5㎝로서 돌기가 없다. 포는 길이 1mm
정도로서 갈색이며 꽃자루는 길이 3~7mm이고 옆으로 퍼진다. 화피열편은 타원

형이며 예두이지만 가장자리가 뒤로 말리기도 하고 길이 2mm정도로서 처음에는 황색이지만 자줏빛이 도는 흑색으로 되며 점이 있다. 수술은 6개이고 수술대는 밑 부분이 넓으며 씨방은 3실로서 둥글고 암술대는 뭉툭하다.

열매

열매는 장과로서 둥근 모양이고 다갈색이다.

줄기

높이 30~45cm로서 줄기 밑 부분에서 2~3개의 초상엽이 원줄기를 완전히 둘러싸며 끝에 5~7개의 잎이 2줄로 달린다.

뿌리

굵은 근경이 옆으로 뻗는다.

분포

강원도 강릉시, 속초시, 양양군, 인제군, 정선군, 평창군, 홍천군, 전라북도 남원시, 무주군, 경상북도 영주시, 경상남도 산청군

생태

여러해살이풀이다.

이용방안

» 어린 순을 식용으로 한다.
» 근경 및 뿌리를 녹약이라 하며 약용한다.

제주진득찰

잎

중앙부의 잎은 엽병이 길고 난상 긴 타원형 또는 삼각상 달걀모양이며 예두 절
저이고 엽병으로 흐르며 길이 5~14㎝, 나비는 3~12㎝로서 양면에 복모가 밀생
하고 뒷면에 선점이 있으며 기부에 3맥이 있고 가장자리에 불규칙한 톱니가 있
으며 윗부분이 불규칙하게 갈라지고 위로 올라갈수록 잎이 작아져서 타원상 둔
두로 된다.

꽃

머리모양꽃차례는 많으며 지름 16~21mm로서 긴 화경이 있고 화경에 대가 있는

샘털이 섞여 있는 것도 있으며 총포는 5개로서 대가 있는 선(腺)이 있다. 설상꽃 부리는 길이 2.2~2.5mm로서 황색이고 3개의 톱니가 있다.

열매

수과는 길이3mm, 지름 1mm정도로서 4개의 능선과 털이 있다.

줄기

높이 20~55cm이고 가지가 차상(叉狀)으로 갈라지며 짧은 털이 밀생한다.

분포

제주도 지역에 분포한다.

생태

한해살이풀이다. 풀밭에서 자란다.

좀양지꽃

잎

잎은 3출 엽이며 소엽은 거꿀달걀모양이고 끝이 둥글며 예저이고 길이 1~2cm, 폭1~1.5cm로서 표면에 털이 없는 편이며, 뒷면은 녹색이고 잔털이 산생하며 가장자리에 8~10개의 치아모양톱니가 있으며, 탁엽은 다소 갈색이 돈다.

꽃

꽃은 7~8월에 피고 지름 2cm정도로서 황색이며 줄기 끝에 취산꽃차례로 달리고, 5수성이다. 꽃받침조각은 좁은 달걀모양이고 끝이 뾰족하며 길이 4~5mm이고 부악편은 타원형으로서 꽃받침과 크기가 비슷하며 겉에 털이 있다. 꽃잎은 도란 상 원형이고 끝이 파지며 꽃턱에 짧은 털이 있고 암술대는 길이 3mm정도로서 가늘다.

 열매

열매는 수과로 달걀모양이며 광택이 나고 가장자리는 밋밋하고 털이 없으며 길이 1.2~1.5mm이다.

 줄기

높이 10~20cm이고 전체에 털이 있다.

분포

한라산 정상의 양지쪽 습기가 있는 풀밭에서 자란다.

생태

여러해살이풀이다.

좁쌀풀

잎

잎은 마주나기하거나 간혹 3~4개씩 돌려나기하고, 피침 형 또는 좁은 달걀모양
으로 길이는 4~12cm, 폭은 1~4cm로써 검은 점이 드문드문 있고, 뒷면 밑 부분
에 잔샘털이 있으며 양끝이 좁고 가장자리가 밋밋하다.

꽃

꽃은 6~8월에 피며 직경이 12~15mm로서 황색이고 원뿔모양꽃차례는 원줄기
끝에서 발달하며 많은 꽃이 달리고 꽃자루는 길이 7~12mm이며 포는 선형으로
서 짧다. 꽃잎은 5개로 둥근 타원형이며, 꽃받침은 5개로 좁은 삼각형에 끝이

뾰족하며 가장자리보다 약간 안쪽에 흑색 선대가 있고 화관열편은 좁은 달걀모양이며 안쪽에 수술대와 더불어 연한 황색의 두드러기 같은 돌기가 있다.

열매

열매는 둥근 삭과로 직경이 4mm정도 되고, 끝에 길이 5~6mm의 암술대가 붙어 있다.

줄기

높이 40~80cm이고 원줄기는 가늘고 직립하며, 줄기 상부에서 분지하고 윗부분에 꽃차례와 더불어 잔샘털이 있다.

뿌리

근경은 옆으로 뻗으며 많은 뿌리가 내린다.

분포

전국 각처에 분포한다.

생태

근 경성으로 숙근성 여러해살이풀이며 관화식물이다.

이용방안

» 어린순은 생으로 먹는다.
» 관상용으로 이용되고 밀원으로도 가치가 있다.
» 전초(全草)를 황련화라 하며 약용한다.

종둥굴레

🍁 **잎**

잎은 어긋나기하고 타원형이다. 선단은 예두나 점첨두이고 기부는 둔 저나 원저이며 표면은 녹색이고 이면 맥 위와 잎가장자리는 무모이다. 길이 11.6mm정도의 뚜렷한 엽병이 있다.

🌸 **꽃**

포는 막질이며 포의 맥과 가장자리는 무모이고 낙엽성이다. 꽃자루의 기부에 포가 달리며 피침 형이고 꽃이 개화하면 시들기 시작한다. 화경은 1~2개의 꽃자루가 나온다. 화피는 통형으로 노란색이고 길이가 17.8~24.2mm이다. 화피 열편은 개화 시 완전히 반곡되어 화피의 바깥쪽에 붙으며 원형이다. 수술대는 납작한 형태이며 S자형으로 약간 구부러지고 길이 2.4~5.0mm이며 화피통의 상부에 부착된다. 표면은 전체적으로 돌기가 밀생하고 중, 하부에 다세포성의 털이 있다. 암술머리는 편형하며 약보다 아랫쪽에 위치한다.

열매

장과는 구형으로 3개의 씨방 실에 다수의 종자를 가지며 익으면 흑색이다.

줄기

땅속줄기는 옆으로 길게 뻗으며 가는 원주형이다. 줄기는 능각이 없고 높이 12.5~31.5cm이다.

분포

강원도 이북지역

생태

여러해살이풀이다. 산록 초지의 활엽수림 하에서 자란다.

진노랑상사화

잎

잎은 녹색으로 털이 없으며 길이 30~40cm이고 2월 말부터 5월까지 4~8장이
나온다.

꽃

꽃은 진한 노란색으로 4~7송이가 피며 6장의 화피조각이 있다. 이 화피조각은
뒤쪽으로 반 정도로 젖혀지고 화피 가장자리는 깊은 파도처럼 구불거린다. 잎이
변형된 포는 주걱 모양이고 2개이다. 수술대와 암술대는 모두 노란색이다. 잎이
다 쓰러진 뒤 7월 말에서 8월 초가 되어야 길이 40~70cm의 꽃대가 나온다.

꽃대는 녹색으로 곧게 자란다.

열매

씨앗은 검은색이다.

줄기

짧은 줄기 둘레에 많은 양분이 있는 두꺼운 잎이 촘촘히 나있는 비늘줄기이다.
비늘줄기는 깊이 약 10cm의 땅 속에 묻혀 있으며 목이 길고 달걀 모양이다.

분포

전라북도 고창군, 부안군, 정읍시, 전라남도 장성군

생태

여러해살이풀이다. 물기 많고 자갈이 많은 수풀 속에서 자란다.

참배암차즈기

 잎

근생엽은 엽병의 길이가 17~19cm이며 엽신은 난상 긴 타원형 또는 타원형이고 끝이 둔하거나 짧게 뾰족해지며 밑 부분이 아심 장저이고 가장지리에 끝이 짧고 뾰족한 둥근 톱니가 있으며 길이 2.5~13cm, 나비 3~11cm로서 엽병과 더불어 털이 있다. 줄기 잎은 근생엽과 비슷하지만 엽병이 짧고 작으며 마주나기엽의 마디 사이가 짧아져서 밑부분에 모여 달리는 경향이 있다.

 꽃

꽃은 8월에 피고 황색이며 양순 형이고 길이 3cm정도로서 각 마디에 4~6개씩 수상으로 달리며 마디사이가 길고 포는 선형이며 작고 꽃자루는 길이 5~6mm로서 복모가 밀생한다. 꽃받침조각은 양순형이며 겉에 선상의 털과 더불어 털이 다소 있고 꽃부리 겉에도 선상의 털이 다소 있으며 판통이 꽃받침보다 2배정도 길고 열편 끝이 둥글다. 암술대는 길게 밖으로 나오며 끝이 2개로 갈라진다.

열매

종자는 다소 편평한 넓은 거꿀달걀모양으로서 털이 없다.

줄기

높이가 50cm에 달하고 줄기는 네모지며 전제에 갈색털이 다소 있다.

뿌리

굵은 뿌리가 옆으로 길게 뻗으며 마디에서 새싹이 돋아나기도 한다.

분포

강원도 속초시, 양양군, 인제군, 충청북도 제천시, 경상북도 봉화군, 가야산

생태

여러해살이풀이다. 높은 산의 깊은 곳에서 주로 생육하는데 표고가 낮은 곳에서는 반그늘진 환경조건에, 또 높은 곳에서는 양지에서 자란다.

이용방안

꽃모양이 아름답기 때문에 적당한 장소에 지피용 소재로 이용하면 좋고 화단에 군식하여도 좋다.

참소리쟁이

🍁 잎

근생엽은 모여나기하고 긴 엽병이 있으며 난상 긴 타원형이고 길이 10~25cm, 폭 4~10cm로서 둔 두이며 심장저이고 가장자리가 물결모양이다. 줄기 잎은 어긋나기하며 위로 올라갈수록 엽병이 짧고 잎도 작으며 전체적으로 털이 없거나 줄기에 털같은 돌기가 있다.

🌼 꽃

꽃은 양성으로 5~7월에 피고 윗부분 또는 가지 끝의 원뿔모양꽃차례에 많은 낱꽃이 돌려나기하며 연한 녹색이고 군데군데 잎같은 포가 있다. 화피열편과 수술은 6개이며 꽃잎은 없고 암술대는 3개이며 암술머리가 잘게 찢어진다. 꽃이 진 다음 안쪽 줄의 3개의 화피열편은 자라서 넓은 달걀모양의 열매를 둘러싸고 가 장자리에 잔 톱니가 있으며 뒷면에 길이 2~2.5mm의 사마귀 같은 돌기가 있다.

열매

수과는 넓은 난상 삼각형이고 길이 2.5mm정도로서 짙은 갈색이며 윤채가 있다. 3조각의 숙존 악에 싸여 있고 숙존 악은 날개모양이다.

줄기

높이 40~100cm이고 줄기는 녹색이며 곧고 종선이 많다.

뿌리

뿌리는 다소 비대하며 황색이 고 땅속 깊이 들어간다. 양제 근(羊蹄根)이라 한다.

분포

전국 각지에 분포한다.

생태

여러해살이풀이다.

이용방안

뿌리는 양제, 잎은 양제엽, 열매는 양제실이라 하며 약용한다.

큰금매화

잎

뿌리 잎은 긴 엽병이 있고 원심 형이며 길이와 폭이 각각 4~12cm로서 털이 없고 5개로 깊게 갈라지며 열편은 거꿀달 걀모양이고 가장자리에 결각상의 톱니가 있다. 원줄기에 엽병이 없는 잎이 2~3개 달리고 근생엽과 비슷하지만 작다.

꽃

꽃은 7~8월에 피며 지름 4cm정도로서 황색이고 원줄기 또는 가지 끝에 1개씩 달리며 타원형의 꽃받침조각은 5~7개로서 꽃잎같고 옆으로 퍼진다. 지름 3~5cm의 동황색꽃이 줄기와 가지 끝에서 핀다. 꽃잎은 선상 피침형이며 수술보다 길고 수술 및 암술은 많다.

열매

골 돌길이 10cm로서 모여 달리고 끝에 뾰족한 암술대가 붙어 있으며 암술대는 길이 2.5~4mm이다. 열매는 8~9월에 익는다.

줄기

높이 30~60cm이며 줄기는 곧게 서고 털이 없다.

뿌리

암갈색의 가늘고 긴 뿌리가 뭉쳐나며, 뿌리에서 2~3개의 엽병이 긴 잎이 나온다.

분포

북부 지방에 분포한다.

생태

여러해살이풀이다. 숲 변두리 습초지에서 자란다.

이용방안

관상용에 이용하거나 꽃을 호흡기감염, 편도선염, 인후염, 급성중이염, 급성고막염, 급성결막염, 급성임파관염, 주창, 종기에 쓰인다.

큰원추리

잎

잎은 길이 30~60cm, 폭 1.5~2.5cm로서 마주나기하여 서로 얼싸안고 밝은 녹색이며 윗부분이 활처럼 굽어서 뒤로 젖혀지고 깊게 골이 진다.

꽃

꽃은 6월에 피고 꽃대는 높이 40~70㎝이며 꽃차례는 매우 짧고 큰 포안에 2~4개의 꽃이 달리며 등황색이다. 꽃은 길이 8~10㎝, 지름 7㎝정도이고 내꽃덮이는 폭 2~2.5㎝로서 좁은 거꿀달걀모양 또는 긴 타원형이며 판통은 길이 1~1.5㎝이다. 6개의 수술은 화피보다 짧고 암술대는 수술보다 길다.

열매

삭과는 넓은 타원상 원형으로 포배로 터져 흑색종자가 나온다.

뿌리

뿌리는 적갈색이며 군데군데 타원형의 굵은 부분이 있다.

분포

전국 각지에 분포한다.

생태

다년초본이다.

이용방안

» 어린 순을 나물로 한다.

» 초장이 길게 자라므로 절화용으로 사용하면 좋다.

» 뿌리를 훤초근, 유묘는 훤초눈묘, 화뇌는 금침채라 하며 약용한다.

큰조롱

잎

잎은 마주나기하며 삼각상 난 심형 또는 심장형이고 끝이 뾰족하며 밑 부분이 심장저이고 둥글게 되어 양쪽 열편의 변두리가 접근하며 길이 5~10cm, 폭 4~8cm이고 양면에 털이 약간 있으며 가장자리가 밋밋하고 엽병은 원줄기 밑 부분의 것은 길며 위로 갈수록 짧아지고 맥위에 털이 약간 있다.

꽃

꽃은 7~8월에 피며 연한 황록색이고 꽃차례는 잎겨드랑이에서 자라며 길이 1~4cm로서 꽃이 산형으로 달리고 꽃자루는 길이 5~8mm로서 안쪽에 털이 있

다. 꽃받침조각은 5개로 넓은 피침형이고 첨두이며 꽃부리도 5개의 피침형 열편
으로 깊게 갈라지고 열편은 길이 3mm로서 가장자리가 안쪽으로 오그라들고
안쪽에 잔털이 있다.

열매

골 돌과는 길이 8cm, 지름 1cm로서 피침 형이며 종모가 있고 9월에 익는다.
종자는 암갈색이며 납작스름한 타원형으로 길이 6mm가량이며 꼭대기에 길이
2cm가량의 종모가 뭉쳐난다.

줄기

원줄기는 원주형으로 가늘고 왼쪽으로 감아 오르며 길이 1~3m이고 상처에서
백색 유액이 흐른다.

뿌리

뿌리는 깊이 들어간다. 육질의 덩이뿌리는 지름 2~7cm, 길이 10~20cm의 방추형
이고 겉이 암갈색이다.

분포

전국 각지에 분포한다.

생태

덩굴성 여러해살이풀이다.

이용방안

덩이뿌리를 백수오라 하며 약용한다.

239

태백기린초

잎

근생엽은 엽병의 길이가 17~19cm이며 엽신은 난상 긴 타원형 또는 타원형이고 끝이 둔하거나 짧게 뾰족해지며 밑 부분이 아심 장저이고 가장자리에 끝이 짧고 뾰족한 둥근 톱니가 있으며 길이 2.5~13cm, 나비 3~11cm로서 엽병과 더불어 털이 있다. 줄기 잎은 근생엽과 비슷하지만 엽병이 짧고 작으며 마주나기엽의 마디 사이가 짧아져서 밑부분에 모여 달리는 경향이 있다.

꽃

꽃은 8월에 피고 황색이며 양순 형이고 길이 3cm정도로서 각 마디에 4~6개씩 수상으로 달리며 마디사이가 길고 포는 선형이며 작고 꽃자루는 길이 5~6mm 로서 복모가 밀생한다. 꽃받침조각은 양순 형이며 겉에 선상의 털과 더불어 털 이 다소 있고 꽃부리 겉에도 선상의 털이 다소 있으며 판통이 꽃받침보다 2배정 도 길고 열편 끝이 둥글다. 암술대는 길게 밖으로 나오며 끝이 2개로 갈라진다.

열매

종자는 다소 편평한 넓은 거꿀달걀모양으로서 털이 없다.

줄기

높이가 50cm에 달하고 줄기는 네모지며 전제에 갈색털이 다소 있다.

뿌리

굵은 뿌리가 옆으로 길게 뻗으며 마디에서 새싹이 돋아나기도 한다.

분포

강원도 속초시, 양양군, 인제군; 충청북도 제천시, 경상북도 봉화군, 가야산

생태

여러해살이풀이다. 높은 산의 깊은 곳에서 주로 생육하는데 표고가 낮은 곳에 서는 반그늘진 환경조건에, 또 높은 곳에서는 양지에서 자란다.

이용방안

꽃모양이 아름답기 때문에 적당한 장소에 지피용 소재로 이용하면 좋고 화단에 군식하여도 좋다.

털중나리

🍁 잎

잎은 어긋나기하고 피침 형이며 길이 3~7cm, 폭 3~8mm로서 예두 또는 둔 두이고 둔 저이며 엽병이 없고 가장자리가 밋밋하며 둔한 녹색이고 양면에 잔털이 밀생한다.

🌸 꽃

꽃은 6~8월에 피며 가지 끝과 원줄기 끝에 꽃이 1개씩 달리고 1~5개가 밑을 향해 핀다. 화피열편(花被裂片)은 6개이며 길이 4~7㎝, 폭 10~15mm로서 필 때 뒤로 말리고 황적색 바탕에 안쪽에는 자주색 반점이 있다. 6개의 수술과 1개의 암

242

술이 모두 꽃밖으로 길게 나오며 꽃밥은 길이 10~13mm로서 황적색이다.

열매

열매는 삭과로 난상의 넓은 타원형이며 세모지고 3개로 갈라진다.

줄기

높이 50~100cm이며 가지는 윗부분이 약간 갈라지고 전체에 잔털이 있다.

뿌리

비늘줄기는 길이 2.5~4cm, 지름 15~25mm로서 난상 타원형이고 비늘조각은 길며 마디가 없다.

분포

전국 각지에 분포한다.

생태

여러해살이풀이다. 전국의 해발 1,000m미만 지역에서 자란다.

이용방안

» 이른 봄에 비늘줄기를 밥에 넣어 먹으며 참나리와 더불어 약용으로도 한다.
» 비늘줄기의 비늘잎은 백합, 꽃은 백합화, 종자는 백합자라 하며 약용한다.

한련

🍁 잎

잎은 어긋나기하고 긴 엽병 끝에 달린 둥근 방패 같은 엽신은 엽병에서 9개의
잎맥이 사방으로 퍼지며 잎맥 끝이 흔히 파지고 지름 12cm정도로서 뒷면에 털
이 다소 있다.

❀ 꽃

꽃은 6월에 피며 잎겨드랑이에서 긴 화경이 나와 그 끝에 1개의 꽃이 달리고 꽃
받침과 꽃잎은 모두 황색 또는 적색이다. 꽃받침조각은 5개로서 밑 부분이 합쳐
지며 위쪽이 거로 되어 수평으로 자라고 꽃잎은 5개로서 밑의 3개는 끝이 둥글며

밑으로 좁아지고 가장자리에 털같은 돌기가 있으나 위쪽의 2개는 돌기가 없다.

 열매

심피는 3개이며 종자가 1개씩 들어 있고 성숙한 후에도 벌어지지 않는다.

 줄기

길이가 1.5m에 달하고 털이 없거나 있으며 다소 육질이다.

 분포

전국 각지에 분포한다.

 생태

덩굴성 한해살이풀이다.

 이용방안

» 전초(全草)를 한련화라 하며 약용한다.

» 가을에서 겨울에 채취하여 햇볕에 말리거나 신선한 것으로 사용한다.

환삼덩굴

잎

잎은 마주나기하며 긴 엽병 끝에서 장상으로 5~7개로 갈라지고 길이와 폭이 각 각 5~12cm로서 밑 부분이 심장저이다. 열편은 달걀모양 또는 피침 형이며 밑부 분이 좁고 끝이 뾰족하며 가장자리에 규칙적인 톱니가 있고 양면에 거친 털이 있으며 뒷면에 대가 없는 황색 선점이 있다.

꽃

꽃은 엷은 황록색이며 7~8월에 피고 암수딴그루로서 수꽃은 5개씩의 꽃받침조 각과 수술이 있으며 길이 15~25cm의 원뿔모양꽃차례에 달린다. 암꽃은 짧은 이삭꽃차례에 달리고 포는 꽃이 핀 다음 커지며 뒷면과 가장자리에 털이 있고 난상 원형이며 길이 7~10mm로서 몇 개의 장상 맥이 있다.

열매

수과는 난상 원형이고 중앙부가 부풀어 렌즈처럼 되며 길이와 폭이 각각 4~5mm로서 황갈색이 돌고 윗부분에 잔털이 있다.

줄기

원줄기와 엽병에 밑을 향한 거센 갈고리가시가 있어 거칠며, 다른 물체에 걸고서 자라오른다.

분포

전국 각지에 분포한다.

생태

덩굴성 한해살이풀이다. 들이나 빈터에 난다.

이용방안

섬유 원료로 쓴다. 어린 순을 식용한다. 전초는 율초, 뿌리는 율초근, 꽃은 율초화, 과수는 율초과수라 하며 약용한다.

황기

잎

잎은 어긋나기하며 엽병이 짧고 6~11쌍의 소엽으로 구성된 홀수깃모양겹잎이며 소엽은 난상 긴 타원형이고 양끝이 둔하거나 둥글며 가장자리가 밋밋하고 탁엽은 피침 형으로서 끝이 길게 뾰족해진다.

꽃

꽃은 길이 15~18mm, 엷은 황색으로 7~8월에 피고 총상꽃차례로서 액출(腋出)한다. 화경이 길며 꽃이 다수이고 밀착하며 한쪽으로 몰려난다. 꽃자루는 길이 3mm이다. 꽃받침은 길이 5mm, 나비 4mm로서 끝이 5개로 갈라지며 열편은 길이 1mm정도이고 수술은 10개로서 양체로 갈라진다.

열매

협과는 도란상 타원형이며 길이 2~3cm이고 광택이 약간 있다.

줄기

전체에 약간의 털이 나고 줄기는 곧게 선다.

뿌리

뿌리를 황기라 한다.

분포

경북(울릉도), 강원, 함남(부전고원), 함북(관모봉)에 분포한다.

생태

여러해살이풀이다.

이용방안

>> 민간약으로는 허약, 허탈, 잠잘 때 식은땀을 흘릴 경우에 닭 삶은 물로 황기뿌리를 달여 먹고, 천식에도 쓰인다.

>> 황기, 제주황기의 뿌리는 황기, 잎은 황기경엽이라 하며 약용한다.

회향

🍁 잎

근생엽은 엽병이 길지만 위로 갈수록 짧아지며 엽병 밑 부분이 넓어져서 엽초
로 되고 줄기 잎은 3~4회 우상으로 갈라지며 열편은 선형이다.

🌼 꽃

꽃은 7~8월에 황색으로 피고 원줄기 끝과 가지 끝에서 큰겹우산모양꽃차례가
발달하며 총산경은 10~20개의 소산경으로 갈라지고 총포와 소총포가 없으며
꽃잎은 5개로서 안으로 굽고 꽃부리는 소형이다. 수술은 5개이고 씨방은 하 위
로서 1개이며 악치 편은 뚜렷하다.

열매

분과는 난상 타원형이고 향기가 강하다. 과실을 회향(茴香)이라 한다.

줄기

높이가 2m에 달하고 독특한 향기가 있으며 곧게 서며 가지가 많이 갈라지고 털이 없다. 원줄기는 원주형으로 녹색이며 털이 없다.

뿌리

뿌리에서 잎이 군생한다.

분포

전국 각지에 분포한다.

생태

두해살이풀이다. 주로 재배하지만 씨가 퍼져 야생에서도 자란다.

이용방안

과실을 회향, 경엽을 회향경엽, 뿌리를 회향근 이리하여 약용한다.

흰대극

잎

잎은 어긋나 기하지만 약간 밀생하며 거꿀피침모양 또는 주걱모양이고 원두, 둔두 또는 요두이며 길이 2~3cm, 폭 3~5mm로서 털이 없고 가장자리가 밋밋하다. 짧은 가지에서는 꽃차례가 달리지 않는 포기의 윗부분에서처럼 밀생하고 화서 밑의 잎은 5개가 돌려나기하며 도란상 피침형이다.

꽃

꽃은 6~7월에 피고 황색이며 꽃차례는 산형이고 5개가 나와 2개씩 2번 갈라져서 끝에 꽃이 달린다. 총포조각은 황색이며 길이 5~10mm, 폭 7~15mm로서 심장형 또는 콩팥모양이고 술잔 같은 꽃차례에 들어 있는 4개의 선체는 콩팥 모양이며 양끝이 바깥쪽을 향하고 황색이다.

열매

삭과는 거의 구형이며 지름 3~3.5mm로서 겉이 밋밋하고 암술대는 짧으며 열매는 3개로 갈라져서 종자가 튀어나오고 종자는 길이 1.7mm정도로서 달걀모양이다.

줄기

높이 20~40cm로 자르면 유액이 나온다. 한 포기에서 여러 대가 나오고 윗부분에서 2~3개의 가지가 갈라진다.

뿌리

약간 붉은 색을 띤 흰 뿌리가 옆으로 길게 뻗으며 마디에서 새싹이 돋는다.

분포

남부 도서지방의 해안가에 분포한다.

생태

여러해살이풀이다. 강한 광선이 내리쬐는 해안가의 모래땅이나 들에 생육한다.

이용방안

» 관상용으로 심는다.
» 뿌리를 계장랑독이라 하며 약용한다.

흰진범

잎

근생엽과 줄기 잎은 엽병이 길지만 위로 갈수록 짧아진다. 밑 부분의 잎은 3~7개로 갈라지며 윗부분의 잎은 3~5개로 갈라지고 열편에 끝이 뾰족한 치아모양 톱니가 있으며 표면은 복모가 있고 가장자리와 뒷면 맥 위에도 털이 있다.

꽃

꽃은 연한 황백색이며 8월에 원줄기 끝과 윗부분의 잎겨드랑이에서 총상꽃차례가 나오고 꽃차례와 꽃자루에 털이 있으며 포는 피침 형 또는 선형으로서 털이 있다. 꽃받침조각은 5개이고 꽃잎같으며 뒤쪽의 꽃받침조각은 뒤로 길이 2.8cm

정도의 원통상 거가 발달하고 털이 있으며 이마 쪽이 수평으로 뾰족해지고 나머지 2개는 옆으로, 2개는 밑으로 달린다.

열매

종자는 삼각형으로서 날개가 있으며 겉에 주름이 진다. 열매는 골 돌과이다.

줄기

비스듬히 자라거나 덩굴로 되어 길이 1m에 달하고 윗부분에 꼬부라진 털이 있다.

분포

전국 각지에 분포한다.

생태

여러해살이풀이다. 산지의 숲속에서 자란다.

이용방안

뿌리를 진교라 하며 약용한다.

02

하얀색 꽃

가새쑥부쟁이

잎

근생엽은 꽃이 필 무렵에는 말라 죽는다. 줄기 잎은 어긋나기하며 긴 타원상 피침형 또는 피침 형이고 끝이 뾰족하며 길이 8~10cm, 폭 2.5cm 정도로서 밑 부분이 점차 좁아져서 엽병처럼 되고 가장자리가 길게 우상으로 갈라지며 열편은 안쪽으로 굽고 표면은 녹색으로서 털이 없으며 윤채가 있고 위로 올라가면서 작아져서 선상 피침 형으로 되며 양끝이 좁고 가장자리가 밋밋하다.

꽃

꽃은 7~10월에 피며 지름 3~3.5cm로서 가지 끝과 원줄기 끝에 달리고 총포는 반구형으로서 길이 5~6mm, 지름 9~11mm이며 포편은 3줄로 배열되고 외편이 내편보다 약간 짧으며 끝이 뾰족한 피침 형이다. 혀꽃은 길이 18mm, 나비 2.5mm이다.

🍒 열매

수과는 길이 3~3.5mm, 나비 2mm로서 털이 있고 관모는 길이 0.5~1mm로서 붉은빛이 돈다.

🌳 줄기

높이 1~1.5m이며 곧게 서고 윗부분에서 가지가 갈라지며 군데군데 털이 있다.

🗺 분포

전국 각지에 분포한다.

🌾 생태

여러해살이풀이다. 산야의 습지나 냇가에서 자란다.

💡 이용방안

어린 순을 나물로 한다. 성숙한 것은 이뇨제로 사용한다.

가시박

🍁 잎

잎은 어긋나기잎차례이며, 잎자루는 길이 3~12㎝, 연모가 밀생한다. 잎몸은 거의 원형, 5~7천열이 되며, 지름 8~12㎝, 기부는 깊은 심장저이고 열편은 끝이 예두 또는 점첨두이다.

🌼 꽃

6~9월에 꽃이 핀다. 꽃은 자웅동주이며 수꽃은 총상을 이루며, 길이 약 10㎝정도로 길게난 꽃대 끝에 달리며 지름 1㎝, 황백색, 꽃밥은 동합되어 한 덩어리가 되었으며 꽃대에는 샘털이 있다.

 열매

열매는 자루가 없고 3~10개가 뭉쳐나며, 긴타원모양이며 가느다란 가시로 덮여
있다.

줄기

줄기는 4~8m에 이르며 3~4개로 갈라진 덩굴손으로 다른 물체를 감으며 기어오
른다. 각(角)이 졌으며 연모가 밀생한다.

분포

철원, 수원.

생태

1년생 초본이다. 유럽, 호주, 일본등지에 귀화되었으며 최근 우리나라에 귀화된
식물로 철원, 수원에서 채집되었다.

개구릿대

잎

잎은 2~3회 우상복엽이고 질이 두꺼우며 삼각형이다. 소엽은 다시 2~3개로 갈라지고 열편과 더불어 긴 타원형 또는 좁은 달걀모양이며 짙은 녹색이고 표면은 털이 없으나 맥위가 거칠며 뒷면에 흔히 털이 산생하고 흰빛이 돌며 끝이 뾰족하고 가장자리에 뾰족한 톱니가 있으며 때로는 밑 부분이 흘러서 날개처럼 되고 가장자리가 딱딱하며 평활하다. 윗부분의 잎은 퇴화되고 엽초는 거꿀달걀모양으로 커지며 돌기 같은 잔털이 있다.

꽃

꽃은 백색으로 8월에 피며 겹우산모양꽃차례고 산경은 소산경 및 꽃자루와 더불어 잔털이 밀생하고 소산경은 30~60개로서 길이 3~8cm이며 소총포편은 없고 꽃자루는 40~60개로서 길이 5~15mm이며 암술대는 길이 1mm정도이다.
꽃부리는 작으며 5개의 꽃잎은 안으로 굽고 수술은 5개이며 씨방은 하위로서 1개이다.

 열매

열매는 도란상 타원형이고 길이 6~7mm로서 밑 부분이 요형(凹形)이며 가장자리의 날개가 좁고 늑(肋)사이에 1개, 합생면에 4개의 유선이 있으며 익으면 분리되는데 8~9월에 익는다.

줄기

높이 1~2m이고 줄기는 속이 비고, 털이 없으며 흔히 자줏빛이고 장대하다.

분포

경남, 경북, 강원(설악산), 경기, 황해, 평북, 함남에 분포한다.

생태

여러해살이풀이다. 산의 골짜기에 난다.

이용방안

어린순은 식용한다. 뿌리는 백지, 잎은 백지 엽이라 하며 약용한다.

개발나물

🍁 잎

근생엽과 밑 부분의 잎은 홀수깃모양겹잎으로서 엽병이 길고 위로 갈수록 엽병과 잎이 모두 작아지며 엽병 밑 부분이 엽초로 된다. 소엽은 7~17개로서 쐐기모양 또는 선상 피침 형이고 정소엽 이외에는 작은 잎자루가 없으며 끝이 뾰족 하고 가장자리에 예리한 톱니가 있다.

🌼 꽃

꽃은 8월에 피고 백색이며 원줄기 끝과 가지 끝의 겹우산모양꽃차례에 달리고 총포는 5~6개로서 선형이며 젖혀지고 총산경은 10~20개의 소산 경으로 갈라지며 각 10여개의 꽃이 끝에 달린다. 소총포는 꽃자루보다 짧고 젖혀진다.

열매

열매는 분과로 거의 둥글고 길이 2.5~3mm이다.

줄기

높이가 1m에 달하며 전체에 털이 없다.

뿌리

뿌리는 희고, 여러 개가 굵은 수염뿌리 같다.

분포

중부이남

생태

여러해살이풀이다. 늪이나 물가에 난다.

이용방안

근경 및 뿌리를 고본이라 하며 약용한다.

개병풍

잎

근생엽은 방패모양으로 큰 것은 지름이 80cm에 달하고 가장자리가 7개 정도로 얕게 갈라지며 잔 톱니가 있고 장상으로 갈라진 잎맥은 다시 2개씩 차상으로 갈라지며 엽병은 길이 80~90cm, 지름 2cm정도이고 탁엽은 막질이다.

꽃

꽃은 양성이고 6~7월에 백색으로 피며 줄기 끝에 큰 원뿔모양꽃차례로 많은 꽃이 달린다. 꽃받침조각은 5개로 달걀모양이며 꽃잎은 5개로 도란상 장 타원형이고 수술은 5개로 꽃잎보다 약간 길며 암술대는 2개이다.

266

열매

과실은 삭과이고 암술대 사이가 벌어져 많은 종자가 나온다.

줄기

줄기는 장대하고 자모가 있다.
높이 1~1.5m이다.

분포

함경북도, 함경남도, 평안북도,
경기도, 강원도 삼척시, 인제
군, 정선군, 태백시, 화천군

생태

여러해살이풀이다. 깊은 산골짜기의 숲 속에 자란다.

개쉽싸리

잎

잎은 마주나기하고 줄기 잎은 긴 타원형으로 길이 3cm, 나비 1cm이며 깊은 톱
니가 있거나 다소 우상으로 갈라지고 가지의 잎은 긴 타원형 또는 거꿀달걀모양
이며 길이 1~1.5cm, 나비 3~5mm로서 양면에 선점이 밀생하고 양쪽에 각 3개
정도의 둔한 톱니가 있다.

꽃

꽃은 8~9월에 피며 흰색이고 가지의 잎겨드랑이에서 꽃자루가 없는 꽃이 밀생
한다. 꽃받침은 5갈래로 열편은 끝이 가시처럼 뾰족하며 겉에 선점이 있고 꽃부

리는 통 모양이고 입술모양으로 4갈래이고 길이 3mm이며 백색이고 수술은 2개
이다.

🍒 열매

분과는 길이 1mm로서 꽃받침보다 짧고 타원형이며 둔한 능선이 3개 있고 바깥
쪽 윗부분에 선점이 약간 있다.

🌳 줄기

높이가 30cm에 달하며 가지가 많이 갈라지고, 기는줄기가 사방으로 뻗는다.

🚩 분포

전국 각지에 분포한다.

🌾 생태

여러해살이풀이다. 연
못이나 물가 등 습지 근
처에서 자란다.

💡 이용방안

쉽사리/애기 쉽사리/개쉽사리의 줄기 잎은 택란, 근경은 지순이라 하며 약용한다.

갯기름나물

잎

잎은 어긋나기하며 엽병이 길고 회록 색으로서 백분을 칠한 듯하며 2~3회 우상
복엽이다. 소엽은 능상 거꿀달걀모양이고 두꺼우며 길이 3~6cm로서 흔히 3개로
갈라지고 불규칙하고 깊은 치아모양톱니가 있으며 윗부분의 잎은 퇴화되고 엽
초가 터지지 않는다.

꽃

꽃은 6~8월에 피며 백색이고 겹우산모양꽃차례로 줄기 끝이나 가지 끝에 정생
하며 꽃차례는 10~20개의 소산 경으로 갈라져서 끝에 각 20~30개의 꽃이 달린

다. 꽃잎은 5개이며 소산경은 길이 2~3.5cm이고 꽃자루와 더불어 안쪽에 털이 있으며 총포는 없고 소총포는 5~10개로서 삼각형 또는 피침 형이다. 5개의 수술이 있으며 씨방은 하위이다.

열매

열매는 타원형이며 잔털이 있고 뒷면의 능선이 실처럼 가늘며 늑(肋)사이에 3~4개, 합생면에 8개의 유관이 있다.

줄기

높이 60~100cm이고 곧게 자라며 끝부분에 짧은 털이 있고 가지를 치며 그 밖의 부분은 평활하다.

뿌리

땅속뿌리는 굵고 목 부분은 섬유질이 많다.

분포

제주, 전남(거문도), 전북, 충남(대천), 경남, 경북(울릉도)에 분포한다.

생태갯기름나물

숙근성 삼년 초이다. 토질은 보수력이 있으면서도 배수가 잘 되는 토심이 깊은 비옥한 땅이 좋다.

이용방안

» 어린 순, 연한 잎, 열매, 뿌리 식용하는데 살짝 데쳐서 나물로 무치거나 볶아서 먹는다. 뿌리는 방풍, 잎은 방풍엽, 꽃은 방풍화라 하며 약용한다.

갯당근

잎

잎은 삼회깃모양겹잎이고 털이 있으며 근생엽은 엽병이 길다.

꽃

꽃은 7~8월에 피고 백색이며 원줄기 끝과 가지 끝의 큰 우상모양꽃차례에 달리고 총포는 잎같으며 뒤로 젖혀지고 갈라진다. 꽃 받침조각, 꽃잎 및 수술은 각각 5개이며 1개의 암술이 있고 씨방은 하위이다.

열매

열매는 긴 타원형이고 가시 같은 털이 있다.

 줄기

높이가 2m에 달하고 곧추 자라며 가지가 갈라지고 세로로 능선이 있으며 퍼진 털이 있다.

 뿌리

뿌리는 굵으며 곧추 들어가고 황색, 갈색 또는 적색이다.

 분포

남부지방의 해안가

 생태

두해살이풀이다. 바닷가에서 자란다.

이용방안

뿌리를 식용으로 한다.

특징

바닷가에서 자라는 본 종은 당근이 퍼져나간 것으로서 당근의 기본종 으로 보고 있다.

갯별꽃

잎

잎은 마주나기하고 육질이며 긴 타원형이고 길이 1.5~4cm, 폭 4~20mm정도로서 털이 없으며 끝이 둔하거나 뾰족하고 밑이 합쳐져서 짧은 엽초를 형성한다.

꽃

꽃은 잡성으로서 6~8월에 피며 양성 꽃과 수꽃이 다른 그루에 달리고, 가지 끝의 잎겨드랑이에서 황백색 꽃이 핀다. 꽃자루는 길이 7~10mm이며 꽃받침조각은 5개이고 긴 타원형이며 길이 3~6mm로서 예두이다. 꽃잎은 5개이고 거꿀달갈모양이며 백색으로서 꽃받침과 길이가 같거나 짧고 수술은 10개, 암술대는 3

개가 있다.

🍒 열매

열매는 장과로서 둥글며 육질이고 지름 7~9mm이며 3개로 갈라진다. 종자는 달
걀모양이고 적갈색이며 길이 3~4mm이다.

🌳 줄기

밑 부분이 옆으로 눕고 잎겨드랑이에서 나온 가지가 곧추 자라며 높이 30~40㎝
이다.

🌱 뿌리

근경은 옆으로 뻗는다.

📍 분포

북부지방

🌿 생태

여러해살이풀이다. 바닷가에서 자란다.

275

검은도루박이

 잎

잎은 편평하고 길이 20~40cm, 폭 5~10mm로서 선형이며 엽초는 길이 5~10cm
로서 녹색이고 화경을 헐겁게 둘러싼다.

 꽃

꽃차례는 끝에 달리고 여러번 갈라지며 긴 가지는 길이가 15cm에 달하고 잔가
지와 더불어 끝부분이 거칠다. 포는 2~3개로서 잎같으며 보통 꽃차례보다 길다.
소수는 1~3개씩 모여 달리며 길이 4~7mm로서 흑회색이고 좁은 달걀모양이다.
암술대는 수과보다 약간 길고 끝이 3개로 갈라진다. 화피열편은 침형이며 5~6개

로서 백색이고 수과보다 약간 길며 밑에서부터 밑을 향한 잔돌기가 발달한다.

열매
수과는 거꿀달걀모양 또는 타원형이며 편평하게 세모 가지이고 길이 1mm정도로서 볏짚색이고 예두이다.

줄기
높이 80~120cm로서 3개의 둔한 능선이 있으나 꽃차례 밑 부분의 능선은 예리하며 거칠고 줄기는 6~8마디가 있다.

뿌리
근경은 짧다.

분포
강원도 양구군, 원주시, 인제군, 철원군, 춘천시, 화천군

생태
여러해살이풀이다. 습지에서 자란다.

게박쥐나물

잎

잎은 어긋나기하고 콩팥모양이며 끝이 짧게 뾰족해지고 밑 부분이 심장저이며 길이 6~11cm, 폭 10~20cm로서 가장 자리에 불규칙한 치아 모양 톱니가지고 엽병은 길이 3~13cm이다. 위로 올라가면서 잎은 포같이 되며 긴 타원형으로서 짧은 엽병이 있거나 선상 피침 형이고 윗부분에 큰 잎이 2~3개 있으며 밑 부분에는 잎이 없다.

꽃

6~9월에 개화하고 지름 3~4mm로서 원줄기 끝의 원뿔모양꽃차례에 달리며 밑

으로 처지고 화경은 길이 2~5mm로서 꼬불꼬불한 잔털이 있다. 포는 선형이며 1~3개이고 총포는 좁은 통형으로 길이 8~9mm, 폭 1.5mm 정도이며 3개의 포편은 좁고 긴 타원형으로서 둔저이며 낱꽃은 3~5개이고 꽃부리는 백색이며 길이 8~8.5mm로서 5개로 깊게 갈라진다.

열매

수과는 길이 6mm, 지름 0.7mm정도로서 선형이고 털이 없으며 관모는 길이 6mm정도로서 백색이다.

줄기

높이 60~100cm이고 전체에 털이 없으며 원줄기에 홈이 파진 능선이 있다.

분포

경기도 가평군, 연천군, 강원도 동해시, 삼척시, 양양군, 인제군, 태백시, 평창군, 경상북도 봉화군, 상주시, 제주도

생태

여러해살이풀이다. 깊은 산 숲 속에 난다.

이용방안

어린 순을 나물로 한다.

고산봄맞이

🍁 잎

잎은 연한 황록색이며 넓은 거꿀피침모양 또는 좁은 거꿀달걀모양이고 끝이 둔
하며 밑 부분이 좁아져서 짧은 엽병처럼 되고 길이 5~12mm, 나비 2~5mm로서
가장자리는 밋밋하며 윗부분에 표면과 더불어 긴 백색 털이 산생한다.

🌼 꽃

꽃은 6~7월에 피고 흰색이며 꽃대는 높이 3~7cm로서 그 끝에 2~4송이씩 우상
모양꽃차례로 달리고 포는 긴 타원형이며 끝이 둔하고 길이 2~4mm이며 꽃자
루는 길이 3~5mm로서 잔샘털이 섞여 있다. 꽃받침은 잔 모양이고 중앙까지 5

개로 갈라지며 열편은 곧추서며 꽃부리는 지름 5~7mm로서 5개로 갈라지고 수평으로 퍼진다.

열매

열매는 삭과로 둥글고 꽃받침 속에 들어 있다.

줄기

원줄기가 갈라져 그 끝에 잎이 돌려나기 상으로 달리고 어릴 때는 긴 백색 털이 있으나 점차 없어진다.

분포

북부지방에 분포한다.

생태

여러해살이풀이다. 건조한 곳에 난다.

281

구름범의귀

잎

근생엽은 모여나기하고 엽병이 길며 긴 거꿀달걀모양 또는 넓은 피침 형이고 길
이 1~3cm, 폭 4~10mm로서 끝이 뾰족하며 가장 자리에 결각상의 뾰족한 톱니
가 5~11개 있다.

꽃

꽃대는 잎이 없고 끝에서 산 방상 취산꽃차례가 발달하며 꽃은 7~8월에 피고,
지름 1cm정도로서 백색이며 꽃자루에 샘털이 있다. 꽃받침조각은 5개로서 피침
형이고 젖혀지며 꽃잎은 난상 타원형으로서 밑부분에 황색 꿀샘이 있다. 수술

은 10개이고 꽃잎보다 짧으며 암술대는 2개로서 달걀모양이다.

열매

삭과의 윗부분에는 2개의 암술대가 남아 긴 부리로 된다.

줄기

높이가 25cm에 달하고 전체에 샘털이 있다.

분포

북부지방에 분포한다.

생태

여러해살이풀이다. 고산대의 산 중복이상에서 자란다.

이용방안

관상용으로 이용한다.

구릿대

잎

근생엽과 밑 부분의 잎은 엽병이 길고 3개씩 2~3회 우상으로 갈라지며 정소 엽은 밑으로 흐르고 다시 3개로 갈라진다. 소엽과 열편은 긴 타원형 또는 난상 긴 타원형이며 길이 5~10cm, 폭 2~5cm로서 예두 또는 점첨두이고 가장자리에 규칙적이고 예리한 톱니가 있으며 표면은 맥위가 때로 거칠어지고 뒷면은 흰빛이 돌며 때로 맥위와 가장자리에 잔털이 있다. 윗부분의 잎은 작고 엽초는 굵어져서 거꿀달걀모양 또는 긴 타원형으로 된다.

꽃

꽃은 백색으로 6~8월에 피며 겹우산모양꽃차례에 달리고 소산경은 20~40개로서 길이 4~6cm이며 꽃자루와 더불어 잔돌기가 밀생하고 총포는 없으며 소총포는 작다. 꽃부리는 소형이고 꽃잎은 5개이며 5개의 수술과 1개의 씨방이 있다.

열매

분과는 편평한 타원형이고 기부가 들어가며 길이 8~9mm로서 뒷면의 능선이 맥처럼 가늘고 가장자리의 것은 날개모양이며 능선 사이에 1~2개, 합생면에 2~4개의 유관이 있다.

줄기

높이 1~2m이고 밑 부분은 지름 7~8cm이며 윗부분에 잔털이 있고 가지가 갈라진다. 줄기는 적자색에 흰 가루가 덮인다.

뿌리

뿌리는 굵고 겉은 토갈 색이다. 뿌리를 백지(白芷)라 한다.

분포

제주, 전북, 경남, 경북, 충남, 충북, 강원, 경기, 평북, 함북에 분포한다.

생태

두해살이풀 또는 3년 초이다. 심산지역의 시냇가에서 자란다.

이용방안

어린순은 식용한다. 뿌리는 백지, 잎은 백지 엽이라 하며 약용한다.

구실바위취

잎

잎은 모두 뿌리에서 돋으며 엽병은 길이 11~21cm로서 털이 있고 흔히 자줏빛이 돌며 엽신은 콩팥모양이고 폭 5~8.5cm로서 달걀모양 또는 거꿀달걀모양이며 끝이 뾰족하고 톱니 끝이 선형이며 표면은 짙은 녹색으로서 털이 없고 뒷면 밑 부분에 털이 약간 있다.

꽃

꽃대는 길이 25cm정도로서 털이 있으며 꽃은 7월에 피고 녹백색으로서 원뿔모양꽃차례에 달리며 포는 선상 피침형, 선상 거꿀피침모양 또는 선형이고 가장자리에 털이 다소 있으며 녹색이고 잎같이 생겼으며 매우 작다. 꽃자루는 가는 털이 있다. 꽃받침조각은 5개이고 침형이며 길이 1.3~2mm로서 젖혀지고 꽃잎은 5개로서 백색이며 거꿀 피침모양이고 끝이 둔하며 8개이고 길이 3~3.2mm, 폭 1.2~1.5mm로서 1맥이 있다. 수술은 16개이며 수술대는 중앙 이상이 약간 넓고 양끝이 좁으며 꽃밥은 둥글고 길이 0.3mm정도로서 자주색이다. 심피는 2개로서 거의 떨어지며 피침 형이고 암술머리가 둥글다.

열매

열매는 식과로서 달걀모양이고 끝이 2갈래이다.

뿌리

근경이 짧게 옆으로 자라고 선단에서 땅속줄기가 옆으로 뻗는다.

분포

경기도, 강원도, 충청북도

생태

여러해살이풀이다. 심산지역 응달진 바위 곁에 자란다.

이용방안

잎은 식용한다.

287

기름나물

잎

잎은 엽병이 있으며 길이 5~10cm로서 끝이 뾰족하고 넓은 달걀모양이며 이회삼
출겹잎이다. 소엽은 넓은 달걀모양 또는 삼각형이고 밑 부분으로 흘러 날개처럼
되며 다시 우상으로 깊게 갈라지고 길이 3~5cm로서 결각과 뾰족한 톱니가 있으
며 윗부분의 잎은 퇴화되고 엽초는 좁은 거꿀피침모양으로서 커지지 않는다.

꽃

꽃은 백색으로 7~9월에 피고 겹우산모양꽃차례로서 원줄기 끝과 가지 끝에 달
리며 소산경은 10~15개이고 길이 1~2.5cm로서 20~30개의 꽃이 달리며 꽃자루

는 길이 5~10mm이고 산경 및 소산경과 더불어 안쪽에 털이 있다. 꽃잎은 5개이며 총포(總苞)도 여러 개이고 소총포는 6~8개이다. 5개의 수술이 있고 씨방은 하위이다.

열매

열매는 납작한 타원형이며 길이 3~4mm로서 털이 없고 뒷면의 능선이 실같이 가늘며 가장자리가 좁은 날개모양이고 능선 사이에 1개, 합생면에 2개씩의 유관이 있다.

줄기

높이 30~90cm이고 흔히 홍자색이 돌며 비교적 가지가 많다. 끝부분에 가는 털이 난다.

분포

전국 각지에 분포한다.

생태

여러해살이풀이다. 햇볕이 잘 쬐는 산지에서 자란다.

이용방안

어린 부분을 나물로 한다. 뿌리를 석방풍이라 하며 약용한다.

긴잎갈퀴

잎

잎은 4개씩 돌려나기하고 장 타원상 피침 형 또는 좁은 피침 형으로 길이 1~3.5cm, 나비 2~10mm이며 끝은 둔하고 3 또는 5맥이 있으며 엽병은 짧다.

꽃

꽃은 6~7월에 백색으로 피고 취산꽃차례는 가지 끝에 모여서 산 방상으로 되며 화경과 꽃자루는 굵고 마디부분을 제외하고는 털이 거의 없다. 포는 마주나기하고 화관열편은 장 타원상 피침 형이다.

열매

과실은 분과로 구형이며 센털이 밀생한다.

줄기

줄기는 곧추서고 네모지며 가지가 짧고 모여나기 한다.

분포

중부 이북에 분포한다.

생태

여러해살이풀이다. 산지에서 자란다.

이용방안

잎과 줄기를 약용한다.

긴잎끈끈이주걱

잎

잎이 곧추서고 엽병과 더불어 길이 5~15cm, 나비 4mm이다. 잎은 모여나기하며 선상 거꿀피침모양이고 끝이 둔하거나 둥글며 표면과 가장자리에 샘털이 있고 밑 부분이 좁아져서 엽병으로 되며 엽병 밑부분에 갈색의 긴 털이 있다.

꽃

꽃대는 높이 10~25cm이고 꽃은 7월에 피며 백색으로서 윗부분에 한쪽으로 치우쳐서 총상으로 달린다. 꽃받침은 길이 4~5mm로서 깊게 4개로 갈라지고 열편은 끝이 둔하거나 원상 긴 타원형이며 가장자리에 샘털이 있고 꽃잎은 주걱모양이며 5개로서 백색이다. 수술은 5개, 암술은 1개이고 3개의 암술머리는 각 2개로 다시 갈라진다.

열매

열매는 삭과로 타원형이고 길이 6mm이며 3개로 벌어지고 종자는 피침 형이며 길이 1.6mm정도로서 흑색이다.

분포

경기도 및 중부 이북지역에 분포한다.

생태

여러해살이풀이다. 북부지방의 습원에서 자란다.

하얀색 꽃

긴잎별꽃

잎

잎은 마주나기하고 엽병이 없으며 선형이고 끝이 뾰족하며 길이 1.5~2.5cm, 폭 1.5~2.5mm로서 비스듬히 서고 양면에 털이 없다.

꽃

꽃은 7~8월에 피고 잎겨드랑이에서 자라는 꽃자루 끝에 취산꽃차례로서 1개씩 달리며 꽃자루는 길이 2~6cm로서 꽃이 핀 다음 굽고 밋밋하다. 화피열편은 달걀모양이며 털이 없고 희미한 3맥이 있으며 길이 2.5~3mm로서 꽃잎보다 다소 짧고 꽃잎은 끝이 2개로 갈라진다. 수술은 5개, 암술대는 3개이다.

 **열매**

삭과는 긴 타원형이며 길이 4~5mm로서 갈색이 돈다. 꽃받침이 오래 남아 있고
종자는 매끄럽다.

 줄기

원줄기의 능선위에 미세한 돌기가 있다. 높이 20~40cm로서 4개의 능선이 있으
며 모여나며 곧게 자라고 다소 가지가 갈라진다.

 분포

경기도

 생태

여러해살이풀이다. 습지에서 자란다.

꽃장포

잎

잎은 좌우로 편평하고 굽은 선형이며 3~7맥이 있고 길이 5~20cm로서 끝이 뾰족하며 밑 부분이 안쪽의 잎을 마주안기 때문에 2줄로 배열되고 가장자리는 밋밋하다.

꽃

꽃대는 높이 14~30cm로서 털이 없고 선상의 잎이 2개 달리며 꽃은 7~8월에 피고 백색이며 길이 3.5~4mm이고 총상꽃차례는 길이 3~6cm이며 꽃자루는 길이 5~12mm이다. 포는 피침 형이고 작은포는 바로 꽃밑에 있으며 3개로 갈라진다.

화피열편은 6개이고 길이 2~2.5mm로서 선상 긴 타원형이다. 수술은 6개이며 화피와 길이가 비슷하고 수술대에 털이 없으며 꽃밥은 갈색 또는 자주색이다. 씨방은 상위이고 암술대는 3개이며 암술머리는 점상이다.

열매

삭과는 길이 4.5mm로서 달걀모양이고 종자는 긴 타원형이며 길이 1mm정도로 꼬리가 없다.

뿌리

근경이 짧다.

분포

경기도 여천시, 강원도 양구군, 화천군

생태

여러해살이풀이다. 산지의 골짜기나 습기가 있는 바위에서 자란다.

꽃치자

잎

잎은 마주나기하고 거꿀피침모양이며 길이 4~8cm, 나비 1~2cm로서 양끝이 좁고 두꺼우며 윤채가 있고 가장자리가 밋밋하다.

꽃

꽃은 7~8월에 피며 백색이고 가지 끝에서 꽃자루가 자라서 1~2송이씩 달리며 꽃받침 통에 6개의 희미한 능선이 있고 열매를 완전히 둘러싸며 끝에 6개의 꽃받침열편이 남아 있다.

열매

열매는 길이 3.5㎝로서 긴타원모양이며 세로로 6~7개의 능각이 있고, 9월에 황홍색으로 익으며 꽃받침 통에 싸여있다.

 줄기

가지가 많으며 밑 부분이 옆으로 자라면서 뿌리가 내린다.

 분포

남부지방에 분포한다.

 **생태**

상록 관목이다. 따뜻한지방에서 생장이 양호하며 충분한 햇볕을 받아야 개화와 결실이 잘된다.

이용방안

치자나무/꽃치자의 과실은 치자, 뿌리는 치자화근, 잎은 치자엽, 꽃은 치자 화라 하며 약용한다.

꿩의다리

잎

잎은 어긋나기하고 하부의 것은 엽병이 기나 위로 갈수록 짧아져 없어지고 2~3
회 우상으로 갈라지며 제1, 제2 마디에 작은 잎턱잎이 있다. 소엽은 거꿀달걀모양
또는 심원 형이고 길이 1.5~3.5cm, 나비 1~3cm로서 3~4개로 갈라지며 원두이다.

꽃

꽃은 7~8월에 백색 또는 대홍색으로 피며 줄기 끝에 편평꽃차례로 달린다. 꽃
잎은 없고 꽃받침조각은 4~5개로 조락성이며 수술은 많고 환상으로 배열한다.

🍒 열매

과실은 수과로 5~10개씩 달리고 3~4개의 익상 돌출물이 있으며 거꿀달걀모양 또는 타원형이다.

🌳 줄기

줄기는 곧추서고 분지하며 원줄기는 능선이 있으며 속이 비었고 녹색 또는 자주색 바탕에 분백색이 돈다. 높이는 50~100cm이다.

🗺 분포

전국 각지에 분포한다.

🌾 생태

여러해살이풀이다. 산지에서 자란다.

💡 이용방안

어린잎과 줄기는 식용한다.

301

나도개미자리

잎

잎은 마주나기하며 침형이고 길이가 8~20mm로서 밑 부분이 동합하며 1맥이 있고 털이 거의 없다.

꽃

꽃은 7~8월에 피며 백색이고 대개 가지 끝에 1송이씩 달리지만 잎겨드랑이에 달리는 것도 있으며 꽃받침조각은 긴 타원형이고 끝이 둥글며 길이 4~6mm로서 가장자리는 막질이고 뒷면에 3맥이 있다. 꽃잎은 백색이며 넓은 거꿀피침모양이고 길이 7~9mm로서 끝이 다시 펴지며 수술은 10개, 암술대는 3개이다.

열매

열매는 삭과로서 긴 타원형이고 길이 8mm정도로서 꽃받침보다 1.5배 정도 길다. 종자는 달걀모양이며 길이 1mm정도로서 가장자리에 잔돌기가 있다.

줄기

높이가 5cm에 달하고 줄기에 2줄의 모조(毛條)가 있으며 밑에서는 다소 눕고 가지가 많이 갈라져서 모여나기한 것처럼 보인다.

분포

북부지방에 분포한다.

생태

여러해살이풀이다. 높은 산 돌밭에서 자란다.

낚시돌풀

잎

잎은 마주나기하고 도란상 긴 타원형이며 길이 1~2.5cm, 나비 1cm로서 표면에 광택이 나고 가장자리는 밋밋하며 뒤로 다소 말린다. 엽병은 아주 짧고 탁엽은 작으며 양쪽에 각각 2개의 톱니가 있다.

꽃

꽃은 7~8월에 피고 백색이며 정생하는 취산꽃차례에 달리고 꽃자루는 길이 3~10mm이다. 꽃받침조각은 넓은 삼각형이며 길이 1~1.5mm이고 꽃부리는 길이 1.5~2mm로서 4개로 갈라지며 수술은 4개이다.

열매

열매는 삭과로 도란상 편 구형이고 지름 4~5mm로서 끝에 4개의 꽃받침조각이 남아 있으며 종자는 다수이고 달걀모양이다.

줄기

높이 5~20cm이고 가지가 많으며 옆으로 퍼지고 털이 없으며 다소 육질이다.

분포

전라남도, 부산시, 제주도

생태

여러해살이풀이다. 해변의 바위틈에 난다.

너도개미자리

잎

잎은 마주나기하며 침형이고 밑 부분이 합쳐져서 원줄기를 감싸며 잎 밑 부분과 더불어 바늘 같은 긴 털이 있다.

꽃

꽃은 7~10월에 피고 지름 1.5cm정도로서 백색이며 가지 끝에 1~2개씩 달려 피지만 잎겨드랑이에 달리는 것도 있다. 꽃자루에 짧은 털, 중앙부에 작은 포가 있으며 꽃받침보다 2~3배 길다.

🍒 열매

삭과는 긴 타원형으로서 길이 8mm정도이다. 종자는 달걀모양이며 길이 1mm정도로 뒷면에 뾰족한 돌기가 있고 표면은 거의 밋밋하며 밤색이고 양쪽에 백색 막질의 비늘 같은 것이 붙어 있다.

🌱 줄기

가지가 밑에서 갈라져서 위로 향하고 높이가 10cm에 달하며 원줄기에 2줄의 모조가 있고 모여나기한 것처럼 보인다.

분포

북부지방

🌿 생태

여러해살이풀이다. 고산 지대에서 자란다.

💡 이용방안

관상용으로 이용한다.

네마름

잎

물 위에 뜨는 잎은 줄기 끝에서 로제트 형으로 어긋나며, 잎몸은 난형 또는 넓은 난형으로 길이 3~4cm, 폭 4~5cm, 끝은 뾰족하며, 밑은 쐐기 모양이고, 가장자리에 톱니가 있다. 잎 앞면은 녹색으로 광택이 있고, 뒷면에 털이 많으며 연녹색 또는 자주색이다. 잎자루에 긴 타원형의 공기주머니가 있다.

꽃

꽃은 7~8월에 잎겨드랑이에서 1개씩 피며, 흰색이다. 꽃받침 잎과 꽃잎은 각각 4장이다.

열매

열매는 견과, 4개의 뿔이 두껍게 발달한다. 열매를 먹을 수 있다.

 줄기

줄기는 물속에서 길게 자란다.

 분포

전라도와 경상도에 분포한다.

 **생태**

저수지나 늪에 자라는 수생식물로 한해살이풀이다.

노랑하늘타리

🍃 잎

잎은 어긋나기하며 엽병이 길고 넓은 심장형이며 3~5개로 얕게 갈라지지만 밑
부분의 잎은 깊게 갈라지고 길이와 폭이 각 6~10cm로서 원줄기와 더불어 백색
털이 있다.

🌸 꽃

꽃은 이가화로서 7~8월에 피고 수꽃은 길이 10~20cm의 꽃차례에 총상으로 달
리며 암꽃은 1개씩 달린다. 꽃받침통은 길이 3cm정도이고 꽃부리는 5개로 갈라
지며 각 열편이 실처럼 쪼개진다.

🍒 열매

열매는 넓은 난상원형이고 길이 10cm로서 황색으로 익으며 과병은 길이 2~3(4.5)cm이고 종자는 긴 타원형 또는 난상 원형이며 길이 11~14cm로서 연한 흑갈색이다.

🌳 줄기

잎과 마주나기하는 덩굴손이 자라서 다른 물체에 잘 기어 올라가고 고구마 같은 큰 뿌리가 있다.

🌾 뿌리

덩이뿌리는 고구마 뿌리 모양.

🗺️ 분포

남부지방, 제주도에 분포한다.

🌱 생태

덩굴성 여러해살이풀이다. 밭둑에 난다.

💡 이용방안

덩이뿌리의 녹말은 식용한다. 하늘타리/노랑하늘타리의 과실은 괄루, 뿌리는 천화분, 경엽은 괄루경엽, 과피는 괄루피, 종자는 괄루자라 하며 약용한다.

311

노루발

🍁 잎

잎은 1~8개가 밑 부분에서 모여나기하고 원형 또는 넓은 타원형이며 길이 4~7cm, 넓이 2.5~4.5cm이고 둔두둔저이며 흔히 엽병과 더불어 자줏빛이 돌고 표면은 엽맥부가 연한 녹색이며 가장자리에는 낮은 톱니가 약간 있고 엽병은 길이 3~8cm이다.

🌼 꽃

꽃대는 길이 10~25cm로서 능선이 있고 1~2개의 인 엽이 있으며 7월에 꽃대는 길이 15~30cm로서 능선이 있으며 12개의 인 엽이 달리고 윗부분에 2~12개의 꽃이 총상으로 달리며 꽃은 지름 12~15mm로서 백색이다. 포는 선상 피침 형이고 끝이 뾰족하며 길이 5~8mm로서 꽃자루보다 길거나 같다. 꽃받침조각은 5개로서 넓은 피침 형 또는 좁은 달걀모양이고 길이가 나비보다 2.5~3배 길며 꽃잎은 5개, 수술은 10개이고 암술이 길게 나와 끝이 위로 굽는다.

열매

삭과는 지름 7~8mm로서 편평한 구형, 익으면 5개로 갈라지고 갈색으로 익는다.

줄기

가는 땅속줄기가 있다.

뿌리

근경이 옆으로 길게 뻗는다.

분포

제주, 울릉도, 전남(지리산, 완도), 전북(덕유산), 경남, 경북, 충북, 강원, 경기(광릉) 등에 분포한다.

생태

상록 다년생 초본이다. 산야의 숲속에서 자란다.

이용방안

관상용으로 이용한다. 노루발/분홍노루발/콩팥노루발의 전초를 녹수초라하며 약용한다.

눈범꼬리

잎

근생엽은 엽병이 길고 넓은 달걀모양으로 길이가 5~10cm, 폭 3~7cm이며 끝은
뾰족하고, 밑은 심장저이며 표면은 녹색이고 뒷면은 연한 흰색이다. 윗부분의
줄기 잎은 난상 심장형으로서 원줄기를 감싸며 잎겨드랑이에서도 꽃차례가 자
란다. 가장자리는 밋밋하다.

꽃

꽃은 5~7월에 피고 백색이며 꽃대는 높이 20~40cm로서 3~5개의 잎이 달리고
화수(花穗)는 길이 1~3cm로서 원주형이며 꽃이 많이 달린다. 암수한그루로 이

삭꽃차례이다. 포는 막질이고 갈색이며 길이 3~4mm로서 난상 피침 형이고 화피는 5개로 갈라지며 길이 2.5mm이고 꽃자루는 길이 1mm정도이다. 수술은 8장, 암술대 3개이다.

🍒 열매

열매는 수과로 세모진 넓은 타원형이며 길이 2.5m이고 광택이 있는 갈색이다.

🌳 줄기

줄기는 가늘고 길다.

🌱 뿌리

근경은 굵다.

🗾 분포

한라산 중부 이상에 분포한다.

🌾 생태

여러해살이풀이다.

💡 이용방안

근경을 홍삼칠이라 하며 약용한다.

315

단풍터리풀

🍁 잎

근생엽은 모여나기하며 긴 엽병이 있다. 잎은 어긋나기하고 1회 우상복엽이며 심장저이고 정소 엽이 가장 크고 장상으로 5~7 개로 갈라진다. 측소엽은 작은 것과 큰 것이 교대로 달리며 3~6쌍이고 톱니와 결각이 있으며 윗부분의 잎 중에는 측소엽이 없는 것이 있고 탁엽은 피침상 긴 타원형이다.

🌼 꽃

꽃은 6월에 피며 연홍색이고 가지 끝과 원줄기 끝의 취산상 편평꽃차례에 많은 꽃들이 달리며 꽃받침조각과 꽃잎은 각각 4~5 개로 길고 둥글며 길이 3mm가량이다. 수술은 많으며 꽃잎보다 훨씬 길다. 암술은 6~8개이다.

열매

수과는 4~5개이고 긴 타원형으로서 털이 없거나 가장자리에 털이 있다.

줄기

높이가 1m에 달하고 줄기는 곧게 선다.

🚩 분포

중부이북에 분포한다.

🌱 생태

여러해살이풀이다. 산지에서 자란다. 숲가장자리의 습지에서 자란다.

💡 이용방안

관상용이다. 밀원식물로 이용한다. 전초와 뿌리를 풍습관절염, 전간에 내용하고 화상과 동상에 외용한다.

덩굴별꽃

잎

잎은 마주나기하며 달걀모양이거나 난상 피침 형이고 길이 2~5cm, 폭 7~20mm
로서 표면에 털이 없으며 뒷면 맥 위와 가장자리에는 털이 있고 끝이 뾰족하며
밑 부분이 갑자기 좁아져서 길이 1~4mm의 엽병으로 된다.

꽃

꽃은 7~8월에 피고 백색이며 가지 끝에 꽃이 1개씩 옆을 향해 달린다. 꽃받침은
녹색이며 5개로 갈라지고 처음에는 통형으로서 길이 1cm정도이지만 꽃이 피면
중앙부까지 갈라지며 나중에는 벌어져서 붙어 있다.

열매

삭과는 장과 상으로 둥글며 꽃받침과의 사이에 길이 2.5~3mm의 대가 있고 9월에 흑색으로 익으며 윤이 나고 매끈하며 터지지 않는다. 종자는 많으며 흑갈색이고 지름 1~1.5mm로서 둥글다.

줄기

줄기는 가늘고 마디는 통통하며 가지가 많고 꼬불꼬불한 털이 있으며 마디에서 뿌리가 내린다.

 분포

전국 각지에 분포한다.

생태

덩굴성 여러해살이풀이다. 산골짜기 개울가나 숲 가장자리에서 생육한다.

이용방안

어린순은 식용한다. 전초를 화근 초라하며 약용한다.

도깨비가지

잎

잎은 어긋나기하고 장 타원형으로 길이 8~15cm, 나비 4~8cm이며 끝은 뾰족하고 밑은 주걱모양이며 소수의 물결 모양 톱니가 있고 양면에 별모양 털이 있으며 뒷면 주맥 위에 기부가 넓고 예리한 가시가 있으며 엽병이 있다.

꽃

꽃은 6~10월에 백색 또는 연한 자색으로 피고 줄기의 도중에서 굵은 꽃대축이 나와 그 끝에 6~10개씩 달린다. 꽃받침은 5개로 깊게 갈라지고 열편은 끝이 뾰족하다. 꽃부리는 지름이 약 1.8cm이고 5열한다.

열매

과실은 장과로 구형이며 황색으로 익는다.

줄기

줄기는 곧추 서고 가지가 갈라지며 마디 부분이 꺾여진 것 같이 구부러졌고 별 모양 털로 예리한 가시가 있다. 높이 50~100cm이다.

뿌리

근경은 길게 옆으로 뻗는다.

분포

전국 각지에 분포한다.

 생태

귀화식물이며, 여러해살이풀이다.

두메갈퀴

잎

잎은 밑에서 마주나기하며 중앙부에서 부터는 4장씩 돌려나기하고 달걀모양이
며 끝이 뾰족하고 밑은 둥글거나 좁으며 길이는 1~4cm, 폭 1~2cm로서 가장자리
와 표면의 가장자리 근처에 위를 향한 짧은 털이 있고 엽병은 길이 1~4cm이다.

꽃

꽃은 6~7월에 피며 백색이고 가지끝이나 잎겨드랑이에 성긴 취산꽃차례로 달리
며 화경이 있고 꽃자루는 꽃이 진 다음 자라서 길이 6~7mm로 되며 옆으로 벌
어진다. 꽃부리는 4갈래이다.

열매

열매는 2개씩 합쳐지고 분과는 둥글며 긴 갈고리 같은 털이 밀생한다.

 줄기

높이 10~25cm이고 마르면 짙은 녹색으로 되며 가지는 거의 갈라지지 않고 가시가 없다.

 뿌리

가늘고 긴 땅속줄기가 뻗는다.

분포

전국 각지에 분포한다.

생태

여러해살이풀이다. 깊은 산의 나무 그늘에 자란다.

들개미자리

 잎

잎은 선형이며 길이 1.5~4cm, 폭 0.5~1mm정도로서 끝이 둔하고 12~20장씩 돌려나기 한다. 탁엽은 작고 길이 1mm이다.

꽃

꽃은 6~8월에 피며 엉성한 취산꽃차례에 달리고 포는 소형이며 막질이고 꽃자루는 길이 1.5~4cm로서 꽃이 진 후 밑으로 처진다. 꽃받침조각은 꽃잎과 각각 5개이며 꽃받침조각은 길이 3~4mm로서 달걀모양이고 끝이 뾰족하며 꽃잎 보다 길거나 같고 수술은 10개, 암술대는 5개이다.

🍒 열매

열매는 삭과로서 꽃받침보다 길며 길이 4.5mm정도이고 넓은 달걀모양이며 종자는 둥근 렌즈상으로 부풀고 지름 1.2mm이며 흑색을 띤다. 가장자리에 날개가 있으며, 양면에 젖꼭지모양 돌기가 있다.

🌱 줄기

높이 20~50cm이고 다소 모여나기 하며 털이 약간 있고 줄기 윗부분에 샘털이 있다.

🗺 분포

중부·남부지방과 제주도에 분포한다.

🌾 생태

1년 내지 두해살이풀이다.

들떡쑥

잎

근생엽과 밑 부분의 잎은 꽃이 필 때 없어지며 줄기 중앙부의 잎은 선형 이고 엽병이 없으며 예두 또는 둔 두이고 쐐기 모양으로서 다소 줄기를 감싸며 길이 2.5~4.5cm, 폭 4.5mm로서 표면은 녹색이고 면모가 있으며 뒷면은 회백색 면 모로 덮여 있고 가장자리는 뒤로 말리거나 물결모양이다. 근생엽은 2~4개로서 줄기 잎보다 작으며 표면에 축모(縮毛) 가 밀생한다.

꽃

꽃은 7~8월에 황갈색으로 피며 암수딴그루 또는 잡성주고 머리모양꽃차례는

1~4개가 모여 달리며 때로는 짧은 화경이 있고 자성머리모양꽃차례에 때로 수꽃이 섞여 있으며 꽃이 핀 다음 길어져서 길이와 지름이 각 1cm정도로 된다. 총포는 둥글고 길이 5mm, 지름 6~8mm이며 총포조각은 3줄로 배열되고 피침 형이며 끝이 둔하거나 뾰족하고 막질이며 가장자리는 흑색이고 뒷면에 축모가 있으며 꽃부리는 길이 5mm정도이다.

🍒 열매

수과는 편평한 긴 타원형이며 길이 1.3mm정도이고 관모는 백색이며 기부는 다소 누렇고 길이 4~6mm이다. 웅성머리모양꽃차례는 꽃이 진 다음 자라지 않는다.

🌱 줄기

높이 15~45cm이고 여러대가 뭉쳐나며 간혹 가지가 갈라지며 회백색 털로 덮여 있고 잎이 밀생한다.

분포

전국 각지에 분포한다.

🌾 생태

여러해살이풀이다. 산비탈 건조한 풀밭에서 자란다.

💡 이용방안

전초를 급성신염, 혈뇨, 단백뇨에 쓴다. 관상용으로도 이용한다.

땅두릅

잎

잎은 어긋나기하고 길이 50~100cm로서 기수2회우상복엽이며 어릴 때는 연한
갈색 털이 있다. 소엽은 각 우편에 5~9개씩 있고 달걀모양 또는 타원형이며 예
두이고 원저 또는 심장저이며 길이 5~30cm, 폭 3~20cm로서 양면에 털이 드문
드문 있으며 특히 맥 위에 많고 표면은 녹색이며 뒷면은 흰빛이 돌고 가장자리
에 톱니가 있다.

꽃

7~8월에 가지와 원줄기 끝 또는 윗부분의 잎겨드랑이에서 큰 원뿔모양꽃차례가

자라며 총상으로 갈라진 가지 끝에 우상모양꽃차례가 달린다. 꽃은 일가화로서 연한 녹색이고 지름 3mm정도로서 5수이다. 꽃부리는 소형이고 꽃잎은 거꿀달 걀모양으로 5개이며 5개의 수술이 있고 씨방은 하위이다. 꽃받침은 술잔모양이고 5열 되며 열편은 짧고 작으며 삼각형이다.

열매

장과로서 소구형이고 9~10월에 검게 익는다.

줄기

높이가 1.5m에 달하며 꽃을 제외한 전체에 짧은 털이 드문드문 있고 엉성하게 가지를 친다.

뿌리

땅 속의 근경은 괴상으로 굵고 섬유가 많은 육질이며, 독활 (獨活)이라 한다.

분포

주산지는 울릉도이며, 전국 각 지에 분포한다.

생태

여러해살이풀이다. 해가 잘 들고 바람이 잘 통하는 곳이 좋으며 온도의 격차가 심한 고랭지가 이상적이다.

이용방안

어린 순은 데쳐서 먹는다. 어린 싹, 채 피지않은 어린잎, 꽃봉오리, 열매, 뿌리 등은 약술의 원료로 쓰인다.

뚜껑덩굴

잎

잎은 어긋나기하고 덩굴손이 마주나기하며 삼각상 피침 형이고 끝이 뾰족하지만 때로는 둔하게 그치는 것도 있으며 밑 부분이 심장저이고 길이 5~10cm, 폭 2.5~7cm로서 가장자리에 낮은 톱니가 있으며 때로는 장상 꼴로 3~5개로 갈라진다.

꽃

꽃은 단성으로서 8~9월에 피고 황록색이며 액생하는 총상 원뿔모양꽃차례에 달리고 웅화서는 총상이다. 수꽃은 꽃자루가 가늘고 꽃받침과 꽃부리는 각각 5개로 갈라지며 열편은 길이 5~6mm이고 끝이 뾰족한 선형으로 서로 비슷하며 5

개의 황록색 수술이 있다. 암꽃은 웅화서 기부에 1개씩 달리고 길이 10mm가량의 가는 꽃자루가 있으며 1개의 암술이 있다.

열매

열매는 달걀모양으로 길이 15mm가량이고 하반부에 가시 같은 돌기가 있으며 8~9월에 익어 중앙부가 옆으로 갈라져 2개의 흑색종자를 떨어낸다. 종자는 흑색이고 달걀모양으로 길이 10mm정도며 겉에 그물모양의 돌기가 있다.

줄기

줄기는 길이가 2m에 달하고 짧은 연모(軟毛)가 산생하며 덩굴손으로 다른 물체에 기어 올라간다.

분포

경기도 이북지역에 분포한다.

생태

덩굴성 한해살이풀이다. 도랑이나 물가 풀밭에서 자란다.

이용방안

잎 및 종자가 합자 초라하며 약용한다.

마름

잎

수면까지 자란 원줄기 끝에서 많은 잎이 사방으로 퍼져 수면을 덮으며 떠있고 잎은 능형 비슷한 삼각형이며 윗부분 가에는 불규칙한 치아상의 거치가 있고 밑 부분이 넓은 예저 또는 절저 비슷하며 톱니가 없고 길이 2.5~5cm, 폭 3~8cm 로서 표면에 광택이 있으며 뒷면 잎맥 상에는 털이 많고 엽병의 길이는 19~20cm로서 털이 있으며, 굵어진 부분은 피침형이고, 길이는 1~5cm이다.

꽃

꽃은 7~8월에 피며 지름 1cm정도로서 흰빛 또는 약간 붉은빛이 돌고 잎겨드랑

332

이에 달리며, 화경은 짧고 위를 향하지만 열매가 커짐에 따라서 밑으로 굽으며, 길이는 2~4cm이다. 꽃받침조각은 털이 있고, 꽃잎 및 수술과 더불어 각 각 4개이며, 암술은 1개이다.

열매

열매는 T자 모양으로 검고 딱딱한 견과이며, 양끝은 뾰족하고 중간 부분은 둥글다. 양끝의 뾰족한 부분은 꽃받침이 변하여 가시처럼 되어 있다.

줄기

원줄기는 수면까지 자라며 가늘고 길며 물속의 마디에서는 우상의 수중근(水中根)이 내린다. 진흙 속에 뿌리를 박고 산다.

분포

전국 각지에 분포한다.

생태

한해살이풀이며, 수생 관엽식물이다. 늪지나 소늪지 또는 물속에 자생한다.

이용방안

열매는 쪄서 먹거나 강장제로 약용한다. 마름, 애기마름의 과육은 능, 줄기는 능경, 잎은 능엽, 과병은 능체, 과피는 능각, 과육의 전분은 능분이라 하며 약용한다.

망초

잎

근 엽은 주걱 같은 피침 형으로 톱니가 있고 화시에 마르며 경엽은 어긋나기로 밀생하고 하부의 것은 거꿀피침모양으로 길이 7~10cm, 나비 1~1.5cm이며 양끝이 좁아지며 가장자리에 톱니가 있거나 밋밋하며 위로 올라가면서 작아져 선형으로 된다.

꽃

꽃은 7~9월에 백색으로 피고 가지와 줄기 끝에 총상으로 달려 전체적으로 큰 원뿔모양꽃차례를 이루며 머리모양꽃차례는지름 3mm정도로 작고 그 수가 많다. 총포는 종형이고 포편은 4~5열로 배열하며 선형이다.

🍒 열매

과실은 수과로 길이 1.2mm이고 관모는 길이 2.5mm이다.

🌳 줄기

줄기는 곧추서고 전체에 굵은 털이 있다.

분포

전국 각지에 분포한다.

🌾 생태

귀화식물이며, 1~2년 초이다. 산과 들에 자란다.

💡 이용방안

어린잎은 식용한다. 북미에서는 약용한다.

묏미나리

잎

잎은 어긋나기하고 2~3회 3출 우상복엽이며 길이 10~40cm이고 엽병은 위로 갈
수록 짧아지며 밑 부분이 넓어져 줄기를 감싸고 윗부분의 잎은 퇴화되고 엽병
이 엽초로 된다. 소엽은 달걀모양으로 끝이 뾰족하고 간혹 2~3개로 깊이 갈라지
며 가장자리에 거치가 있다.

꽃

꽃은 8~9월에 흰색으로 피고 가지와 줄기 끝에 겹우산모양꽃차례로 달리며
5~8개로 갈라진 소산경 끝에 15~20개의 꽃이 달린다. 꽃자루와 더불어 안쪽에

잔톱니가 있다. 총포는 없거나 1~2개이고 소총포는 5~6개로 피침형이며 가장자리는 막질이다.

열매

열매는 분과로 편평한 타원형이고 양끝이 오그라들며 길이 4mm정도로서 가장자리에 날개가 있다.

줄기

높이가 1m에 달하고 전체에 털이 없다.

뿌리

근경은 굵고 짧다.

분포

전국 각지에 분포한다.

생태

여러해살이풀이다. 습지나 산간계곡등에서 자란다.

이용방안

동의보감에는 황달, 부인병, 음주 후의 두통이나 구토에 좋다고 했다. 근래에는 혈압을 내리는 약효로 인정되어 고혈압 환자가 즐겨 찾는 식품이며 심장병, 류마티스, 신경통, 식욕증진 등의 효과가 있으며, 심한 땀띠에는 즙을 바르면 낫는다. 어린 순은 식용한다.

물꼬리풀

잎

잎은 4~5(10)장씩 돌려나기하며 선형이고 길이 2~5cm, 폭 2~4mm로서 양끝이 좁으며 털이 없고 가장자리는 밋밋하다.

꽃

꽃은 8~10월에 피고 백색 또는 연한 홍색이며 화수(花穗)는 길이 2~5cm로서 가지 끝과 원줄기 끝에 달리고 꽃자루가 없는 꽃이 밀착한다. 꽃받침에 길이 1.5mm로서 5개로 갈라지며 털이 밀생하고 꽃부리는 길이 2mm이며 상순이 얕게 파지고 하순이 얕게 3개로 갈라진다. 수술은 4개이고 꽃밖으로 길게 나오며 수술대에 짧은 털이 있지만 없는 것 같다.

열매

분과는 달걀모양이며 길이 0.6mm정도로서 밋밋하다.

줄기

높이가 10~50cm이고 밑 부분이 옆으로 자라면서 뿌리가 내리며 윗부분에서 가지가 갈라지며 마디에만 털이 있다.

분포

전라남도, 경상남도, 제주도

생태

한해살이풀이다. 습지 또는 논밭에서 자란다.

하얀색 꽃

물별이끼

잎

잎은 마주나기하고 물속 잎은 선형으로 길이 7~15mm, 나비 1~1.5mm이며 1맥이 있고 수상엽은 주걱상 거꿀달걀 모양 또는 장 타원형으로 길이 6~12mm, 나비 3~5mm이며 끝은 둥글거나 파지고 밑은 좁아지며 3맥이 있다.

꽃

꽃은 7~8월에 백색으로 피고 잎겨드랑이에 1개씩 달리며 양측에 1쌍의 막질인 포가 있다. 꽃받침과 꽃잎은 없으며 수꽃은 수술 1개, 암꽃은 암술 1개로 되고 암술대는 2개이다.

열매

과실은 삭과로 타원형이고 끝이 약간 파지며 가장자리에 좁은 날개가 있다.

 줄기

줄기는 가늘고 물속에서 길게 자라서 잎이 물 위에 뜬다.

 분포

제주, 강원(강릉), 함경북도

 **생태**

한해살이풀이다.

미국까마중

🍁 잎

잎은 어긋나고 길이는 2~4cm, 나비는 1~2.5cm로 달걀모양 또는 장 타원형이
다. 잎의 모양은 끝이 날카롭고 아래쪽은 쐐기꼴로 좁아진다. 잎 가장자리는 물
결모양 또는 거치이다. 엽병의 길이는 7~15mm이다.

✳️ 꽃

꽃은 6~10월에 마디와 마디 사이에 옆으로 나고, 2~4개의 꽃이 우상모양꽃차
례를 이룬다. 꽃의 색깔은 보라색이 섞인 흰색으로, 뒷면은 보라색이 진하다.
작은 꽃차례의 길이는 5~8mm이고 꽃의 지름은 4~5mm이다. 꽃받침조 각은

장 타원형으로 끝이 뾰족하며 모두 5개이다. 수술대와 암술대에 털이 있으며, 꽃밥 길이는 약 1.5mm이다.

열매

열매는 공 모양으로 지름 5~8mm인데, 광택이 나며 아래를 향해 매달린다.

줄기

줄기는 곧추서며 높이 20~90cm, 털이 없다. 잎은 어긋나며, 난형 또는 긴 타원형으로 길이 2~4cm, 폭 1.0~2.5cm이다.

분포

북아메리카 원산의 귀화식물로 전국적으로 분포한다.

생태

한해살이다. 밭이나 길가에서 자란다.

미국실새삼

잎

잎은 어긋나며, 비늘 같으며, 삼각형 난형이다. 꽃은 7~9월에 피고, 가지에 몇 개씩 모여 달리며 흰색이다.

꽃

꽃은 6~8월에 흰색으로 피며, 이삭꽃차례로 달린다. 수술5개, 암술1개이며, 암술머리 2개이다. 꽃부리속의 부속체는 비늘조각 5개이다.

열매

열매는 삭과이며, 납작한 구형이며, 지름 2~3mm이다. 9~10월에 익는다.

줄기

줄기는 가늘고 덩굴지며 다른 풀과 나무에 붙고, 길이 50cm쯤 이다.

뿌리

뿌리는 싹이 틀 때는 있지만
다른 식물에 붙으면 없어진다.

분포

북아메리카 원산의 귀화식물
로서 전국적으로 분포한다.

생태

습지나 들에 자라는 한해살이 기생식물 이다.

미국자리공

잎

잎은 어긋나기하며 털이 없으며, 주맥이 뚜렷하고 난상 타원형 또는 긴 타원형
으로 양끝이 좁고 길이 10~30cm, 폭 5~16cm정도이다. 가장자리는 밋밋하며, 엽
병은 길이 1~4cm이다.

꽃

꽃의 지름은 5mm이고, 6~9월에 피고 잎과 어긋나게 총상꽃차례로 달리며 붉
은 빛이 도는 흰색이고, 꽃차례의 길이는 10~15cm로서 열매가 익을 때는 밑으
로 처진다. 화피가 5장이고 꽃잎은 없고, 수술이 10개, 암술대 10개, 심피 10개

로 구성되며 꽃밥은 꽃이 피면 탈락한다.

 열매

과수(果穗)는 처진다. 열매는 녹색이고 장과로서 편 구형이고 꽃받침이 남아 있으며 적자색으로 익고 지름 7~8mm로서 육질이며 흑색 종자가 1개씩 들어 있다. 종자는 다소 편평한 신 원형이고 지름 3mm정도로서 윤채가 있다.

 줄기

높이 1~1.5m 지름 5cm정도이며 가지가 홍색이다.

 뿌리

뿌리는 비대해져 덩이를 형성한다.

 분포

전국 각지에 분포한다.

생태

여러해살이풀이다. 평지나 길가에서 자란다.

 이용방안

봄철 돋아나는 어린 싹을 데쳐 나물로 먹을 수 있을 정도로 독성이 적다. 뿌리는 상륙, 꽃은 상륙화라 하며 약용한다.

347

미나리

잎

잎은 어긋나기하고 근생엽과 더불어 긴 엽병이 있으나 위로 가면서 점점 짧아지며 삼각형 또는 삼각상 달걀모양이고 길이 7~15cm로서 1~2회 우상복엽이며 소엽은 달걀모양이고 길이 1~3cm, 폭 7~15mm로서 톱니가 있으며 엽병 밑에 초가 있다.

꽃

겹우산모양꽃차례는 7~9월에 원줄기 끝부근에서 잎과 마주나기하며 5~15개의 소산경으로 갈라지고 각각 10~25개의 백색 꽃이 달리며 꽃잎은 5개이다.

총포는 없거나 1~2개이며 소총포는 6개 정도로서 선형이며 길이 2mm정도이고 꽃자루는 길이 2~5mm이며 5개의 수술이 있고 씨방은 하위이다.

열매

분과는 타원형이고 가장자리의 능선이 코르크화되며 긴 암술대가 있다.

줄기

높이가 30cm에 달하고 털이 없으며 밑에서 가지가 갈라져 옆으로 퍼지고 원줄기는 곧게서며 속이 비었고 능각이 있으며 가을철에 기는 가지의 마디에서 뿌리가 내려 번식한다.

분포

전국 각지에 분포한다.

생태

여러해살이풀이다. 들의 습지 밑 물가에 나며, 논밭에서 재배한다.

이용방안

연한 부분을 식용 한다. 전초는 수염뿌리, 꽃은 근화라 하며 약용한다.

민솜대

잎

잎은 어긋나기하고 4~6개가 2줄로 달리며 타원형 또는 긴 타원형이고 길이 10cm, 폭 25~60mm로서 양끝이 좁으며 끝이 갑자기 뾰족해지고 밑 부분은 둥글며 갑자기 좁아져서 원줄기를 반쯤 얼싸안고 표면은 녹색으로서 털이 없으며 뒷면은 맥 위와 가장자리에 잔돌기가 있다.

꽃

꽃은 6~7월에 피고 백색으로서 원줄기 끝에서 총상꽃차례로 피며 꽃차례는 총상이지만 밑부분에서 약간 갈라져 복총상꽃차례로 되고 털은 없으나 능선을 따라 잔돌기가 있다. 포는 짧은 달걀모양이며 백색 가장자리 밑에 적자색이 돌고 그 밖의 부분은 녹색이다. 화피열편은 타원형으로서 연한 녹색이고 길이 2.5mm, 폭 1.5mm정도이다.

 열매

장과는 둥글며 짙은 자줏빛이 도는 홍색으로 9~10월에 익는다.

 줄기

근경 끝에서 원줄기가 1개 나와 높이 40cm정도 자라며 원줄기 밑 부분을 3개 정도의 엽초가 둘러싼다.

 뿌리

근경이 옆으로 길게 뻗는다.

 분포

강원도 이북에 분포한다.

 생태

여러해살이풀이다.

 이용방안

어린 순을 나물로 한다. 근경 및 뿌리를 녹약이라 하며 약용한다.

바람꽃

🍁 잎

근생엽은 엽병이 길고 둥근 심장형으로 3번 완전히 갈라지고 측열편은 다시 2~3개로 갈라지며 열편은 길이 2~5cm로서 2~3개로 갈라진 다음 선형으로 세열(細裂)된다.

❀ 꽃

꽃은 7~8월에 피고 백색이며 화경은 1~4개이고 꽃자루는 5~6개가 산형으로 나와 꽃이 1개씩 달린다. 꽃받침조각은 5~7개이며 길이 12~15mm로서 달걀모양 또는 타원형이다. 총포조각은 길이 2~4cm로서 선형으로 갈라진다.

열매

수과는 편평하며 다소 두꺼운 날개가 있고 털이 없으며 날개와 더불어 넓은 타원형이고 길이 6~7mm, 폭 5mm정도로서 다소 안으로 굽은 짧은 암술대가 있다.

 줄기

높이 20~40cm정도이고 근생엽과 꽃대가 모여나기하며 전체에 긴 털이 있다.

 뿌리

근경은 굵고 마른 엽병의 섬유로 덮여 있다.

 분포

강원도 지역

생태

여러해살이풀이다. 고산지대의 습기가 있는 풀밭에서 자란다. 햇볕이 잘 들고 배수가 잘 되는 사질토양에서 자란다.

이용방안

다른 아네모네속 식물과 달리 여름철(8월초)에 개화하므로 통풍이 잘되는 낙엽수림 밑에 식재하면 여름내 아름다운 꽃을 감상할 수 있다.

바위떡풀

잎

잎은 밀생하며 약간 육질이고 엽병은 길다. 근생엽은 심원 형이고 길이 3~15cm, 폭 4~20cm로서 가장자리가 얕게 갈라지며 치아모양톱니가 있고 털이 거의 없거나 굵은 털이 약간 있으며 엽병은 길이 3~30cm로서 기부에 막질의 탁엽이 있다. 잎 뒷면은 흰색이다.

꽃

꽃대는 높이 5~35cm로서 털이 없는것과 있는것이 있고, 꽃은 백색이며 길이 10~25cm의 원추상 취산꽃차례에 달리고 꽃자루는 길이 3~20mm로서 흔히 짧은 샘털이 있다. 꽃받침은 5개이며 길이 2~3mm이고 꽃잎은 5개로서 옆으로 퍼지며 백색 바탕에 붉은 빛이 돌고 위쪽 3장은 길이 3~4mm, 아래쪽 2장은 길이 5~15mm로서 간혹 톱니가 있다. 수술은 길이 4~7mm이며 암술대는 짧다.

🍒 열매

열매는 길이 4~6mm의 삭과로서 달걀모양이며 끝에 2개의 돌기가 있다.
종자는 긴 방추형이고 길이 0.8mm정도이다.

🗺 분포

전국 각지 분포한다.

🌱 생태

여러해살이풀이다. 산지의 습한 바위 겉에 붙어서 자란다.

💡 이용방안

어린 순을 식용한다.

방풍

🍁 잎

잎은 어긋나기하고 긴 엽병의 밑 부분이 엽초로 되며 삼회깃모양겹잎이고 열편
은 선형이며 끝이 뾰족하고 굳으며 많은 근생엽이 한군데에서 모여나기 한다.

🌼 꽃

꽃은 7~8월에 피고 백색이며 원줄기 끝과 가지 끝의 겹우산모양꽃차례에 많이
달리고 총산경 끝에서 5개 정도의 소산경이 갈라지며 각각 많은 낱꽃이 달린다.
5개의 꽃잎은 안쪽으로 굽고 수술은 5개로서 황색 꽃밥이 달린다.

열매

분과는 편평한 넓은 타원형이고 한쪽이 납작한 종자를 결실한다.

줄기

높이가 1m에 달하고 줄기는 단일하나 밑으로부터 많은 가지를 내어 전체가 둥근 모양을 이루어 바람으로 굴러다니면서 씨를 떨어낼 수 있도록 되었으며 털이 없다.

뿌리

황백색으로서 방추형으로 되어 있다.

분포

중부 남부 지방

생태

여러해살이풀이다. 토질은 적당한 습기가 있는 모래참흙에서 잘 자란다.
3~4년 후 열매를 맺은 뒤에는 죽는다

이용방안

뿌리는 방풍, 잎은 방풍엽, 꽃은 방풍화라 하며 약용한다.

배풍등

잎

잎은 어긋나기하며 달걀모양이고 길이와 폭이 각 3~8cm×2~4cm로 보통 기부에서 1~2쌍이 열편으로 갈라진다.

꽃

원뿔모양의 취산꽃차례로 잎과 마주나며, 꽃대 길이는 1~4cm이고 꽃받침에는 둔한 톱니가 있다. 꽃부리는 수레바퀴 모양이며 5개로 깊게 갈라지고, 열편은 뒤로 젖혀지며 백색으로 8~9월에 개화한다.

열매

열매는 장과로 둥글고 지름 8mm로서 적색으로 10월에 성숙한다.

줄기

줄기의 기부만 월동하며 끝이 덩굴 같으며 줄기에 선상의 털이 있다.

분포

전라남도, 전라북도, 경상남도, 경상북도, 울릉도, 제주도

생태

다년생 활엽 반초본이다. 햇빛이 잘 드는 길가나 돌담, 사면, 바위 사이에서 자란다.

이용방안

배풍등/좁은배풍등/왕배풍등의 전초는 배풍등, 뿌리는 배풍등근, 과실은 귀목이라 하며 모두 약용한다.

백운기름나물

🍁 잎

근생엽은 3회 3출 복엽으로서 엽병과 더불어 길이 10~18.6cm이며 엽병은 밑 부분이 넓어져 원줄기를 감싸고 열편은 넓은 삼각형이며 2회우상 비슷하게 갈라져서 폭 1~2mm의 최종열편으로 된다. 줄기 잎은 근생엽과 비슷하지만 위로 갈수록 작아지고 3개로 갈라진 다음 다시 2~3회 우상으로 갈라진다. 총포조각은 없다.

🌼 꽃

꽃은 흰색으로 겹우산모양꽃차례로 달리며 소산경은 15~30개이고 길이 15~28mm로서 털 같은 돌기가 있으며 소산 화서는 폭 7~13mm이고 소총포는 선상 피침 형으로서 많으며 꽃자루와 길이가 비슷하고 꽃자루는 길이 2~5mm로서 털 같은 돌기가 있다. 씨방은 털같은 잔돌기가 있으며 꽃받침열편은 길이 0.5~0.7mm이고 꽃잎은 백색이며 수술은 꽃잎보다 길고 자주색이다.

열매

열매는 분과로 납작한 타원형이며 길이 4mm, 폭 2.5mm로서 흑색이고 뒷면에 3맥이 있으며 가장자리에 흰색의 날개가 있다.

줄기

높이 40~60cm이고 원줄기는 녹색이며 윗부분에서 가지가 갈라진다.

뿌리

뿌리는 굵고, 깊게 들어가며 선단에 마른 엽병 흔적으로 덮여 있다.

분포

전라남도 광양시, 순천시, 진도군, 경상남도 거제시, 산청군

생태

여러해살이풀이다. 덕유산 이남에서 자란다.

백운풀

잎

잎은 마주나기하며 양끝이 좁고 가장자리에 톱니가 없지만 거칠거칠하며 길이 1~3.5cm, 폭 1.5~3mm로서 주맥만이 나타난다.

꽃

꽃은 8~9월에 피고 지름 2mm정도로서 백색이거나 다소 붉은빛이 돌며 잎겨드랑이에 달리고 꽃자루는 길이 0~3mm이다. 꽃받침은 4개로 갈라지며 열편은 길이 1.5mm정도로서 뾰족하고 꽃부리는 4개로 갈라지며 열편은 판통과 길이가 비슷하다.

 **열매**

열매는 삭과로 둥글고 지름 5mm정도로서 꽃받침통 안에 들어 있으며 끝에 꽃받침열편이 남아있고 종자에 능각이 있다.

 **줄기**

높이 10~30cm이고 밑에서부터 가지가 갈라져서 옆으로 자라거나 곧추선다.

분포

전라 남도 백운산록 및 제주도에 분포한다.

생태

한해살이풀이다. 습지 근처에 난다.

이용방안

전초를 백화사설초라 하며 약용한다.

벼룩이울타리

잎

근생엽은 긴 선형이며 원줄기 높이의 1/2정도이고 줄기 잎은 마주나기하며 근생엽과 같고 밑 부분이 엽초상으로 맞붙어 줄기를 감싼다.

꽃

꽃은 7~8월에 피며 백색이고 취산꽃차례는 원줄기 끝과 윗부분의 잎겨드랑이에 달리며 짧은 화경이 있는 꽃이 달린다. 화경은 길이 1~3cm이다. 꽃차례는 원줄기 윗부분과 더불어 샘털이 있고, 포는 작으며 피침상 달걀모양이다. 꽃받침조각은 5개이며 난상 피침 형으로서 끝이 뾰족하고 가장자리가 막질이다. 꽃잎은 길이 6~10mm, 폭 3~5mm의 긴 거꿀달걀모양이다. 수술은 10개로 밑은 퍼져 붙고 뒷면에 샘털이 있다. 씨방은 짧은 자루가 있고 암술대는 3개로 갈라진다.

🍒 열매

삭과는 달걀모양이고 꽃받침보다 다소 길며 8~9월에 익어 끝이 6갈래로 터진다.

🌳 줄기

줄기는 굵은 뿌리에서 모여나기하고 높이가 50cm에 달하며 상부에서 가지가 갈라진다.

뿌리

뿌리가 곧고, 굵다.

분포

북부지방

🌱 생태

여러해살이풀이다. 산지, 산비탈 또는 돌밭 등 메마른 초지에서 잘 자란다.

💡 이용방안

중국 동북지구에서 뿌리를 은시호(銀柴胡)의 대용으로 쓴다. 은시호의 정품은 Stellaria dichotoma var. lanceolata 이다. 뿌리를 은시호라 하며 약용한다.

북선점나도나물

잎

잎은 마주나기하고 거꿀피침모양 또는 긴 거꿀달걀모양이며 끝이 뾰족하고 길이 1~2cm, 폭 4~7mm로서 양면에 털이 없으며 밑으로 갈수록 좁아져서 엽병처럼 된다.

꽃

꽃은 7~8월에 피고 백색이며 취산꽃차례는 원줄기 끝에 달리고 꽃자루는 길이 15mm로서 퍼진 털과 더불어 샘털이 있다. 꽃받침조각은 겉에 털이 있으며 5개 이고 난상 피침 형이며 길이 5~6mm로서 녹색이고 가장자리는 막질이다.

 **열매**

열매는 삭과로서 원주형이며 황갈색이고 밑 부분에 꽃받침이 있으며 끝이 10개로 갈라진다. 종자는 갈색이며 길이 1mm정도로서 젖꼭지모양 돌기가 있다.

 줄기

높이 30~50cm이며 줄기는 모여나기하고 비스듬히 서며, 밑을 향한 2줄의 털이 있으며 흑자색이다.

분포

북부지방

생태

두해살이풀이다. 고원의 산지에서 자란다.

이용방안

어린순은 식용한다.

산꿩의다리

잎

근엽은 보통 1개이며 엽병이 길고 2~3회 3출 엽이다. 소엽은 능상협달걀모양 또는 난원형으로 길이 1.5~8cm, 나비 1~5cm이며 끝은 둔하고 밑은 쐐기모양 또는 얕은 심형이며 때로 2~3열하고 둔한 톱니가 있으며 뒷면은 분백색이다.

꽃

꽃은 6~7월에 백색으로 피고 줄기 윗부분에 산방상으로 달린다. 꽃잎은 없고 꽃받침조각은 4~5개로 조락성이며 수술은 많고 환상으로 배열한다.

열매

과실은 수과이다.

 줄기

줄기는 곧추 선다. 높이 40~60cm이다.

 분포

전국 각지에 분포한다.

 생태

여러해살이풀이다. 산지에서 자란다.

산층층이

잎

잎은 마주나기하며 달걀모양 또는 긴 달걀모양이고 첨두 원저이며 길이 2~4cm, 폭 1~2.5cm로서 가장자리에 톱니가 있고 엽병은 길이 2~20mm이다.

꽃

꽃은 백색이고 7~8월에 피며 원줄기 끝과 가지 끝에 많은 꽃이 층층으로 달리고 포는 선형이며 길이 5~8mm로서 긴 털이 있다. 꽃받침은 5개로 갈라지고 길이 6~8mm로서 짧은 샘털이 있고 꽃부리에는 겉에 잔털이 있고 길이 8~12mm로서 순형이다. 둘긴수술과 1개의 암술이 있다.

 ## 열매

분과는 둥글고 지름 6mm정도로서 약간 편평하다.

 ## 줄기

전체에 짧은 털이 있으며 녹색이고 붉은빛이 돌지 않는다. 원줄기는 네모가 지고 밑 부분이 약간 옆으로 자라다가 위로 곧추선다.

분포

경기도, 강원도 이남과 울릉도에 분포한다.

생태

여러해살이풀이다. 산지의 골짜기에서 자란다.

이용방안

어린 순은 나물로 한다. 층층이꽃/산층층이꽃의 전초를 풍륜채라 하며 약용한다.

삼도하수오

잎

잎은 어긋나고 심장형이며, 길이 5~15cm, 너비 3~7cm이다. 잎자루의 길이는 1.5~7cm정도로 길다.

꽃

꽃은 6~9월에 수상꽃차례에 달린다. 화피는 흰색으로 3개의 날개가 미약하게 발달한다. 열매는 수과로 길이 1~2cm, 너비 0.3~0.5cm의 거꾸로선 달걀형이며 짙은 갈색으로 표면이 매끄러운 삼각형이다.

줄기

줄기에 인접한 뿌리 부위는 비후하며, 비후되거나 분지된 뿌리 표면에는 다수의 돌출된 마디가 존재한다. 줄기는 왼쪽으로 감아 올라가며, 길이 150~200cm 또는 그 이상 자란다.

분포

중부 이남에 제한적으로 분포

생태

사면이나 능선의 양지에 나는 여러해살이 덩굴성풀이다.

 이용방안

약용으로 이용한다.

삼백초

잎

잎은 어긋나기하며 길이 5~15cm, 폭 3~8mm로서 긴 난상 타원형이고 5~7맥이 있으며 끝이 뾰족하고 가장자리가 밋밋하며 밑 부분은 심장상이져이고 표면은 연한 녹색, 뒷면은 연한 백색이지만 윗부분의 2~3개의 잎은 표면이 백색이다. 엽병은 길이 1~5cm로서 밑 부분이 다소 넓어져서 원줄기를 안는다.

꽃

꽃은 양성으로서 6~8월에 피며 백색이고 이삭꽃차례는 잎과 마주나기하며 길이 10~15cm로서 꼬불꼬불한 털이 있고 밑으로 처지다가 곧추선다. 작은 포는 난상 원형이며 지름 1.5mm정도이고 꽃자루는 길이 2~3mm이며 꽃잎은 없다. 수술은 6~7개이고 심피는 3~5개로서 털이 없다.

열매

열매는 둥글고 각 실에 대개 1개의 종자가 들어있다.

줄기

높이 50~100cm정도 자란다.

뿌리

근경은 백색이고 진흙 속을 옆으로 뻗어간다.

분포

제주도

생태

숙근성 여러해살이풀로 관엽 식물이다. 습지에서 자란다.

이용방안

잎을 비롯하여 꽃 등이 관상가치가 있고 식물체의 성질이 강건하므로 지피식물로 이용할 수 있다. 화분재배도 가능하다. 전초는 삼백초, 뿌리는 삼백초근이라 하며 약용한다.

삼수개미자리

잎

잎은 마주나기, 밀생하며 침형이고 길이 8~15mm, 폭 1/4~1/3mm로서 털이 없다.

꽃

꽃은 7~8월에 피며 지름 5~6mm로서 백색이고 취산꽃차례는 가지 끝에 달리며 각각 3~7개의 꽃이 달린다. 꽃받침 조각은 5개이고 긴 타원형이며 끝이 뾰족하다.

열매

열매는 삭과로 길이 4mm정도이고 긴 타원상 달걀모양이며 3개로 갈라진다.

376

종자는 거의 둥글며 0.7mm정도로서 입자상의 돌기가 있다.

줄기

모여나기하며 가지가 많이 갈라지며 줄기 윗부분에 털과 샘털이 있다.
높이가 10~20cm가량 된다.

분포

함경남도 삼수에서 혜산진 사이의 고산지대

생태

여러해살이풀이다. 높은 산 돌밭에서 자란다.

삽주

잎

근생엽과 밑 부분의 잎은 꽃이 필 때 없어지고 줄기 잎은 긴 타원형, 도란상 긴 타원형 또는 타원형이며 길이 8~11cm로서 표면에 윤채가 있고 뒷면에 흰빛이 돌며 가장자리에 짧은 바늘 같은 가시가 있고 3~5개로 갈라지며 엽병은 길이 3~8cm이다. 윗부분의 잎은 갈라지지 않고 엽병이 거의 없다.

꽃

꽃은 이가화로서 7~10월에 피며 백색 또는 홍색이고 지름 15~20mm이며 원줄기 끝에 총상꽃차례로 달리고 포는 꽃과 길이가 같으며 2줄로 달리고 2회 우상으로 갈라진다. 총포는 종형이며 길이 17mm,, 나비 12~14mm이고 포편은 7~8줄로 배열되며 끝이 둔 두 또는 원주이고 외편은 타원형, 중편은 긴 타원형이며 내편은 선형으로서 끝이 자주색이다. 양성낱꽃의 꽃부리는 길이 10~12mm이고 암꽃의 하관은 길이 9~11mm로서 모두 백색이다.

열매

수과는 길며 털이 있고 타원형이며 길이 5mm이고 위로 향한 은백색 털이 밀생하며 관모는 길이 8~9mm로 갈색을 띠며 9~10월에 익는다.

줄기

높이가 30~100cm에 달하고 경질(硬質)이며 상부는 가지가 갈라진다.

뿌리

근경을 창출(蒼出)이라고 한다. 가로 뻗으며 육질이고 굵은 수염뿌리가 내리며 단면에서 황갈색 선점을 보이고 특유한 향내가 난다.

분포

전국 각지에 분포한다.

생태

여러해살이 풀이다. 산야에 난다. 여름에는 다소 서늘한 반그늘진 수목 밑에 많다.

이용방안

어린순을 나물로 해먹는다. 여름철에는 덩이줄기를 태운 연기로 옷장이나 쌀창고를 훈증하면 곰팡이가 끼지 않는다. 근경을 창출이라 하며 약용한다.

새박

잎

덩굴손이 잎과 마주나기 한다. 잎은 어긋나기하며 삼각상 심원형, 편 심형 또는
달걀모양이고 끝이 대개 뾰족하지만 둔하게 그치며 밑은 심장저이고 길이
3~6cm, 폭 4~8cm로서 가장자리에 크고 낮은 톱니가 있으며 3개로 갈라진 듯한
것도 있다.

꽃

꽃은 7~8월에 피고 자웅화가 모두 잎겨드랑이에 1개씩 달리지만 수꽃이 가지 끝
의 총상꽃차례에 달리는 것도 있으며 꽃부리는 백색이고 5개로 갈라지며 꽃받

침은 끝이 5개로 갈라지고 열편은 선형으로서 짧으며 꽃자루가 있다. 수꽃은 3개의 수술이 있고 암꽃은 1개의 짧은 암술이 있으며 암술머리는 두갈래이다.

🍒 열매

열매는 둥글고 지름 1cm로서 길이 15~50mm의 열매자루에 달리며 밑으로 처지고 녹색이지만 익으면 회백색으로 되며 종자는 편평하고 회백색이며 많다.

🌳 줄기

잎 맞은편에서 자란 덩굴손으로 감아 올라간다.

🇰🇷 분포

남부지방에 분포한다.

🌿 생태

덩굴성 한해살이풀이다. 습지 근처 풀밭에 난다.

서양등골나물

🍁 잎

잎은 마주나기잎차례이며, 2~6㎝의 잎자루가 있고, 잎몸은 달걀모양, 길이 2~10㎝, 폭 1.5~6㎝(큰 것은 길이 15㎝, 폭 9㎝가 되는 것도 있다.), 끝이 점첨두이고 기부는 예저 또는 원저이다. 잎 가장자리에는 거칠게 예거치가 있다.

✽ 꽃

꽃은 8~10월에 피며, 머리모양꽃차례는 백색, 폭 7~8㎜, 15~25개의 통상화로만 이루어지며 편평꽃차례를 만든다. 총포는 원통형으로 길이 4~5.5㎜, 총포조각은 1열로 배열되고 10개 내외로 같은 크기이며, 좁은 긴타원모양이고 배면에 털이 있다. 통상화는 백색, 끝이 5열 되며, 암술머리는 사상이며 2심열되고 꽃부리 밖으로 초출된다.

🍒 열매

수과는 길이 2㎜, 4~5능, 흑색이며 광택이 있다.

🌳 줄기

줄기의 높이 30~130㎝, 거의 털이 없으며 상부에만 털이 있다.

🌱 뿌리

짧은 근경이 있다.

분포

서울을 중심으로 중부지방에 분포한다.

🌾 생태

여러해살이풀이다. 길가에 자생한다.

서양톱풀

🍁 잎

줄기 잎은 어긋나기하고 엽병이 없으며 밑 부분이 원줄기를 감싸고 2회 우상으로 깊게 갈라지며 열편은 선형이고 양면에 털이 다소 있으며 가장자리에 잔 톱니가 있다.

✺ 꽃

6~9월에 개화하고 백색 또는 연한 홍색이며 머리모양꽃차례는 산 방상으로 달리고 5개의 혀꽃은 암꽃으로서 옆으로 퍼지며 끝이 얕게 3개로 갈라지고 관 상화는 양성으로서 끝이 5개로 갈라진다.

열매

수과는 긴 타원형이며 털이 없고 관모도 없다.

 줄기

높이 60~100cm이고 거미줄 같은 털이 있다.

 뿌리

땅속줄기가 옆으로 뻗으면서 새싹이 나온다.

분포

전국 각지에 분포한다.

생태

여러해살이풀이다.

이용방안

관상용으로 심는다. 전초를 양시초라하며 약용한다.

서울개발나물

 잎

근생엽은 엽병이 길고 많이 갈라지며 줄기 잎은 어긋나기하고 엽병이 엽초로 되며 2~3회 3출 복엽이지만 전체가 우상 복엽으로 보이고 길이 10~20cm정도이다. 소엽은 선형이며 가장자리는 밋밋하고 끝이 뾰족하다.

꽃

꽃은 7~8월에 피고 흰색이며 겹우산모양꽃차례로 달린다. 총산경 윗부분에 산경과 더불어 날개 같은 능선이 있고 꽃자루는 길이 6~10mm이다.

열매

열매는 타원형으로서 길이 3.5~4mm이다.

 줄기

높이가 1m에 달하고 원줄기는 속이 비었고 능각이 있으며 윗부분에서 가지가
갈라진다.

 뿌리

뿌리는 방추형으로 굵어진다.

 분포

중부이남

 생태

여러해살이풀이다. 습지에 난다.

 **이용방안**

민간에서 줄기와 잎을 강장 및 해열제로 사용한다.

세포큰조롱

잎

잎은 마주나기하고 피침 형이며 줄기 잎은 길이 9㎝, 폭 2㎝로서 끝이 길게 뾰족
해지고 밑 부분이 수평하거나 다소 심장저이며 뒷면 맥위에 털이 다소 있고 가
장자리가 거칠며 엽병은 길이 1.2cm로서 홈이진 표면에 털이 있다.

꽃

꽃은 8월에 피고 잎겨드랑이에서 자란 꽃대 끝에 산형으로 달리며 화경과 꽃자
루 한쪽에 털이 있고 포는 선형으로서 작다. 꽃받침은 5개로서 깊게 갈라지며
열편은 길이 2mm로서 가장자리가 막질이고 잔털이 다소 있으며 꽃부리도 5개

로 깊게 갈라지고 길이 4mm이며 열편은 피침 형이고 끝이 뾰족하며 길이 3mm
로서 안쪽에 잔털이 밀생한다.

 열매

열매는 골돌이다.

 줄기

줄기는 길게 벋으며, 구부러진 털이 있다.

 분포

강원도 산지

 생태

덩굴성 여러해살이풀이다.

소귀나물

잎

잎은 한군데에서 모여나기하고 길이 50~70cm의 엽병이 있으며 밑 부분은 큰 화살모양이고 윗부분은 넓은 달걀모양이며 하부열편이 좁고 길며 뾰족하고 다소 벌어지며 가장자리가 밋밋하다.

꽃

꽃은 8~9월에 피고 잎 사이에서 꽃대가 자라 꽃이 층층으로 달린다. 꽃은 백색으로 단성 꽃이고 원뿔모양꽃차례에 달리며 화서는 정생한다. 암꽃은 꽃차례 밑부분에 달리며 수꽃은 윗부분에 달리고 꽃받침조각과 꽃받침은 각 3개이며 암술과 수술이 많다.

열매

열매는 둥글게 모여 달리고 연한 녹색으로서 편평하다.

뿌리

근경은 짧고 밑 부분에서 수염뿌리가 사방으로 퍼지며 굵은 땅속줄기가 옆으로 뻗으면서 끝에 굵은 남색의 덩이줄기가 달리고 비늘조각에 둘러싸여 있으며 끝에서 눈이 나온다. 근경을 택사라고 한다.

분포

서울 근교(동구릉) 및 영천, 수원, 인천 등에 분포한다.

생태

여러해살이풀이다. 논밭에서 재배한다.

이용방안

땅속줄기 끝에 달리는 덩이줄기를 식용 한다. 알줄기는 자고, 꽃은 자고화, 잎은 자고엽 이라 하며 약용한다.

솔잎미나리

잎

잎은 어긋나기잎차례이며, 2~4회 우상전열된다. 아래쪽 잎의 열편은 폭 0.5~1㎜로 선상피침형 또는 피침형이다. 위쪽 잎의 열편은 사상으로 폭 0.2㎜이다. 잎자루의 기부는 날개 모양으로 줄기를 둘러싼다.

꽃

꽃은 7~9월에 피며, 줄기 끝이나 잎겨드랑이에 2~3개의 우상모양꽃차례가 달리며, 우상모양꽃차례는 폭 1㎝, 8~12개의 작은 백색의 꽃으로 이루어진다. 총포와 소총포는 없다. 꽃잎은 5개, 타원형, 수술 5개 이다.

열매

열매는 편구형 또는 타원체로 길이 1.5~2㎜, 폭 1.5㎜이다.

 줄기

줄기는 곧추 서며 높이 15~70㎝, 가지를 친다.

분포

제주도에 분포한다.

생태

한해살이풀이다.

이용방안

잎은 식용, 열매는 약용으로 쓴다.

하얀색 꽃

수련

잎

잎은 뿌리에서 나온다. 긴 엽병이 수면까지 자라 그 끝에 잎이 난다. 잎은 난상
원형 또는 난상 타원형이고 원두이며 밑 부분은 깊이 갈라져 전 저고 약간 떨어
지거나 양쪽 가장자리가 거의 닿으며 길이 5~12cm, 폭 8~15cm로 가장자리가
밋밋하고 질이 두꺼우며 앞면은 광택이 나는 녹색이나 뒷면은 흑자색이다.

꽃

꽃은 6~8월에 수면 위에서 피고 백색이며 지름 5cm정도로서 밤에는 접어들기
때문에 수련이라고 한다. 꽃은 3일 동안 피었다 닫혔다 하며 꽃받침조각은 4개

이고 긴 타원형이며 길이 3~3.5cm, 밑 부분의 폭1~1.5cm로서 둔두이고 녹색이며 꽃잎은 8~15개이다. 수술은 40개 정도이고, 꽃밥은 황금색이다. 암술머리는 납작하게 눌러진 공모양이다.

열매

열매는 난상 원형이고 4개의 꽃받침으로 싸여 있으며 물속에서 썩어 다수의 종자가 나오고 종자에 육질의 종의(種 衣)가 있다.

분포

중부 이남에서 분포한다.

생태

숙근성 다년생 수초식물로 관엽, 관화식물이다. 저수지나 늪지에서 자생한다.

이용방안

수재화단에 심어 관상한다. 꽃을 수련이라 하며 약용한다.

숙은꽃장포

🍁 잎

잎은 좌우로 편평하고 근생이며 2줄로 늘어서고 선형이며 길이 2~5cm, 폭 2~4mm이고 짙은 녹색이며 윤기가 나고 가죽질이며 가장자리가 까실까실하고 예두이다. 꽃대 윗부분에 1~2개의 작은 잎이 있다.

🌸 꽃

꽃은 7~8월에 피며 백색 또는 검은 갈자색이 돌고 꽃자루는 길이 2~3mm로서 위 끝에 3개로 갈라진 작은 포가 달린다. 화피열편은 6개이며 도피침상 긴 타원 형이고 길이 2.5mm정도로서 털이 없다. 수술은 6개로서 화피와 길이가 비슷하며 꽃밥은 황색이고 암술대는 3개로 갈라지며 암술머리는 점상(點狀)이다.

열매

삭과는 둥글며 지름 3mm정도이고 밑으로 처지며 종자는 타원형으로서 길이 0.8mm정도이고 꼬리가 없다.

줄기

높이 5~15cm이다.

뿌리

근경이 짧으며 뿌리가 튼튼하다.

분포

전국 각지에 분포한다.

생태

상록의 다년초이다.

싱아

잎

잎은 어긋나기하며 엽병이 짧고 난상 타원형, 긴 타원형 또는 피침형이 양끝이 좁고 중앙부의 잎은 길이 12~15cm, 폭4~5cm로서 양면에 털이 없으며 잎집의 탁엽은 막질이고 털과 맥이 있으며 곧 갈라진다.

꽃

꽃은 6~8월에 백색으로 피며 총상으로 달리는 원뿔모양꽃차례는 윗부분의 잎 겨드랑이와 가지 끝에 달리고 잔 꽃이 많다. 포는 작으며 각 2~3개의 꽃이 달리고 꽃자루보다 길며 화피열편은 길이 3mm정도이다. 꽃받침은 5장, 수술은 8개이며, 암술대는 짧다.

 열매

열매는 수과, 세모지고, 길이 5mm정도로서 꽃받침에 싸이며, 꽃받침 2배 정도
크기로 광택이 나는 흰색이다.

 줄기

높이가 1m에 달하며 줄기는 굵고 곧게 서며 가지가 많다.

 분포

전국 각지에 분포한다.

 생태

여러해살이풀이다.

 이용방안

어린잎과 줄기는 식용한다.

399

씨눈바위취

잎

근생엽은 엽병이 길며 콩팥모양이고 장상으로 5~7개로 얕게 갈라지며 길이 5~15mm, 폭 7~17mm로서 밑 부분이 심장저이고 엽병에 꼬불꼬불한 털이 있다. 줄기 잎은 근생엽과 비슷하지만 엽병이 짧으며 작아져서 포와 연결된다.

꽃

꽃대는 높이 5~25cm로서 꼬불꼬불한 샘털이 있고 꽃은 7~8월에 피며 밑 부분의 것이 작은 살눈으로 되고 끝의 12개가 정상화이다. 꽃받침은 5개로 갈라지며 열편은 달걀모양으로서 3맥과 잔 샘털이 있고 길이 2.5mm이다.

꽃잎은 5개이며 거꿀달걀모양이고 길이 6~8mm로서 백색이며 수술은 10개, 암술대는 2개이다.

열매

열매는 맺지 않는다.

뿌리

근경은 짧고 작은 인편상의 살 눈이 있다.

분포

북부 고산지대

생태

여러해살이풀이다. 산 중턱 젖은 바위 겉에 붙어서 자란다.

애기골무꽃

🍁 잎

잎은 마주나기하고 좁은 달걀모양, 삼각형 또는 밑 부분이 넓은 피침 형이고 길이 1~2cm, 폭 6~10mm로서 표면 맥 위와 가장자리에 잔털이 있으며 밑 부분은 둥글거나 다소 심장저이고 양쪽에 1~2개의 낮은 톱니가 있으며 윗부분이 밋밋하고 엽병은 길이 1~3mm이다.

🌼 꽃

꽃은 7~8월에 피며 흰색이고 윗부분의 잎겨드랑이에 1개씩 달리며 꽃자루는 짧고 위를 향한 잔털이 있다. 꽃받침은 녹색이며 꽃이 필때의 길이가 1.5mm이고 과시에는 길이 2.5~3mm로서 위쪽 열편 뒤에 둥근 부속편이 있다. 꽃부리는 백색이며 하순은 안쪽에 자주색 점이있고 길이 1.5mm로서 상순보다 2배 정도 길다. 수술은 둘긴수술, 암술대는 2갈래이다.

열매

4분과는 꽃받침 안에 들어 있고 잔돌기가 있다.

줄기

높이 10~30cm이고 털이 약간 있으며 백색기는 줄기가 땅속으로 뻗고 원줄기에 예리한 능선이 있으며 능선 위로 굽은 잔털이 있고 가지가 갈라져서 비스듬히 선다.

분포

전국 각지에 분포한다.

생태

여러해살이풀이다. 산록 이하의 습지 또는 습지 근처에서 자란다.

애기나팔꽃

잎

잎은 가느다란 엽병이 있고 넓은 달걀모양 또는 심장형이며 끝은 뾰족하고 가장 자리는 밋밋하며 3갈래이고 길이 5~10cm이다.

꽃

꽃대 축은 잎보다 짧으며 1~3송이의 꽃이 달리고 화경은 가늘다. 꽃받침은 긴 타원형 또는 피침 형이며 아주 뾰족하고 연모가 있거나 가늘고 긴 털이 있으며 길이는 약 1cm이다. 꽃부리는 깔때기 모양이고 길이 1.2~2.1cm이고 흰색이며 꽃 잎 가장자리가 자주색인 것도 있다. 씨방은 2실이고 암술머리는 두상이다.

열매

삭과는 공모양이며 2개의 봉선이 있고 꽃받침보다 짧거나 거의 같다.

줄기

연모가 있거나 긴 강모로 덮여 있고 드물게 털이 없다. 줄기는 감기고 길이 0.6~3.3m이다.

줄기는 덩굴성이고 길이 2m에 이르며, 전체에 흰색 털이 있다.

 분포

전국 각지에 분포한다.

생태

덩굴성 한해살이풀이다.

이용방안

뿌리를 식용하기도 한다.

405

어수리

잎

근생엽과 밑 부분의 잎은 엽병이 있으며 크고 우상이며 3~5개의 소엽으로 구성되고 뒷면과 엽병에 털이 있다. 정소엽은 원심 형이며 3개로 깊이 갈라지고 측소엽은 넓은 달걀모양 또는 삼각형이며 2~3개로 갈라지고 길이 7~20cm이며 열편은 끝이 뾰족하고 결각상의 톱니가 있다.

꽃

꽃은 백색으로 7~8월에 피며 가지와 원줄기 끝의 겹우산모양꽃차례에 달리고 20~30개의 소산 경으로 갈라져서 25~30개의 꽃이 각각 달리고 소산경은 길이

7~10cm이며 꽃자루는 길이가 일정하지 않고 긴 것은 길이가 2cm에 달하며 안쪽에 털이 있다. 꽃잎은 5개이고, 꽃차례 주위의 꽃은 보다 크고 바깥쪽 꽃잎은 안쪽 꽃잎보다 훨씬 크며 그 중 1개는 2개로 깊게 갈라져서 퍼지고 갈라진 중앙부에 있는 작은 조각이 안으로 꼬부라진다. 총포는 1~2개이며 선형이고 꽃부리는 대형이며 수술은 5개이고 씨방은 하위로서 1개이다.

열매

열매는 납작한 거꿀달걀모양이며 윗부분 가까이에 독특한 무늬가 있고 털이 없으며 두꺼운 날개가 있고 뒷면에 4줄의 종선이 있다.

줄기

높이 70~150cm이고 원줄기는 속이 빈 원주형이며 굵은 가지가 갈라지고 큰 털이 있다.

뿌리

만주독활(滿洲獨活)이라 한다.

분포

전국 각지에 분포한다.

생태

여러해살이풀이다. 산이나 들에 난다.

이용방안

어린순을 나물로 한다.

오랑캐장구채

잎

잎은 마주나기하고 엽병이 없으며 피침형 또는 타원상 피침형이고 길이 3~5cm,
폭 3~8mm로서 양끝이 좁으며 털이 없거나 가장자리에 털이 있다.

꽃

꽃은 6~7월에 피고 백홍색이며 취산꽃차례는 원줄기 끝에 달리고 꽃자루는 극
히 짧으며 털이 있다. 꽃받침조각은 통형으로서 길이 12~15mm이며 연모가 있
다. 꽃잎의 판연은 길이 6~7mm이고 끝이 2개로 갈라지며 백색 또는 연한 홍색
이고 수술은 10개이며 꽃받침 통에서 약간 밖으로 나온다.

열매

삭과는 달걀모양이며 길이 7mm로서 6개로 갈라지며 꽃받침이 숙존 하고 대는 길이 6mm이다.

 줄기

높이 10~60cm이고 밑에서부터 가지가 많이 갈라지며 밑을 향한 밀모가 있다.

 분포

중부 이북 지역에 분포한다.

생태

여러해살이풀이다. 고산 지대의 초원에서 자란다.

이용방안

관상용으로 이용한다.

409

왕별꽃

잎

잎은 마주나기하며 피침 형 또는 거꿀피침모양이고 양끝이 좁으며 길이 6~12cm, 폭 1~2.5cm로서 측맥이 약간 뚜렷하고 뒷면에 누운 견모(絹毛)가 많으며 가장자리는 밋밋하고 엽병은 없다.

꽃

꽃은 7월경에 피며 백색이고 취산꽃차례에 달리며 꽃자루는 길이 1~3cm로서 꽃이 핀 다음 밑을 향하고 포는 잎 모양이다. 꽃받침조각은 5개이고 긴 타원형이며 길이 7mm정도로서 털이 있다. 꽃잎은 5개이고 넓은 거꿀달걀모양이며 꽃받침보다 길고 길이 8~10mm로서 끝이 5~12조각으로 갈라지며 10개의 수술과 3개의 암술대가 있다.

열매
삭과는 달걀모양이고 꽃받침보다 길다. 8~9월에 익어 끝이 3조각으로 갈라진다.

줄기
높이 50~80cm이고 줄기는 밑 부분이 비스듬히 자라지만 윗부분은 곧추선다. 전체에 누운 견모가 있으며 가지가 많다.

뿌리
근경은 가늘며 포복하고 가닥이 난다.

분포
백두산 지역 등 북부의 산지

생태
여러해살이풀이다. 산야의 습초지에서 자란다.

이용방안
어린 줄기와 잎을 나물로 식용하며 전초를 민간에서 태독에 외용한다.

왜방풍

잎

근생엽과 줄기 밑부분의 잎은 삼각형으로 2~3회 3출우상복엽이며 소엽은 달걀
모양으로 길이 1~2.5cm, 폭 8~20mm이고 점첨두에 쐐기모양이며 앞·뒷면에 털
이 없고 가장자리에 불규칙하고 깊은 톱니가 있거나 3개로 갈라지며 엽병은
10~20cm이고 밑은 엽초로 되어 줄기를 싼다. 윗부분의 잎은 엽병이 없다.

꽃

큰 우상모양꽃차례는 정생 또는 액생하는 긴 화경 끝에서 1~3개가 발달하고 산
경은 8~12개로서 길이 2~3cm이며 소산화서에 10여개의 꽃이 달리고 소산경은

길이 5~8mm, 폭 1.5~2mm로서 꽃은 8월에 백색으로 핀다. 총포조각과 소총포가 없으며 암술대는 길이 1mm정도로서 밑 부분이 둥글다.

열매

열매는 난상 긴 타원형이며 길이 3~3.5mm이고 분과의 단면은 오각형이며 능선이 가늘고 유관이 없다.

줄기

높이 30~70cm이며 가는 기는 줄기가 뻗으며 마디가 흔히 굵어지고 원줄기는 곧게서며 속이 비어있다.

뿌리

땅속줄기는 짧게 옆으로 자라고 기는 줄기가 뻗어 번식하여 군집을 이룬다.

분포

강원도 이북 지역에 분포한다.

생태

여러해살이풀이다. 산골짜기 개울가 및 습지에서 자란다.

이용방안

어린 순을 나물로 하며 전초를 소의 발정촉진제로 쓰기도 한다.

왜우산풀

잎

근생엽과 원줄기 밑 부분의 잎은 엽병이 길고 넓은 난상 삼각형이며 3출 엽으로서 2회 우상으로 갈라지고 길이 20~40cm이며 최종 열편은 좁은 달걀모양이고 엽병과 털이 없으며 맥위와 가장자리에 잔돌기가 있고 끝이 뾰족하며 길이 4~15cm로서 우상으로 갈라지고 결각상 톱니가 있다.

꽃

꽃은 6~7월에 피며 백색이고 원줄기 끝이나 가지 끝의 겹우산모양꽃차례에 달리며 원줄기 끝의 꽃차례가 가장 크고 길이 7~15cm의 소산경이 많이 나와 반구형으로 된다. 총포 및 소총포는 녹색이며 가장자리가 백색이고 잎모양으로서 수가 많으며 꽃자루는 길이 1.5~3cm이다.

열매

열매는 달걀모양이며 길이 6~7mm이다. 분과의 능선에 작은 이 모양의 톱니가 있다.

줄기

높이 50~100cm이고 속이 비어 있으며 전체에 털이 없고 원줄기 윗부분에서 굵고 짧은 가지가 나온다.

뿌리

뿌리가 굵다.

분포

전남, 경북, 강원, 경기도에 분포한다.

생태

여러해살이풀이다. 심산지역 양지에서 자란다.

이용방안

왜우산풀의 수요가 적어 시장에서 많이 거래되고 있지는 않지만 과거에 먹어본 사람들에의해 자연산이 채취되어 식용으로 사용되고 있다.

외대으아리

 잎

잎은 마주나기로 3~5개의 소엽으로 구성되며 잎자루는 길고 덩굴손처럼 다른 물체를 감는다. 소엽은 달걀꼴, 타원형 또는 긴 타원형이며 첨두이고 넓은 예저 또는 원저로서 양면에 털이 없으며 윤채가 있고 가장자리가 대개 밋밋하다.

 꽃

꽃은 암수한그루 또는 암수딴그루로서 6월 초~9월 말에 가지 끝에 1~3개씩 달리고 화피열편은 4~5개이며 거꿀피침형이고 길이 12~20mm로서 백색이며 옆으로 퍼지고 털이 없다. 수술은 많으며 암술은 비교적 적다.

416

열매

수과는 달걀꼴이며 털이 없고 날개가 있으며 끝에 돌기같이 짧은 암술대가 남아있고, 9월~10월에 성숙한다.

줄기

높이가 1m에 달하며 줄기가 대부분 곧게 서고 세로줄이 있다. 기부는 목화 한다.

뿌리

뿌리를 위령선(威靈仙)이라 한다.

분포

경기도(강원도 중부 이북)

생태

낙엽 활엽 반관목이다.

이용방안

어린잎은 식용한다. 으아리, 외대으아리, 좁은잎사위질빵, 참으아리의 뿌리를 위령선이라 하며 약용한다.

으아리

잎

잎은 마주나기하며 5~7개의 소엽으로 구성된 깃모양겹잎이며 달걀꼴로 첨두, 원저 또는 넓은 예저, 양면에 털이 없고, 가장자리에 톱니가 없으며 잎자루는 구부러져서 흔히 덩굴손과 같은 구실을 한다.

꽃

꽃은 5월~9월에 백색으로 피고 크기는 2~3cm로 가지 끝과 잎겨드랑이에 취산꽃차례에 10~30개 달리며 꽃받침조각은 4~5개이고 길이는 1.2~2cm로거꿀달걀상 긴 타원형이다.

열매

과실은 수과로, 달걀꼴이고, 흰색 털이 있으며, 길이와 너비는 4~6mm 이고, 꼬리의 길이는 10mm이다. 암술대 꼬리 같고 백색 털이 있으며, 8월 말~11월 초에 성숙한다.

줄기

목질 화되지 못하고 겨울에 말라죽는다.

뿌리

수염뿌리는 굵다.

분포

함경북도부터 백두대간에 걸쳐 분포.

생태

낙엽 활엽 덩굴성 식물이다. 들과 산기슭에서 자란다.

 이용방안

으아리, 외대으아리, 좁은잎사위질빵, 참으아리의 뿌리를 위령선이라 하며 약용한다.

제비난초

🍁 잎

잎은 길이 8~15cm, 폭 3~5cm로서 타원형이고 끝이 둔하며 기부가 좁아지면서 엽초모양으로 줄기를 감싸고 큰잎 위에 포가 달려 있다.

🌸 꽃

꽃은 7~8월에 피고 백색이며 정생하는 이삭꽃차례는 길이 8~16cm이고 많은 꽃이 달리며 포는 피침 형으로서 꽃보다 짧다. 꽃받침조각은 중앙부의 것은 달걀모양 또는 난상 타원형이고 길이 5.5~6mm이며 옆의 것은 넓은 피침형으로서 끝이 둔하고 길이 8mm정도이다. 꽃잎은 넓은 피침형이며 육질로서 중앙부의 꽃받침조각보다 다소 짧고 합쳐져서 고깔모양꽃부리로 된다. 입술모양꽃부리는 길이 1~1.3cm이며 넓은 선형이고 끝이 둔하며 거(距)는 길이 2~2.7cm이며 길게 밑으로 처진다.

줄기

높이 20~50cm이고 줄기 기부에 큰 잎이 2개 마주나기하여 달린다.

뿌리

뿌리의 일부분이 방추형으로 커진다.

분포

전국 각지에 분포한다.

생태

여러해살이풀이다. 산지의 숲속에 자란다.

좁은잎사위질빵

🍁 잎

잎은 마주나기하며 깃모양겹잎이지만 윗부분의 것은 3출 엽이고 줄기 밑 부분의 잎은 2~3개의 깊은 결각이 있다. 소엽은 피침 형이며 첨두 또는 미철두이고 예저이며 길이 5~9cm, 폭 7~15mm로서 양면에 털이 없고 가장자리에 톱니가 없으며 엽병은 잔털이 있거나 없다.

🌼 꽃

꽃은 6~8월에 피고 지름 2.4cm정도로서 액생 또는 정생한다. 꽃받침조각은 6~8개이고 백색이며 거꿀달걀모양 또는 피침 형이고 길이 2~3cm로서 겉에 백색 털이 밀생하며 뒷면에 솜털이 있고 안쪽에 털이 없다. 수술과 암술은 여럿이다.

열매

수과는 납작하고 달걀모양이며 길이 4mm정도이고 견모로 덮이며 백색털이 밀생한 길이 2cm정도의 암술대가 달려있고 9월에 익는다.

줄기

높이 50~100cm이고 줄기는 곧추서며 세로로 능선이 있고 털이 없거나 성글게 있다.

뿌리

근경에서 길고 가는 갈색 뿌리들이 뭉쳐난다.

분포

경기도 이북지역에 분포한다.

생태

여러해살이풀이다.

이용방안

으아리, 외대으아리, 좁은잎사위질빵, 참으아리의 뿌리를 위령선이라 하며 약용한다.

423

쥐깨풀

잎

잎은 마주나기하고 달걀모양 또는 4각상 달걀모양으로 길이 2~4cm, 나비 1~2.5cm이며 양끝이 뾰족하고 가장자리에 톱니가 있으며 거의 털이 없거나 표면에 압모가 산생하고 엽병은 길이 1~3cm이다.

꽃

꽃은 7~9월에 백색 또는 연한 홍자색으로 피고 가지와 줄기 끝에 총상꽃차례로 달리며 꽃자루는 길이 2~4mm이고 포는 피침 형이다. 꽃받침은 5열하고 과시에 잔털이 있으며 꽃부리는 순형이고 수술은 둘긴수술이다.

열매

과실은 분과로 난원형이다.

 줄기

줄기는 곧추 서고 네모지며 가지가 갈라지고 능상에 밑을 향한 짧은 털이 있고 마디에는 흰색 털이 있다.

 분포

전국 각지에 분포한다.

 생태

한해살이풀이다. 산과들에 자란다.

425

참마

🍁 잎

잎은 마주나기하지만 간혹 어긋나기하는 것도 있으며 엽병이 길고 길이 5~10cm, 폭 2~2.5cm로서 긴 타원형 또는 좁은 삼각형이며 끝이 뾰족하고 밑부분은 심장 저로서 녹색이며 털이 없고 잎겨드랑이에서 살눈이 발달한다.

🌼 꽃

꽃은 암수딴그루로서 6~7월에 피며 잎겨드랑이에서 나오는 1~3개의 이삭꽃차례에 달린다. 웅화서는 곧추 자라고 자화서는 밑으로 처지며 백색 꽃이 달리고 수꽃에는 6개씩의 수술과 화피열편 및 1개의 암술 흔적이 있으며 암꽃에는 6개의 화피열편과 암술머리가 여러 개로 갈라진 1개의 암술이 있으며 1개의 3실 씨방이 있다.

열매

삭과는 3개의 날개가 있고, 길이 15mm내외 폭 25~28mm이다. 종자도 막질의 날개가 있다.

줄기

물체에 감기고 많은 가지가 갈라진다.

뿌리

긴 원주형의 육질 뿌리가 있다.

생태

덩굴성의 여러해살이풀이다.

분포

중부 이남지역에 분포한다.

이용방안

뿌리를 식용으로 한다. 덩이줄기는 산약, 덩굴은 산약등, 살 눈은 영여자, 과실은 풍차아라 하며 약용한다.

참바위취

잎

근생엽은 엽병이 길며 타원형 또는 원상 타원형이고 길이 3~15cm, 폭 2~9cm로서 털이 없으며 가장자리에 치아모양톱니가 있다.

꽃

꽃대는 길이 25cm정도이고 7~8월에 백색꽃이 원뿔모양꽃차례에 달리며 포는 녹색이고 잎같지만 크기가 매우 작으며 털이 없고 꽃자루는 가늘며 샘털이 있다. 꽃받침조각은 5개로서 달걀모양이고 예두이며 꽃잎도 5개로서 긴 타원형이고 예두이며 꽃받침보다 길고 수술은 10개로서 꽃잎보다 약간 길며 암술대는 2

개이다.

열매

삭과는 달걀모양으로서 끝이 2개로 갈라지고 종자에 10개의 능선이 있다.

줄기

높이가 30cm에 달한다.

분포

전국 각지에 분포한다.

생태

여러해살이풀이다. 산지의 그늘진 바위 곁에 붙어서 자란다.

이용방안

잎을 식용으로 한다.

429

촛대승마

잎

잎은 어긋나기하며 2~3회 3개씩 갈라지고 소엽은 달걀모양 또는 좁은 달걀모양
이며 길이 3~8cm, 폭 1.5~5cm로서 3개로 갈라지기도 하고 가장자리에 결각상
의 불규칙한 톱니가 있다. 표면은 털이 없으나 뒷면은 맥위에 털이 성글게 있다.

꽃

꽃은 6~7월에 피며 원줄기 끝에서 길이 20~30cm에 이르는 총상꽃차례로 달린
다. 꽃차례는 흔히 밑 부분에서 가지가 갈라지기도 하며 많은 백색 꽃이 달리고
양성꽃과 수꽃이 있으며 백색털이 있고 꽃자루는 길이 5~10mm이다.

꽃받침조각은 5개이고 길이 4mm로서 타원형이며 꽃잎은 작고 끝이 밋밋하거나 얕게 2개로 갈라지며 수술은 많고 길이 10mm로서 백색이다. 씨방은 2~7개로서 꽃이 핀 다음 길어지는 짧은 대가 있으며 털이 약간 있다. 암술은 3~6개로 회색 털과 샘털이 발생한다.

 ## 열매

골돌은 긴 대가 있으며 길이 1cm정도로서 털이 약간 있거나 없고 긴 타원형이며 끝에 꼬부라진 암술대가 남아있다.

줄기

줄기는 높이가 1m에 달하고 흰털이 있다.

분포

전국 각지에 분포한다.

생태

여러해살이풀이다.

이용방안

근경을 야승마라 하며 약용한 다.

카밀레

잎

잎은 어긋나기하며 2~3회 우상으로 갈라지고 엽병은 없으며 밑 부분이 원줄기를 감싸고 열편은 선형이며 긴 털이 다소 있거나 없고 가장자리가 밋밋하다.

꽃

꽃은 6~9월에 피며 지름 13~20mm로서 산방상으로 엉성하게 배열되고 총포는 반구형이며 포편(苞片)은 4줄로 배열된다. 외편은 긴 타원형이며 겉에 백색 연모가 있고 끝이 둥글며 가장자리가 막질이다. 혀꽃은 백색이고 암꽃으로서 1줄로 달리며 꽃이 핀 다음 밑으로 젖혀지고 관상화는 양성으로서 황색이다.

열매

수과는 타원형이며 다소굽고 끝이 편평하며 몇 줄의 능선이 있고 관모가 없다.

 줄기

높이 30~60cm이고 능선이 있으며 밑에서 가지가 많이 갈라진다.

 분포

과거에 재배하던 것이 퍼져 전국에 분포한다.

생태

한해살이풀 또는 두해살이풀이다.

이용방안

꽃 혹은 전초를 모국이라 하며 약용한다.

하얀색 꽃

콩다닥냉이

잎

근생엽은 모여나기하며 수평으로 퍼지고 엽병이 길며 길이 3~5cm로서 1회우상 복엽이고 열편 전연(前緣)에 톱니가 있으며 정열 편은 넓은 달걀모양이고 측열편 보다 크며 꽃이 필 무렵에 없어진다. 줄기 잎은 거꿀피침모양으로서 가장자리에 톱니가 있고 밑 부분이 좁아져서 엽병으로 흐른다.

꽃

꽃은 5~7월에 피며 백색이고 총상꽃차례는 원줄기 끝과 가지 끝에 달린다. 꽃받침조각은 4개이고 녹색이며 타원형이다. 꽃잎도 4개이며 길이 2.5~3mm로서 꽃받침보다 길지만 불완전한 것도 있고 수술은 2개이거나 간혹 4개이다.

열매

각과는 거의 둥글며 길이 3mm정도로서 윗가장자리에 좁은 날개가 있고 요두
이다. 종자는 2개이고 적갈색이며 가장자리에 있는 막질의 날개가 젖으면 점액
이 나온다.

줄기

털이 없고 높이 30~50cm이며 상부에서 가지가 많이 갈라진다.

분포

전국 각지에 분포한다.

생태

2년생 초본이다. 길가나 빈터
에서 흔하게 자란다.

이용방안

다닥냉이, 콩다닥냉이, 꽃다지,
재쑥의 종자를 정력자라 하며
약용한다.

435

큰개미자리

🍁 잎

대개 잎이 모여나며 방석같고 잎겨드랑이에서 화지가 나온다. 잎은 마주나기하며 선형이고 개미자리의 것보다 두꺼우며 넓은것이 많다. 길이는 2cm이내로 끝이 뾰족하며 다소 다육성이고 기부에 짧은 엽초가 있으며 엽병은 없다.

🌼 꽃

꽃은 5~8월에 피고 백색이며 꽃자루는 길이 10~25(45)mm로서 대개 샘털이 있고 꽃이 진 다음에도 곧게 선다. 꽃받침은 4~5장이며 타원형 또는 달걀모양이고 길이 2~2.5mm로서 가장자리가 백색이며 원두이다. 꽃잎은 5(4)개이지만 퇴화되는 것도 있고 꽃받침과 길이가 비슷하며, 넓은 달걀모양이고 끝이 둥글며 수술은 5~10개이다.

🍒 열매

열매는 삭과로서 원형 또는 달걀모양이며 꽃받침에 싸여 있고 꽃받침과 길이가 비슷하다. 종자는 원신형이고 황갈색 또는 흑갈색이며 희미한 입상(粒狀)의 돌기가 있다.

🌳 줄기

높이 5~25cm이며 줄기는 밀생하고 상부에 짧은 샘털이 있다.

🇰🇷 분포

전국 각지에 분포한다.

🌱 생태

1년 내지 두해살이풀이다. 해변이나 들의 양지에서 자란다.

큰까치수염

잎

잎은 어긋나기하며 타원상 피침 형이고 길이 6~14cm, 넓이 2~5cm로서 끝이 뾰
족하며 밑 부분이 점차 좁아져서 원줄기에 달리거나 길이 1~2cm의 엽병으로 되
고 양면에 황색의 권모(卷毛)가 드물게 있고 흑색의 선점도 산재한다.

꽃

꽃은 6~7월에 원줄기 끝에서 한쪽으로 굽은 총상꽃차례가 나와서 백색 꽃이 피며
꽃차례는 길이 10~20cm이지만 결실기에는 길이가 40cm에 이른다. 꽃자루는 길이

6~10mm로서 잔털이 있으며 밑 부분에 선상의 포가 달린다. 꽃부분은 5수이고 꽃받침조각과 꽃잎은 좁고 긴 타원형이며 지름 8~12mm이고 암술은 1개이다.

열매

삭과는 둥글고 지름 2.5mm정도이며 숙존한 꽃받침으로 싸여 있다.

줄기

높이 50~100cm이고 줄기는 원주형이며 곧게 서고 붉은빛을 띠고 윗부분에 털이 있다. 보통 가지가 갈라지지 않는다.

뿌리

근경이 옆으로 뻗는다.

분포

전국 각지에 분포한다.

생태

여러해살이풀이다. 숲가장자리, 습초지, 잡초지에서 자란다.

이용방안

» 어린 순은 날로 먹거나 나물로 한다.

» 까치수영/큰까치수영의 뿌리가 달린 전초를 낭미파화라 하며 약용한다.

큰오이풀

🍁 잎

근생엽은 모여나기하며 5~6쌍의 소엽으로 구성된 기수1회깃모양겹잎이고 소엽은 난상 원형 또는 긴 타원형이며 운두이고 원저 또는 심장저이며 길이 2~4cm, 폭 1.5~3cm로서 뒷면이 분백색이고 가장자리에 톱니가 있다. 작은 잎자루는 길이 5~15mm이며 줄기 잎은 밑 부분에 복모가 있다.

🌼 꽃

꽃은 9월에 밑에서부터 피고 백색이며 화수는 길이 3~8cm, 폭 7~10mm(수술제외)로서 곧추선다. 꽃받침조각은 4개이고 꽃잎이 없으며 수술은 4개이고 길이

7~8mm로서 윗부분이 다소 넓으며 꽃밥은 연한 황갈색이고, 암술은 1개이다.

열매

열매는 수과로서 사각형이다.

줄기

높이 30~80cm이고 줄기는 곧추서며 전체에 털이 거의 없다.

뿌리

근경은 굵고 옆으로 자란다.

분포

북부지방의 고산지대

생태

여러해살이풀이다. 고산지대 풀밭에서 자란다.

이용방안

오이풀, 산오이풀, 긴오이풀, 큰오이풀, 가는오이풀, 애기오이풀의 뿌리 및 근경을 지유라하며 약용한다.

택사

잎

잎은 뿌리에서 모여나기하며 밑 부분이 넓어져서 서로 감싸는 엽병이 있고 엽병
은 길이 15~20cm이며 엽신은 피침 형 또는 넓은 피침 형으로 양끝이 좁고 밑
부분이 좁아져서 엽병이 흐르며 가장자리가 밋밋하고 길이 10~30cm, 폭1~4cm
이며 털이 없고 5~7개의 평행한 맥이 있다.

꽃

꽃대는 잎 중앙에서 나오며 길이 40~130cm로서 많은 꽃이 바퀴모양으로 달리
고 꽃은 7월에 피며 백색이고 마디에 포가 있다. 꽃에는 꽃자루가 있으며 꽃잎

과 꽃받침은 각각 3개, 수술은 6개이고 꽃밥은 연한 녹색이지만 화분은 황색이며 암술이 많고 암술대가 씨방보다 짧다.

열매

수과는 환상(環狀)으로 달리는데 납작하고, 뒷면에는 1개의 깊은 골이 있다.

줄기

수염뿌리가 많다.

분포

제주도 및 중부와 북부지역에 분포한다.

생태

습생 여러해살이풀로 수재(水栽) 관엽식물이다. 논이나 습지에서 자란다.

이용방안

덩이줄기는 택사, 잎은 택사엽, 과실은 택사 실이라 하며 약용한다.

털별꽃아재비

 잎

잎은 마주나기 잎차례이며 1~3.5㎝의 잎자루가 있고, 잎몸은 달걀모양, 길이 2~8㎝, 폭 1~5㎝, 한쪽에 5~10개의 조거치(粗鋸齒)가 있으며, 양면에 드물게 거센털이 있으나 1년생가지나 줄기 마디에는 백색의 긴 털이 밀생한다.

꽃

꽃은 6~9월에 피며, 머리모양꽃차례는 지름 6~7㎜, 줄기와 가지 끝에 달린다. 총포는 반구형, 총포조각은 5개로, 거꿀피침모양, 표면에 샘털이 있다. 혀꽃은 5개, 설상부의 폭이 4㎜정도 끝이 3열되고, 백색이며, 관모는 좁은 능형(菱形)으

로 끝이 꼬리 모양으로 뾰족하다. 통상화는 황색이며 꽃부리가 5열 되고, 관모
는 끝이 뾰족하다.

🍒 열매

수과(瘦果)는 흑색이고 털이
있다.

🌳 줄기

줄기의 높이 15~50㎝, 곧추 서
며 가지를 친다.

분포

서울을 비롯하여 중부지방에 분포한다.

🌾 생태

한해살이풀이다.

톱바위취

잎

근생엽은 3~10cm 길이의 엽병이 있고 콩팥모양 또는 신 원형이며 길이 2~4cm, 폭 3~6cm로서 가장자리에 규칙적인 큰 치아모양톱니가 있고 털이 거의 없으며 밑 부분이 심장저이다.

꽃

꽃대는 잎이 없고 높이 5~25cm이며 꽃은 6~8월에 피고 백색이며 꽃받침은 젖혀지고 길이 2mm정도로서 좁은 달걀 모양이며 끝이 둔하다. 꽃차례와 꽃자루에는 샘털이 있다. 꽃잎은 긴 타원형 또는 난상 긴 타원형으로서 꽃받침보다 2~3

배 정도 길고 꽃받침조각은 5개로서 달걀모양이며 길이 1~2mm이고 녹색 또는 자홍색을 띤다. 수술은 10개로서 꽃잎과 길이가 비슷하거나 다소 짧으며 수술대는 윗부분이 다소 넓어지고 암술대는 2개이다.

🍒 열매

삭과는 달걀모양으로 길이 5mm가량이며 8월에 익는다.

🌳 줄기

줄기는 곧게 서고 꽃차례와 더불어 샘털이 있다.

🗺 분포

강원도 이북에 분포한다.

🌱 생태

여러해살이풀이다. 깊은 산에서 자란다.

💡 이용방안

민간에서 전초를 종기치료에 사용한다.

파드득나물

잎

근생엽은 엽병이 길고 줄기 잎은 점차 짧아져서 윗부분에서는 엽초로 되며 3출엽이고 소엽은 달걀모양 또는 긴 타원형이며 길이 3~8cm, 폭 2~6cm로서 양끝이 좁고 뒷면에 윤채가 있으며 가장자리에 불규칙하고 예리한 톱니가 있다. 잎의 표면은 짙은 녹색이며 뒷면이 표면보다 윤이 난다.

꽃

꽃은 6~7월에 원줄기 끝과 윗부분의 잎겨드랑이에서 피며 꽃자루는 1~4개이며 길이 3~15mm로서 일정하지 않기 때문에 전형적인 우상모양꽃차례같지 않고 백

448

색 꽃이 피며 소총포는 짧고 선형이다.

🍒 열매

열매는 털이 없으며 길이 3~4mm로서 타원형이고 분과의 단편이 둥근 오각형이며 검게 익는다.

🌳 줄기

높이 30~60cm이며 전체에 털이 없고 독특한 향기가 있으며 곧게 자란다.

🌿 뿌리

근경은 짧고 약간 굵은 뿌리가 있으며 육질이고 수염뿌리가 많이 난다.

🗺️ 분포

전국 각지에 분포한다.

🌾 생태

여러해살이풀이다.

💡 이용방안

잎과 줄기, 꽃봉오리, 뿌리까지 나물로 이용한다. 뿌리는 굵고 육질이며 단맛이 있어서 그 향과 맛을 살려 조림도 만들고 튀김이나 볶음도 맛있다. 뇌의 활동을 향상시키며 시력도 좋게 하므로 새로운 각도에서 즐겨 이용한다. 경엽은 압아근, 뿌리는 압아근근, 과실은 압아근과라 하며 약용한다.

하늘타리

🍁 잎

잎은 어긋나기하며 단풍잎처럼 5~7개로 갈라지고 각 열편에 톱니가 있으며 밑부분이 심장저이고 표면에 짧은 털이 있다.

🌼 꽃

꽃은 이가화로서 7~8월에 피며 화경은 수꽃이 15cm, 암꽃이 3cm정도로 각 끝에 1개의 꽃이 달리고 꽃받침과 꽃잎은 각 5개로 갈라지며 열편은 다시 잘게 갈라지고 황색이며 수술은 3개이다.

열매

열매는 둥글고 지름 7cm정도로서 오렌지색으로 익으며 많은 종자가 들어 있다. 종자는 연한 다갈색이다. 줄기 잎과 마주나기 하는 덩굴손이 다른 물체에 잘 붙어 뻗어가고 고구마 같은 큰 덩이줄기가 있다.

 뿌리

지하에 고구마 같은 큰 덩이뿌리가 있다.

 분포

전국 각지에 분포한다.

 생태

다년생 덩굴 식물이다. 햇빛이 잘 드는 곳에서 자란다.

 이용방안

» 하늘타리/ 노랑하늘타리의 과실은 괄루, 뿌리는 천화분, 경엽은 괄루경엽, 과피는 괄루피, 종자는 괄루자라 하며 약용한다.

호노루발

잎

모든 잎은 뿌리에서 나온다. 잎은 엽병이 길며 원형에 가깝고 앞면은 녹색, 뒷면은 흔히 자줏빛이 돌며 가장자리에 뚜렷하지 않은 톱니가 있고 양 끝이 둥근 모양이다.

꽃

꽃은 6~7월에 피고 흰색이며 지름 10mm로서 총상꽃차례에 밑을 향해 달리고 비늘 같은 잎이 꽃대 밑 부분에 있다. 꽃 받침조각은 주걱모양 또는 긴 타원상 피침형이며 꽃잎 길이의 1/2보다 길고 꽃잎은 넓은 타원형이며 예두이고 수술은 10개이며 암술대는 꽃밖으로 훨씬 나오고 끝을 향해 굵어지지 않는다.

 열매

열매는 삭과로 지름 4~5mm이다.

 줄기

가는 땅속줄기가 있다.

 분포

북부지방의 고산지대

생태

상록 다년초이다. 고원이나 산지에 난다.

이용방안

전초를 약용(이뇨제, 해독제)한다.

호자덩굴

🍁 잎

잎은 마주나기하고 질이 두터우며 삼각상 달걀모양이고 길이 1~1.5cm, 폭 7~12mm로서 끝이 뾰족하거나 둔하며 밑 부분이 둥글고 양면에 털이 없으며 가장자리가 다소 물결모양으로 되고 짙은 녹색이며 엽병은 길이 2~5mm이다.

🌼 꽃

꽃은 6~7월에 피고 백색 바탕에 연한 붉은빛이 돌며 가지 끝에 2개씩 달리고 화경이 짧으며 꽃자루가 없다. 꽃부리는 지름 약 8mm, 길이 약 1.5cm로서 판통이 길고 끝이 4개로 갈라지며 2개가 나란히 위를 향해 줄기 끝에 달리고 안쪽에 털이 있다. 씨방은 2개가 합쳐지며 수술은 4개이고 암술대는 1개로서 끝이 4개로 갈라진다.

열매

장과는 둥글며 적색으로 익고 지름 약 8mm로서 끝에 2개의 꽃이 달렸던 자리와 각각 4개의 꽃받침조각이 남아 있다.

줄기

털이 없고 줄기가 땅을 기며 가지가 갈라지고 마디에서 뿌리가 내린다.

분포

울릉도, 제주도와 다도해 도서지방에 분포한다.

생태

상록 다년초이다. 섬의 숲 속에서 자란다.

흰꽃여뀌

잎

잎은 어긋나기하며 피침 형이고 양끝이 좁으며 다소 두껍고 길이 7~12cm, 폭 1~2cm로서 가장자리 근처와 뒷면 맥 위에 거센 털이 있으며, 엽병은 짧다. 잎집의 탁엽은 맥이 있으며 막질이고 끝이 거의 수평하며 연모는 길이 8~15mm 로서 딱딱하다.

꽃

이삭꽃차례는 원줄기 끝에서 몇 개가 나오고 길이 7~12cm로서 처지며 꽃은 이 가화로서 7~8월에 피고 백색이며 화피는 백색이지만 열매를 둘러싸고 있는 것은 녹백색이며 수술은 8개이고 포기에 따라 암술이 길고 수술이 짧은 것과 암술이 짧고 수술이 긴 것이 있다. 화피는 길이 3~4mm로서 5개로 갈라지며 선점(腺點)이 있고 꽃자루는 길이 3~4mm이며 수술은 8개, 암술대는 2~3개이다.

열매

열매는 수과로서 타원상 달걀모양이고 세모가 지거나 양쪽이 볼록하며 길이 2~2.5mm이고 광택이 난다.

줄기

높이 60~100cm이고 줄기는 곧게서며, 단단하고, 마디가 길며, 석살색이다.

뿌리

근경은 옆으로 길게 뻗으며 밑에서 가지가 갈라진다.

분포

전국 각지에 분포한다.

생태

여러해살이풀이다. 습지에서 자란다.

특징

잎 엽초 상부에 수염 털이나 있다.

흰독말풀

잎

잎은 어긋나기하며 길이 8~15cm, 폭 4~10cm로서 달걀모양이고 예두 또는 원두
이며 예저이고 털이 없으며 가장자리에 불규칙한 결각상의 톱니가 있다.
엽병은 길이 2~6cm이다.

꽃

꽃은 8~9월에 잎사이에서 피며 길이 8cm정도로서 나팔꽃 모양이고 흰색이며
대형이고 정생 또는 겨드랑이에 나기한다. 꽃받침은 통형(筒形)이고 5조각으로
갈라진다. 꽃부리는 깔때기 모양이고 가장자리가 5개로 약간 갈라지며 열편 끝

에 꼬리처럼 길고 뾰족한 돌기가 있고 오후에 핀다.

열매

열매는 달걀모양이며 4개로 갈라져서 흑색 종자가 나온다. 표면에 밀생하는 가시 같은 돌기는 조금 길고 크다.

줄기

높이 1~2m이고 굵은 가지가 많이 갈라지며 자줏빛이 돈다.

분포

전국 각지에 분포한다.

생태

한해살이풀이다.

이용방안

흰독말풀/독말풀의 건조화는 양금화, 뿌리는 만다라근, 잎은 만다라엽, 과실은 만다라자라 하며 약용한다.

흰두메자운

잎

잎은 뿌리에서 모여나기하고 원줄기와 높이가 비슷하며 10~20쌍의 소엽으로 구성된 홀수깃모양겹잎으로서 엽병이 길고 소엽은 피침 형이며 예두 원저이고 길이 8~15mm, 나비 2~4mm로서 양면에 긴 털이 있으며 가장자리가 뒤로 말린다.

꽃

꽃은 7~8월에 피고 흰색이며 긴 화경 끝에 1~5개가 밀집되어 총상꽃차례로 달린다. 작은 포는 피침 형이며 막질이고 길이 15mm정도로서 끝이 길게 뾰족해진다. 꽃받침은 종형이며 겉에 긴 털이 있고 끝이 5개로 갈라지며 기꽃잎은 거 꿀달걀모양으로서 끝이 파지고 날개꽃잎은 기꽃잎보다 다소 짧으며 끝이 비스듬히 파지고 용골꽃잎이 가장 짧다.

🍒 열매

협과는 부풀며 긴 타원형이고 겉에 긴 털이 있으며 길이 2cm정도로서 긴 부리가 있고 5개 정도의 종자가 들어 있다.

줄기

뿌리 선단에서 여러 줄기가 모여나기하며 전체에 명주실 같은 털이 있다.

 뿌리

뿌리는 매우 굵고 선단에서 여러 줄기와 잎이 모여나기한다.

분포

북부지방의 고산지대

생태

여러해살이풀이다. 고지대 숲속에서 자란다.

💡 이용방안

관상용으로 이용한다. 전초를 종독증에 약용한다.

흰물봉선

잎

잎은 어긋나기하고 넓은 피침 형으로 길이 6~15cm, 나비 3~7cm이며 가장자리
에 예리한 톱니가 있다.

꽃

꽃은 8~9월에 백색으로 피고 가지 윗부분에 총상꽃차례로 달리며 꽃자루와 꽃
대 축은 밑으로 굽고 홍갈색의 샘털이 있다. 꽃잎은 3개로 겨드랑이나기의 것은
이열하며 거는 끝이 안으로 말린다.

열매

과실은 삭과로 성숙하면 터
진다.

줄기

줄기는 육질이며 보통 홍색
을 띠고 마디가 튀어 나온다.

분포

전국 각지에 분포한다.

생태

한해살이풀이다. 산야의 습지에서 자란다.

하얀색 꽃

463

흰용머리

잎

잎은 줄기 하반부에서 어긋나기하고 긴 타원형 또는 피침 형이며 길이 20~30cm
로서 끝이 뾰족하고 밑이 좁아져 엽초와 연결되며 뒷면 맥위에 갈고리모양의 돌
기 같은 털이 있다.

꽃

꽃은 7~8월에 피며 원줄기 끝에 성긴 총상 원뿔모양꽃차례에 달리고 백색이며
꽃의 포는 피침 형으로 뒷면과 가장자리에 털이 있다. 꽃대는 작은포나 화피의
약 2배 길이로 털이 있다. 화피열편이 각각 6개이고 황백색이며 후에 녹황색으

로 되고 암술은 황백색이다.

 열매

열매는 황갈색의 삭과로 타원형이고 유독식물이다.

 줄기

높이는 곧게 1m정도 자란다. 근경 윗부분과 원줄기 밑 부분은 엽초가 썩어서
남은 섬유로 덮여 있다.

뿌리

근경은 짧고 굵으며 밑 부분에 굵은 수염뿌리가 있다.

분포

전국 각지에 분포한다.

생태

여러해살이풀이다. 산지에서 자란다.

이용방안

뿌리 및 근경을 여로라 하며 약용한다.

흰제비란

잎

잎은 선상의 피침 형으로 길이 10~20cm, 폭 1~2cm이며 기부는 엽초로 되어 줄기를 싸고 있다.

꽃

꽃은 6~7월에 피며 백색이고 향기가 있으며 이삭꽃차례는 길이 10~20cm로서 꽃이 많이 달리고 포는 선상 피침형 이며 꽃보다 길거나 짧다. 중앙부의 꽃받침 조각은 타원형이고 편평하며 5~7맥이 있고 길이 4~5mm로서 끝이 둔하며 옆의 것은 밑으로 처지고 굽으며 타원형이고 길이 6~7mm로서 둔하다. 꽃잎은 사란

형이며 끝이 둔하고 7맥이 있으며 중앙부의 꽃받침조각보다 짧다. 입술모양꽃부리는 길이 6~8mm로서 육질이며 설상 긴 타원형이고 거 (距)는 밑으로 처지며 길이 10~12mm로서 씨방과 길이가 비슷하다. 꽃술 대는 짧다.

줄기
높이 50~90cm이고 5~12개의 잎이 어긋나기하며 끝에 꽃차례가 달린다.

뿌리
뿌리가 굵다.

분포
전국 각지에 분포한다.

생태
여러해살이풀이다. 산지의 볕이 잘 드는 습지에서 자란다.

03

빨간색 꽃

(분홍·자주·보라색 포함)

가는등갈퀴

잎

잎은 어긋나기하고 엽병이 길며 2~13쌍의 소엽으로 구성된 1회우상복엽으로서 정소 엽이 덩굴손으로 되고 소엽은 선형 또는 선상 피침형이며 길이 1~3cm로서 작은 잎자루가 없고 탁엽은 피침형이며 끝이 뾰족하다.

꽃

꽃은 6~8월에 피고 길이 8mm로서 남갈색이며 총상꽃차례에 한쪽으로 치우쳐서 달리고 꽃차례는 윗부분의 잎겨드랑이에서 나오며 긴 화경과 가는 꽃자루가 있다. 꽃받침은 통형이고 끝이 5개로 갈라지며 열편 끝이 뾰족하다.

🍒 열매

열매는 협과로 납작한 긴 타원형이며 털이 없고 길이 2.5cm로서 종자가 보통 5개씩 들어 있다.

🌳 줄기

길이가 1.5m달하며 능선이 있다.

분포

전국 긱지에 분포한다.

🌿 생태

덩굴성 여러해살이풀이다. 산야의 풀밭에서 자란다.

💡 이용방안

어린잎과 줄기는 식용한다.

가솔송

잎

잎은 밀생하며 선형 둔 두이고 길이 0.4~1cm로서 표면에 털이 없으며 1개의 홈이 있고 뒷면 주맥에 백색 잔털이 있으며 가장자리에 잔톱기가 있고 약간 뒤로 젖혀진다.

꽃

꽃은 7~8월에 피고 길이 7~8mm로서 짧은 가지 모양이며 홍자색이고 겉에 털이 있으며 가지 끝에 2~6개씩 곧추 달리고 밑을 향하며 꽃자루는 길이 2~2.5cm로서 샘털과 더불어 잔털이 있다. 꽃받침조각은 선형 또는 피침 형이고 길이 4mm

정도로서 샘털이 있으며 수술에 털이 없다.

열매

열매는 삭과로 둥글고 길이 4mm이며 9월에 성숙한다.

줄기

높이 10~25cm이고 기부가 옆으로 누우며 가지가 많이 갈라지고 잔털이 있다.

🧡 분포

북부지방

🌱 생태

상록성 활엽 소관목이다. 고산지대 초지에서 자란다.

💡 이용방안

고산식물로서 황산차, 백산차와 더불어 관상용이며 온대지역 하층식생으로 개발할 가치가 있는 식물이다.

가시엉겅퀴

잎

근생엽은 꽃이 필 때까지 남아 있고 줄기 잎보다 크며 타원형 또는 피침상 타원형이고 길이 6~10cm로서 밑 부분이 좁으며 6~7쌍의 우상으로 갈라지고 양면에 털이 있으며 가장자리에 결각상의 톱니와 더불어 가시가 있고 줄기 잎은 피침상 타원형이며 원줄기를 감싸고 우상으로 갈라진 가장자리가 다시 갈라진다. 동속 근연종에 비해 잎이 다닥다닥 달리고 가시가 많다.

꽃

꽃은 6~8월에 피며 지름 3~5cm로서 가지 끝과 원줄기 끝에 달리고 총포는 둥글며 길이 18~20mm, 지름 25~35mm이고 포편은 7~8줄로 배열되며 겉에서 안으로 약간씩 길어지고 끝이 뾰족한 선형이다. 꽃부리는 자주색 또는 적색이며 길이 19~24mm이다.

🍒 열매

수과는 길이 3.5~4mm이며 관모는 길이 16~19mm이다.

🌳 줄기

높이 50~100cm로서 전체에 백색 털과 더불어 거미줄 같은 털이 있으며 가지가 갈라진다.

분포

전국 각지에 분포한다.

🌱 생태

여러해살이풀이다.

💡 이용방안

어린순을 식용으로 하고 성숙한 것은 약용으로 한다.

가야산잔대

잎

잎은 어긋나기하고 선형이며 4매가 돌려나기 한다. 잎의 길이는 10~12cm로서 끝은 매우 뾰족하고 밑은 둔하며 가장 자리에 예리한 톱니가 있어 톱에 흡사하고 엽병은 없다.

꽃

꽃은 8~9월에 연한 자색으로 피고 줄기와 가지 끝에 단 총상으로 달리며 밑으로 처진다. 꽃받침조각은 좁은 피침형으로 가장자리는 밋밋하고 꽃부리는 깔때기모양의 종형으로 끝이 5열하며 길이 약 1cm이며 암술대는 꽃부리 밖으로 나온다. 씨방하위이다.

 열매

과실은 삭과이다.

 줄기

줄기는 단생하고 털이 없다.

 분포

경상북도 가야산

생태

산지에 자생하는 여러해살이풀이다.

각시투구꽃

🍁 잎

잎은 어긋나기하고 밑 부분의 것은 엽병이 길지만 위쪽으로 오르면서 점차 짧아
진다. 엽신은 3~8개로 완전히 갈라지고 열 편(裂片)은 우상으로 잘게 갈라지며
소열 편은 선상 피침형이고 예두이다.

❀ 꽃

꽃은 7~8월에 피며 짙은 자주색이고 원줄기 끝에 1~3개가 달리며 꽃자루는 길
이 4cm정도로서 중앙 이하에 작은 포가 있다. 꽃받침조각은 5개이고 꽃잎모양
이며 뒷쪽의 것은 고깔모양꽃부리고 앞쪽이 부리같이 튀어나오며 중앙부의 것

은 거꿀 달걀모양이며 밑의 것은 긴 타원형이고 앞으로 비스듬히 나온다. 꽃잎은 2개로서 뒤쪽의 꽃받침 속에 들어 있으며 수술은 많고 수술대 기부는 넓다.

🍒 열매

골 돌은 3개로서 털이 없다.

🌳 줄기

높이가 20cm에 달하고 줄기는 곧추선다.

🇰🇷 분포

북부지방에 분포한다.

🌿 생태

여러해살이풀이다. 냇가나 습한 지역에서 자란다.

💡 이용방안

관상용으로 이용한다.

갈풀

잎

엽초는 털이 없고 잎혀는 막질로서 길이 2~3mm이며 평두이다. 엽신은 편평하며 회록색이고 길이 20~30cm, 폭 8~15mm이며 털이 없고 앞뒷면이 껄껄하며 잔털이 복생한다. 잎혀는 절두이며 길이 2~3mm이다.

꽃

꽃은 6월에 피며 원뿔모양꽃차례는 좁고 곧추 서며 길이 10~17cm, 지름 1~3cm로서 자줏빛이 도는 연한 녹색이고 가지가 비스듬히 또는 곧추 1~2개씩 달린다. 1년생 가지는 짧으며 소수(小穗)가 밀착하고 소수는 달걀모양이며 길이 4~5mm

480

로서 편평하고 끝이 뾰족하다. 포영은 길이가 거의 같으며 막질로서 3맥이 있고 뒷면은 껄껄하며 윗부분에 좁은 날개가 있다. 호영은 달걀모양으로서 까락이 없으며 길이 3~4mm이고 윗부분에 털이 있으며 2개의 퇴화된 꽃이 들어 있다. 내영은 피침형으로 얇고 호영보다 짧으며 2맥이 있고 털이 약간 있으며 까락이 없다. 수술은 3개이며 꽃밥은 길이 1.5~2mm이다.

 줄기

높이 70~180cm이며 곧추선다.

 뿌리

근경이 땅 속에서 옆으로 뻗으면서 번식하여 군락을 형성한다.

 분포

전국 각지에 분포한다.

 생태

여러해살이풀이다. 산록 이하의 양지쪽 물가에서 무리지어 자란다.

강부추

잎

잎은 2~3장이 어긋나며, 길이 10~41cm이다. 잎 단면은 원형이거나 뒷면이 다소
눌려 있으며 중륵이 없다.

꽃

꽃줄기는 길이 21.5~54.5cm이고, 원기둥 모양으로 속은 차 있고, 아래는 잎집으
로 싸여 있다. 꽃은 6~8월에 줄기 끝에서 산형꽃차례로 달린다. 화피 편은 6장
으로 짙은 보라색이다. 수술은 6개, 암술은 1개, 암술대는 침형으로 화피 밖으
로 길게 자란다.

줄기

비늘줄기는 지름 5~13mm의 난형이다.

 분포

임진강, 한탄강, 북한강에 분포한다.

생태

강변에 자라는 여러해살이풀이다.

개곽향

잎

잎은 마주나기하며 긴 타원상 피침형이고 길이 5~10cm, 폭 2~3.5cm로서 끝이
뾰족하며 밑 부분이 둥글고 뒷면 맥 위에 짧은 털이 다소 있으며 가장자리에 불
규칙한 톱니가 있고 엽병은 길이 1~2cm이다.

꽃

꽃은 7~8월에 피며 길이 8mm로서 연한 홍색이고 총상꽃차례는 윗부분의 잎겨
드랑이와 끝에 달리며 길이 3~10cm로서 때로는 밑 부분에서 갈라진다. 열매가
달렸을 때의 꽃받침은 길이가 약 4~5mm로서 털이 거의 없으나 윗부분에 털이

다소 있고 간혹 샘털도 섞여
있으며 끝이 5개로 갈라지고
열편 끝이 뾰족하다. 꽃부리는
순형이며 윗부분의 것이 깊이
갈라지고 밑 부분의 것은 3개
로 갈라지며 중앙부의 것이 가
장 크다.

 ## 열매

분과는 길이 1.5mm로서 주름
이 진다.

줄기

높이 30~70cm이고 털이 섞으
며 옆으로 뻗는 기는줄기가 있
고 흔히 밑으로 굽은 잔털이
있으며 네모지고 곧게 선다.

분포

울릉도, 제주도를 포함한 전국에 분포한다.

 ## 생태

여러해살이풀이다. 산야의 습지에서 자란다.

 ## 특징

꽃받침 속에 벌레가 들어 있어 커지는 것이 하나의 특색이다.

갯지치

잎

근생엽과 밑 부분의 잎은 엽병이 길고 긴 타원형, 타원형, 거꿀달걀모양 또는 넓은 달걀모양이며 길이 3~8cm, 폭 2~6cm 로서 육질이고 털이 없거나 표면 위쪽에 딱딱한 점이 드문드문 분포하며 가장자리는 밋밋하다. 윗부분의 잎은 엽병이 거의 없고 밑 부분이 좁다.

꽃

꽃은 7~8월에 피며 벽자 색으로 길이 8~12mm이고 줄기 끝에 총상꽃차례로 달리며 꽃자루는 길이 2~4cm이고 밑 부분에 포가 있다. 꽃받침은 깊게 5갈래이고 길이 4~6mm이며 열편은 끝이 뾰족하고 털이 없으며 종모양꽃부리로 끝이 얕게 5갈래이고 다소 밑을 향하며 암술대의 길이는 수술의 2배이다. 수술은 5개이며 판통에 붙어 있다.

열매

분과는 회색이며 곧게 서고 난상 타원형으로 겉이 밋밋하다.

줄기

길이가 1m에 달하고 지면으로 퍼지며 육질이다. 전체는 흰빛을 띤 녹색으로 광택이 난다.

분포

강원도 해안지역

생태

두해살이풀이다. 바닷가 모래땅에서 자란다.

갯패랭이꽃

잎

근생엽은 방석처럼 퍼지며 거꿀피침모양이고 길이는 5~9cm로서 짧은 엽병이 있
으며 가장자리에 털 같은 돌기가 있다. 줄기잎은 긴 타원상 피침형 또는 난상 피
침형이고 끝이 둔하거나 뾰족하며 길이 5~9cm, 폭 1~2.5cm로서 밑 부분이 동합
하여 길이 1.5~3mm의 통으로 되고 양면에 털이 없으나 가장자리에 털이 있다.

꽃

꽃은 7~8월에 홍자색으로 피며 줄기 끝이나 근처의 잎겨드랑이에서 나온 가지
끝에 모여 달린다. 포는 3쌍이며 긴 타원형이고 끝에 길이 5~6mm의 꼬리가 달

려있다. 5갈래인 꽃받침은 통모양으로 길이 19~21mm이고, 꽃잎은 5장으로 갈라지며 퍼진 부분의 길이 6~7mm로서 거꿀달걀모양이고 끝에 이 모양의 톱니가 있다.

열매

열매는 삭과로서 원통형이고 꽃받침통보다 약간 길며 종자는 검은색이고 길이 1.5~2mm정도이며 한쪽이 뾰족하다.

줄기

높이 20~50cm이고 줄기는 원주형이다.

분포

경상남도 해안가

생태

여러살이풀이다. 바닷가에서 자란다.

검은낭아초

잎

잎은 어긋나기하고 3~7개의 소엽으로 구성된 기수 1회우상복엽이며 밑 부분의 엽병은 더 길어서 길이 5~10cm이고 탁엽이 동합하여 엽초로 된다. 소엽은 길이 2~6cm, 폭 1~3cm의 거꿀달걀모양 또는 긴 타원형으로 윗부분에 톱니가 있고 표면은 녹색이며 털이 약간 있거나 없고 뒷면은 흰빛이 돌며 견모가 산생한다. 탁엽은 막질로서 넓은 달걀모양이고 자갈색이다.

꽃

꽃은 6~7월에 피며 지름 1.5~2.5cm의 흑자색 꽃이 1개 또는 몇 개가 줄기 또는 가지 끝에서 취산꽃차례로 핀다. 꽃자루는 길이 2~2.5cm로서 꽃대 축과 더불어 부드러운 털과 샘털로 덮인다. 꽃받침조각은 수평으로 퍼지며 길이 7~15mm로 서 달걀모양이고 부악편은 꽃받침보다 좁으며 짧고 각 5개씩이다. 꽃잎은 달걀모 양으로서 자줏빛이돌고 끝까지 남아 있으며 꽃받침보다 짧고 꽃턱은 털이 없으 며 꽃이 진 다음 겉에 구멍이 많은 육질로 된다.

🍒 열매

수과는 여럿이고 달걀모양이며 황갈색으로서 납작하며 털이 없고 암술대가 달 려 있으며 8~9월에 성숙한다.

🌳 줄기

높이 30~60cm이고 줄기는 속이 비었는데 하부는 휘었고 상부는 곧추 자라며 연한 홍갈색을 띠고 부드러운 털과 샘털이 밀생한다.

🌱 뿌리

근경은 굵으며 목질 화되며 옆으로 길게 뻗고 수염뿌리가 난다.

🗾 분포

중부 이북에 분포한다.

🌾 생태

여러해살이풀이다. 습지 근처에서 자란다.

💡 이용방안

근경을 설사, 폐결핵, 혈전성맥관염, 황달, 신경통, 이앓이, 위암, 유선암 등에 쓴다.

검종덩굴

잎

잎은 마주나기하며 5~9개 소엽으로 구성되고 정엽이 덩굴손으로 변하기도 한다. 소엽은 달걀꼴이며 길이 3~7cm, 너비 1.5~4cm로서 때로 2~3개로 갈라지고 톱니가 없으며 첨두이고 원저 또는 아심장저이다. 표면에 털이 없고 뒷면 맥위에 잔털이 있으며 가장자리가 밋밋하고 잎자루는 길이 2.5~4.5cm이다.

꽃

양성 꽃으로 7월초에 피며 종같고 길이 2~2.5cm로서 밑을 향하며 꽃대는 잎보다 짧고 잎겨드랑이에서 나와 1개의 어두운 보라색 정화(頂花)가 달린다.

화경은 화피열편과 더불어 암갈색의 털이 밀생하며 2개의 포가 중앙부에 있고 4개의 두꺼운 화피의 끝이 약간 뒤로 젖혀진다. 꽃부리 밑으로 향하며, 4개의 화피열편은 난원형으로 암갈색 털이 밀생한다. 수술은 많으며 수술대 윗부분에 백색 털이 있고 암술도 많다. 암술대는 갈색이 돌며 익으면 길이가 3cm에 달하고 깃모양이다.

열매

수과는 타원형으로 8월~9월에 성숙하며 갈색, 익으면 길이 3cm정도이고, 깃모양에 잔털이 있고 암술대는 끝에 남는다.

줄기

1년생 가지에 털이 있다.

분포

함경북도, 강원도, 백두대간 및 경기도 북부.

생태

낙엽 활엽 덩굴성식물. 음지와 양지에서 모두 잘 자라나 내건성은 약하다.

이용방안

» 우단 같은 암자색 털에 덮인 종모양의 꽃은 귀엽고 사랑스러워 관상가치가 있다.
» 새순은 식용하지만 독이 있으므로 잘 삶은 후에 물에 담그었다가 이용한다.

고려엉겅퀴(곤드래)

 잎

근생엽과 밑 부분의 잎은 꽃이 필 때는 말라죽는다. 줄기 잎은 어긋나기하며 중앙부의 잎은 엽병이 있고 달걀모양 또는 타원상 피침형이며 끝이 대개 뾰족하고 밑부분이 절저 또는 넓은 예저이며 길이 15~35cm로서 표면은 녹색이고 털이 약간 있으며 뒷면은 흰빛이 돌고 털이 없으며 가장자리가 밋밋하거나 가시 같은 톱니가 있다. 윗부분의 잎은 작고 긴 타원상 피침형, 피침형 또는 선상 피침형이며 끝이 대개 뾰족하고 엽병이 짧으며 가장자리에 바늘 같은 톱니가 있다.

꽃

꽃은 7~10월에 피고 지름 3~4cm인 자주색 머리모양꽃차례가 가지 끝과 원줄기 끝에 위를 향해 1개씩 달린다. 총포는 구상 종형이고 길이 20mm, 나비 20~30mm로서 거미줄 같은 털이 밀생하며 포편은 7줄로 배열되고 끝이 뾰족하며 뒷면에 점질이 있다. 꽃부리는 자주색이고 길이 15~19mm이다.

열매

수과는 긴 타원형으로서 길이 3.5~4mm이고 관모는 길이 11~16mm로서 갈색이다.

줄기

높이가 1m에 달하며 곧게 서고 상부에서 많은 가지가 갈라진다.

뿌리

뿌리가 곧다.

분포

전국 각지에 분포한다.

생태

여러해살이풀이다. 산지의 기슭이나 골짜기에서 자란다.

이용방안

어린 순을 나물로 한다.

골등골나물

잎

잎은 마주나기하며 밑 부분의 것은 개화시 쓰러지고 중앙부의 것은 엽병이 거의 없으며 피침 형 또는 선상 피침형이고 3행맥이 있으며 길이 6~12cm, 나비 8~20mm이고 윗부분이 좁아져서 둔 두로 되며 밑 부분이 좁아져서 예저로 되고 때로는 밑부분이 3개로 갈라지기 때문에 돌려나기한 것처럼 보이며 양면에 털이 있고 뒷면에 선점이 있으며 가장자리에 불규칙한 톱니가 있다.

꽃

꽃은 7~10월에 피며 백색 또는 홍자색이 돌고 원줄기 끝의 편평꽃차례에 달리며 꽃차례는 지름 6~9cm이고 총포는 원통형으로서 길이 4~5mm이며 낱꽃은 5개이고 비늘잎은 9개로서 2줄로 배열되며 약간 자줏빛이 돈다.

열매

수과는 길이 2.5mm정도로서 5각이진 원뿔모양이고 선점이 있으며 관모는 백색이고 9~10월에 익는다.

줄기

높이가 70cm에 달하고 전체에 거친 털이 있으며 줄기는 곧게 서고 원주상이다.

뿌리

짧은 근경으로부터 수염뿌리가 뭉쳐난다.

분포

전국 각지에 분포한다.

생태

여러해살이풀이다. 산이나 들에서 자란다.

이용방안

» 어린 순을 나물로 한다.
» 뿌리를 칭간승마라 하며 약용한다.

과꽃

🍁 잎

밑 부분의 잎은 꽃이 필 때 없어지며 중앙부의 잎은 달걀모양 또는 사각상 달걀
모양이고 끝이 뾰족하며 길이 5~6cm, 나비 3~4.5cm로서 밑 부분이 다소 수평
하거나 좁고 불규칙한 톱니가 있으며 엽병은 길이 7~8.5cm로서 좁은 날개가 있
고 잎과 더불어 털이 있다.

🌼 꽃

꽃은 7~9월에 피며 남자색이고 머리모양꽃차례는 지름 6.5~7.5cm로서 긴 화경
끝에 1개씩 달린다. 총포는 반구형이며 길이 1.5~2cm, 나비 3.5~4.5cm이고 밑

부분의 엽상포는 총포조각과 비슷하며 포편은 3줄로 배열되고 외편은 긴 타원상 피침형이며 끝이 둔하고 긴 연모가 있다.

열매

수과는 길이가 3~3.5cm, 폭이 1.5mm로서 편평한 도피침상 긴 타원형이며 줄이 있고 윗부분에 털이 있다.

줄기

높이 30~100cm이고 능선과 백색 털이 있으며, 자주 빛이 돌고 많은 가지가 나온다.

뿌리

» 잔뿌리가 사방으로 뻗는다.
» 북부지방의 산지와 오대산에서도 자생지가 발견된다.

분포

전국 각지에 분포한다.

생태

한해살이풀로 관화식물이다. 배수가 잘되고 약간의 석회질이 있는 알칼리성의 양토에서 잘 자란다.

이용방안

화단에 심어 관상하거나 절화용으로 재배한다.

곽향

잎

잎은 달걀모양 또는 넓은 달걀모양이며 끝이 약간 둔하고 길이 2.5~4cm, 나비 1.5~2.5cm로서 예저 또는 다소 심장 저이며 가장자리에 톱니가 있고 엽병은 길이 1~2cm이다.

꽃

꽃은 7~8월에 분홍색으로 피며 길이 8mm정도로서 성긴 총상꽃차례에 달리고 꽃차례는 길이 4~8cm로서 한 쪽으로 치우쳐 꽃이 성기게 달리며 포는 꽃받침보다 다소 짧고 넓은 피침형이며 꽃자루가 있다. 꽃받침은 윗부분에 긴 샘털이 드문드문 있고 열매가 익을 때는 밑을 향하며 흔히 갈색 윤채가 있고 길이 3~3.5mm이며 열편 끝이 둔하고 꽃부리는 털이 없으며 열편이 다소 좁다.

🍒 열매

분과는 둥글고 길이 1.5mm로서 그물 같은 무늬가 보이지 않는다.

🌳 줄기

높이 20~30cm이고 전체에 길이 1~2mm의 퍼진 털이 있으며 기는줄기가 옆으로 뻗으면서 곧게 자라고 때로는 가지가 갈라진다.

분포

제주도 한라산, 함경북도 명천군

🌱 생태

여러해살이풀이다. 산지에서 자란다.

광릉갈퀴

잎

잎은 어긋나기하고 3~7쌍의 소엽으로 구성된 짝수깃모양겹잎으로서 덩굴손이 짧은 돌기 같은 흔적으로 된다. 소엽은 피침형이며 길이 2~6cm, 나비 8~10mm 로서 끝이 점차 가늘어지고 미부분이 둔하며 탁엽은 삼각형 비슷하고 날카로운 톱니가 있다.

꽃

총상꽃차례는 잎겨드랑이에서 나오며 길이 2~4cm로서 긴 화경 끝에 꽃이 한쪽 으로 치우쳐서 달리고 꽃은 6~7월에 피며 길이 12~15mm로서 홍자색이다.

꽃받침은 통형이고 끝이 얕게 갈라진다.

 열매

열매는 편평하고 털이 없으며 길이 3cm정도의 협과이다.

줄기

높이 80~100cm이며 곧추 자라고 네모진 원줄기의 윗부분에서 가지가 갈라지며 약간 짧은 털이 있다.

분포

황해도 이북, 경기도, 강원도, 전라북도, 경상북도

생태

여러해살이풀이다. 산지의 숲속에서 자란다.

이용방안

어린 순을 나물로 한다.

괭이싸리

 잎

잎은 어긋나기하고 3출 엽이며 소엽은 달걀모양, 거꿀달걀모양 또는 넓은 거꿀달
걀모양이고 길이 1~2cm로서 표면에 잔털이 있으며 뒷면에 밀모가 있다.

꽃

8~9월에 짧은 또는 전혀 화경이 없어 보이는 꽃차례가 잎겨드랑이에서 나와
3~5개의 백색 꽃이 모여서 핀다. 꽃받침은 깊고 가늘게 5개로 갈라지며 긴 털이
밀생하고 각 열편에 3~5맥이 있으며 기꽃잎은 거꿀달걀모양이고 기부에 자줏빛
이 돈다.

열매

열매는 협과로 난상 원형이며 표면에 그물맥과 견모가 있고 10월에 익으며 종자
가 1개 들어 있다.

줄기

줄기가 철사처럼 가늘고 잎과 더불어 퍼진 털로 덮여 있으며 지면으로 기어간다.

분포

중부 이남

생태

여러해살이풀이다. 산록부의 양지에서 자란다.

이용방안

전초를 철마편이라 하며 약용한다.

구름국화

잎

근생엽과 무화경(無花莖)의 잎은 주걱모양이며 끝이 둔하고 길이 5~10cm, 나비 10~18mm로서 가장자리가 밋밋하거나 다소 톱니가 있으며 근생엽은 보다 작고 꽃이 필 때도 남아 있다. 꽃대의 잎은 위로 갈수록 작아지며 주걱모양, 선형 또는 긴 타원상 피침형으로서 길이 1~5cm, 나비 2~8mm이다.

꽃

꽃은 7~8월에 피고 지름 3~4cm로서 자주색이며 원줄기 끝에 1개의 꽃이 달리고 화경에 털이 있다. 총포는 반구형이며 길이 7~9mm, 지름 14~20mm이고 포편은 3줄로 배열되며 길이가 비슷하고 끝이 뾰족하며 뒷면에 털이 있고 나비 1mm로서 자줏빛이 돈다.

🍒 열매

수과는 좁으며 긴 타원형이고 길이 2mm, 지름 0.5mm로서 털이 있으며 관모는 길이 2.5~3.5mm이고 연분홍색이며 9월에 익는다.

🌳 줄기

높이 10~35cm이고 줄기는 곧추서며 털이 있고 기부에 마른 잎의 밑 부분이 비늘처럼 돌려 싸고 있다.

분포

북부지방

🌱 생태

여러해살이풀이다. 고산지대 초지에서 자란다.

💡 이용방안

관상용으로 이용한다.

구름패랭이꽃

잎
잎은 선형 또는 선상 피침 형, 끝이 날카롭고, 밑 부분은 줄기를 둘러싼다.

꽃
꽃받침의 길이는 2~2.3㎝, 포는 2쌍이며, 가느다랗고, 꽃은 분홍색, 꽃잎은 깊게
갈라진다.

줄기
줄기는 곧게 선다.

분포

우리나라 북부 고산지대에 분포

 생태

여러해살이풀이다.

 이용방안

관상용으로 심는다.

기장대풀

잎

잎은 어긋나기하고 길이 4~7cm, 폭 3~7mm로서 껄끄럽고, 엽초는 짧고 밋밋하며 잎혀는 털이 줄로 배열된다.

꽃

꽃은 6~8월에 피고 줄기 끝에 길이 3~7cm의 원뿔모양꽃차례를 이루며 가지는 가늘고 느슨하게 여러 갈래로 갈라져서 상반부에 소수(小穗)가 드문드문 달린다. 꽃자루는 연한 황색 선점이 있고 위끝이 굵으며 소수는 도란상 구형이고 길이 2~2.2mm로서 연한 녹색이며 때로 자줏빛이 돌고 까락이 없으며 2개의 잔

꽃이 포영에 싸여 있다. 포영은 서로 비슷하고 넓은 타원형이며 둔 두로서 5맥이 있고 호영과 내영은 소수보다 약간 길거나 같으며 타원형 또는 긴 타원 형으로서 끝이 둥글고 연한 황색이며 가장자리에만 털이 약간 있다. 암술머리는 2개로 갈라져 깃모양이고 담홍색이다.

줄기
높이 30~60cm이고 밑 부분이 비스듬히 서서 가지가 갈라지며 털이 없으나 마디에 털이 있다.

뿌리
근경은 가늘고 길게 옆으로 뻗는다.

분포
울릉도를 제외하고 전국에 걸쳐 분포한다.

생태
여러해살이풀이다. 물가나 습지에서 크게 무리지어 자란다.

꽃고비

잎

잎은 길이 8~25cm로서 1회우상복엽이고 소엽은 6~12쌍이며 엽병이 없고 달걀
모양 또는 넓은 피침형으로서 길이 1~4cm, 폭 4~10(20)mm로서 예첨두 또는 점
첨두이며 원저이고 위로 갈수록 작아지며 엽축 좌우에 좁은 날개가 있고 밑으
로 갈수록 넓어지며 막질로 되고 가장자리에 긴 털이 다소 있다. 양면에 털이 거
의 없고 가장자리는 밋밋하다.

꽃

꽃은 7~8월에 피며 자주색 또는 백색이고 꽃차례는 꽃받침과 더불어 퍼진 샘털

이 밀생한다. 꽃은 줄기 끝이나 그 근처의 잎겨드랑이에서 나오는 취산상 원뿔
모양꽃차례로 달린다. 꽃자루는 길이 3~10mm로 샘털이 발생하거나 긴 털이 있
다. 꽃받침은 종형이며 길이 6mm로서 5개로 깊게 갈라지고 열편은 길이 3mm정
도이지만 열편 사이는 백색 막질로서 길이 5mm정도이며 끝이 뾰족하고 녹색
맥이 뚜렷하다. 꽃부리는 끝이 5개로 갈라지며 열편 끝이 둔하고 수술은 5개로
서 수술대 밑에 긴 털이 밀생하며 암술대는 수술보다 길고 끝이 3개로 갈라진
다. 씨방은 둥글며 상위이다.

🍒 열매

삭과는 넓은 타원형이며 길이 3mm정도로서 꽃받침에 싸여 있고 7~8월에 익는
다. 종자는 갈색의 방추형으로 길이 2~3mm이다.

🌳 줄기

높이 60~90cm이고 줄기는 곧게 서며 가지가 없고 윗부분에 샘털이 밀생하며
긴 털이 섞인다. 밑 부분에서 근생엽과 더불어 잎이 다소 모여나기 한다.

분포

북부지방 분포한다.

🌱 생태

여러해살이풀이다. 숲사이의 초지, 관목림.

💡 이용방안

관상용. 밀원식물. 전초, 뿌리와 근경을 각혈, 토혈, 변혈, 위궤양출혈, 월경과다,
기침, 전간, 정신병, 불면증에 쓴다.

나나벌이난초

잎

잎은 가짜비늘줄기 옆에서 2개가 나와 마주나기하며 길이 3~10cm, 폭 2~5cm로서 넓은 타원형이고 가장자리에 잔주름이 있으며 끝이 갑자기 뾰족해지고 밑 부분이 좁아져서 짧은 초로 된다.

꽃

꽃은 5~/월에 피고 연한 녹색이거나 자갈색이 돌며 꽃대는 높이 10~20cm로서 능선과 좁은 날개가 있고 10~15개의 꽃이 총상꽃차례를 이루어 달린다. 꽃받침 조각은 선형이며 길이 11~14mm이고 꽃잎은 실처럼 가늘며 길이 8~10mm로서 젖혀져 밑으로 처진다. 입술모양꽃부리는 길이 8mm정도이고 밑에서부터 1/4정도의 길이에서 꼬부라져 퍼지며 판연은 나비 3~3.5mm로서 끝이 날카롭게 뾰족하다. 자웅예합체는 길이 2.5mm정도로서 날개가 거의 없다.

열매
삭과는 길이 1㎝정도로서 같은 길이의 대가 있다.

뿌리
가짜 비늘줄기는 거의 지상에 나와 있으며 녹색이고 마른 엽병으로 싸여 있다.

분포
전국 각지에 분포한다.

생태
여러해살이풀이다. 산지의 응달, 부식토가 많은 곳에서 자란다.

이용방안
조경을 위해 나무 밑에 심는다.

냉초

잎

잎은 3~8개씩 여러 층으로 돌려나기 하며 엽병이 없고 긴 타원형 또는 타원형이
며 끝이 뾰족하고 길이 6~17cm, 나비 2~4cm로서 가장자리에 톱니가 있다.

꽃

꽃은 7~8월에 피며 총상꽃차례는 원줄기 끝에 달리고 밑에서부터 꽃이 피어 올
라간다. 꽃받침은 5개로 깊게 갈라지며 열편 끝이 뾰족한 피침형이고 꽃부리는
통형이며 길이 7~8mm로서 끝이 얕게 4개로 갈라지고 홍자색이며 화통 안쪽에
털이 밀생한다. 수술은 2개로서 길게 밖으로 나오고 수술대는 자주색이며 밑
부분에 털이 있고 씨방은 2실로서 중축태좌(中軸胎座)에 많은 밑씨가 달리며 암

술대는 수술대와 길이가 거의 같고 밖으로 길게 나오며 백색이고 털이 없다.

열매

삭과는 끝이 뾰족한 넓은 달걀 모양이며 밑 부분에 꽃받침이 달려있다.

줄기

높이 50~90cm이고 모여나기 하며 털이 난다.

뿌리

목질 화된 짧은 근경에서 잔뿌리가 사방으로 벋어 나간다.

분포

강원도(설악산), 평북, 함남, 함북에 분포한다.

생태

여러해살이풀이다. 산지의 약간 습기가 있는 곳에서 자란다.

이용방안

» 어린 순은 식용한다.

» 잎과 꽃이 아름답기 때문에 절화용 소재는 물론 화단 식재용 화훼류로 개발 가능성이 매우높다. 적당한 식재비에 군식하거나 지피식물로 이용하여도 좋다.

» 전초(全草)를 참룡검이라 하며 약용한다.

네귀쓴풀

잎

잎은 마주나기하고 밑 부분의 것은 넓은 거꿀피침모양으로 밑이 좁아져 엽병같이 되나 화시에는 마르며 중앙부의 것은 삼각상 넓은 피침형 또는 피침형이고 수평으로 퍼지며 길이 2~3.5cm, 나비 7~15mm이고 끝은 뾰족하며 밑은 둥글며 엽병은 없다.

꽃

꽃은 7~8월에 자색으로 피고 4수성이며 줄기 끝에 모여 달려 전체가 원뿔모양으로 되고 꽃자루가 있다. 꽃받침조각은 피침형으로 꽃부리의 길이는 1/3정도이고 화관열편은 타원형 또는 난상장타원형으로 흑자색 점이 있으며 선체는 1개이다.

🍒 열매

과실은 삭과로 9~10월에 성숙한다.

🌳 줄기

줄기는 곧추 서고 네모지며 털이 없고 가지 친다.

분포

전국 각지에 분포한다.

🌾 생태

한해두해살이풀이다. 높은 지대의 풀밭에서 자란다.

네잎갈퀴

🍁 **잎**

잎은 4개씩 윤생하며 엽병이 없다. 엽저는 둥글며 길이 1~1.5cm, 나비 3~6mm로 뒷면과 가장자리에 비스듬히 퍼지는 백색 털이 있다.

🌸 **꽃**

꽃은 5~7월에 황록색으로 피고 액생 또는 정생하고 화관은 연한 황록색이고 4개로 갈라진다.

열매

열매는 2개씩 붙어 있으며 분
과이다

 줄기

털이 거의 없고 네모지고 연약
하다.

분포

전국 각지에 분포한다.

생태

여러해살이풀이다. 산기슭에서 자란다.

다북떡쑥

🍁 잎

근생엽은 작고 개화시기가 되면 없어지며 줄기 잎은 어긋나기하고 거꿀피침모양
이며 끝이 둔하고 밑 부분이 좁아져서 원줄기로 흐르기 때문에 능선으로 되며
표면은 녹색이고 면모가 약간 있으나 뒷면은 면모가 밀생하여 회백색으로 된다.

🌼 꽃

꽃은 이가화로서 7~8월에 피며 연분홍색이고 꽃차례는 산방상이며 지름 3~7cm
이고 자성머리모양꽃차례(雌性頭花)의 총포는 종형이며 길이와 나비가 각각
5mm이다.

🍒 열매

수과는 긴 타원형이고 순백색이며 길이 1mm정도로서 털이 없다.

🌳 줄기

높이 20~35cm이고 가는 근경에서 줄기가 밀생하며 가지가 없고 좁은 날개가 있으며 백색털로 덮여 있다.

분포

강원도

🌱 생태

여러해살이풀이다. 건조한 풀밭에서 자란다.

💡 이용방안

구름떡쑥/다북떡의 전초를 시경향청이라 하며 약용한다.

다알리아

🍁 잎

잎은 마주나기하고 엽병이 있으며 1~2회 우상으로 갈라지고 소엽은 달걀모양이며 가장자리에 톱니가 있고 정소엽이 가장 크며 엽축에 날개가 다소 있고 표면은 짙은 녹색이며 뒷면은 다소 흰빛이 돈다.

🌼 꽃

꽃은 7월에서부터 서리가 올 때까지 피고 원줄기와 가지끝에 1개씩 옆을 향해 달리며 지름 5~7.5cm이지만 보다 큰 것도 있고 총포 조각은 6~7개로서 잎같다. 혀꽃은 본래 8개였다고 보지만 명명할 당시에는 겹으로 되어 있었으며 변종에 따라서 빛깔과 꽃의 크기가 다르다.

 줄기

원줄기는 높이 1.5~2m로서 털이 없으며 원뿔모양이다.

 뿌리

고구마 같은 굵은 덩이뿌리로 번식한다.

분포

전국 각지에 분포한다.

생태

여러해살이풀이다.

이용방안

관상용으로 널리 재배하고 있다.

달구지풀

잎

잎은 어긋나기하고 엽병은 짧으며 5개의 소엽으로 된 손모양겹잎이다. 소엽은 피침 형 또는 긴타원모양이며 예두에 예저이고 잎맥이 뚜렷하며 길이 2~4cm, 폭 0.5~1cm이다. 잎뒷면의 주맥에 복모가 있으며 가장자리에 잔 톱니가 있다. 탁엽은 막질로 줄기를 감싼다.

꽃

머리모양꽃차례는 길이 5~30mm로서 10~20개의 꽃이 부챗살처럼 달리고 꽃은 6~9월에 피며 짙은 홍색이고 잎겨드랑이에 달린다. 꽃받침은 종형으로 5개의 피침 형 조각으로 갈라지며 10맥이 있고, 첫째 열편이 가장 길며 꽃잎이 꽃받침 보다 2배정도 길다. 기꽃잎은 타원형에 원두이고 날개꽃잎은 타원모양이며 용골꽃잎은 날개꽃잎보다 짧다.

🍒 열매

협과는 선상 타원모양으로 4~6개의 종자가 들어 있다.

🌳 줄기

줄기는 여럿이 뭉쳐나와 높이가 30cm에 달하며 다소 네모지고 비스듬히 자라며 털이 성글게 있거나 없다. 보통 가지가 갈라지지 않는다.

🌾 뿌리

땅속에 원주형의 굵은 뿌리가 있다.

🗺 분포

북부지방

🌿 생태

여러해살이풀이다. 숲가장자리, 관목림, 습지.

💡 이용방안

중요한 목초중의 하나며 밀원식물이다. 관상용, 녹비로도 될 수 있다. 전초를 호흡기병, 임파선결핵, 치질, 신장염, 낭뇨병, 황달, 비짐 등에 쓴다.

닭의덩굴

잎

잎은 어긋나기하고 전 저의 달걀모양으로 길이 5~7cm이며 끝은 뾰족하고 밑은 심형이며 양쪽 열편의 끝은 둔하거나 뾰족하고 양면의 맥과 가장자리에 미세한 돌기가 있으며 엽병은 길다. 엽초는 짧고 연모가 없다.

꽃

꽃은 6~9월에 홍색으로 피고 잎겨드랑이에 모여 나며 가지 끝의 잎이 작고 마디 사이가 짧아져서 총상으로 된다. 숙 존성 화피 편은 배면에 날개가 발달하고 하부는 꽃자루로 흐른다.

528

열매

과실은 수과로 삼릉형이고 흑색이며 약간 광택이 있다.

줄기

줄기는 길게 뻗어 다른 물체에
감기고 가지가 많으며 종선과
미세한 돌기가 있다.

분포

전국 각지에 분포한다.

생태

덩굴성 한해살이풀이다. 들에 난다.

빨간색 꽃(분홍·자주·보라색 포함)

529

당잔대

잎

근생엽은 엽병이 길고 둥근 콩팥모양이다. 줄기 잎은 어긋나기하며 엽병이 없고 길이 3~7cm, 나비 1~3cm로서 넓은 달걀모양이며 양끝이 좁고 가장자리에 톱니가 있다.

꽃

꽃은 7~9월에 피며 하늘색이고 원줄기 윗부분에 수상 비슷하게 달리며 가지가 그리 갈라지지 않고 포와 작은 포는 피침형이며 끝이 뾰족하고 꽃자루는 길이 2~4mm이다. 꽃받침은 통형이며 겉에 짧은 백색 털이 밀생하고 끝이 5개로 갈라지며 암술머리가 밖으로 나오지 않는다. 5개의 수술과 1개의 암술이 있다.

열매

삭과는 끝에 꽃받침 열편이 달린 채로 익는다.

줄기

높이 60~100cm이다.

뿌리

도라지 같은 굵은 뿌리가 있다.

분포

전국 각지에 분포한다.

생태

여러해살이풀이다. 햇볕이 잘 드는 메마른 곳에서 자란다. 주로 절 사면에 잡초들과 섞여서 자란다.

이용방안

» Adenophora속의 전 종(둥근 잔대, 넓은 잔대, 도라지모시대, 왕잔 대, 두메잔대, 나리잔대, 진퍼리잔대, 수원잔대, 잔대, 털잔 대, 모시내, 섬잔대, 가야잔대 등)은 독이 없으므로 어린 싹은 살짝 데쳐 향긋한 산나물로 이용하고 거대한 뿌리는 생식하거나 더덕처럼 양념을 하여 먹을 수 있다.

» 잔대 및 동속 근연식물의 뿌리를 사삼이라 하며 약용한다.

대극

🍁 잎

잎은 어긋나기하고 피침 형 또는 긴 타원형이며 둔 두 또는 예두이고 예저이며
길이 2.5~2.8cm, 폭 6~12mm로서 양면에 털이 없고 표면은 짙은 녹색이며 뒷면
은 흰빛이 돌고 가장자리에 잔 톱니가 있으며 주맥에 흰빛이 돈다.

🌼 꽃

꽃은 6월에 피고 원줄기 끝에 달리며 윗부분에서 5개의 잎이 돌려나기 하고 5개
의 가지가 산형으로 갈라진다. 총포조각은 넓은 달걀모양, 삼각상 원형 또는 난
상 원형으로서 길이 5~12mm이며 등잔모양꽃차례의 선체는 긴 타원형이고 지

름 1.5mm정도로서 검은 갈자색이다. 1개의 암술로 구성된 1개의 암꽃과 1개의
수술로 구성된 몇 개의 수꽃이 소총포안에 들어 있으며 암술대는 3개이고 끝이
2개로 갈라진다.

열매

삭과는 납작한 구형이고 사마귀 같은 돌기가 있으며 유면이 3각편으로 개열하
고 종자는 넓은 타원모양이며 길이 1.8mm로서 겉이 밋밋하다.

줄기

높이가 80cm에 달하고 곧추 자라지만 밑 부분에서 흔히 가지가 갈라지고 자르
면 유액이 나오며 꼬부라진 털이 있다.

뿌리

뿌리가 굵다.

분포

전남(무안), 경남, 경북(비파산), 충남, 경기, 황해, 평북, 함북에 분포한다.

생태

여러해살이풀이다. 산이나 들에 난다.

이용방안

뿌리를 대극이라 하며 약용한다.

대청부채

잎

잎은 납작한 칼 모양으로, 길이 20~30cm, 폭 2~2.5cm이며, 줄기 아래쪽에 6~8장이 2줄로 나서 부챗살처럼 된다.

꽃

꽃은 분홍색을 띤 보라색이고 8~9월에 가지 끝에서 나온 취산꽃차례에 핀다. 수술은 3개이고, 암술대는 3갈래로 깊게 갈라진다. 꽃은 오후 3~4시에 활짝 벌어지고, 밤 10시에 오므라든다.

🍒 열매

열매는 삭과로 타원형이다.

🌱 줄기

줄기는 높이 50~100cm로 곧추서며 위에서 가지가 갈라진다.

🇰🇷 분포

대청도와 백령도, 평안북도 등지에 분포한다.

🌾 생태

산과 들에 자라는 여러해살이풀이다.

빨간색 꽃(분홍 · 자주 · 보라색 포함)

덩굴곽향

잎

잎은 마주나기하고 얇으며 좁은 또는 넓은 달걀모양이고 밑 부분이 예저이며 길이 4~8(10)cm, 폭 2~4cm로서 끝이 뾰족하고 가장자리에 불규칙한 톱니가 있으며 엽병은 길이 1.5~3cm이다. 엽병 및 잎 뒷면에 밑으로 굽은 잔털이 있다.

꽃

꽃은 7~9월에 피고 길이 8~10mm로서 연한 하늘색이며 총상꽃차례에 달리고 꽃차례는 길이 3~5cm이며 꽃이 한쪽으로 치우쳐 달리고 밑으로 굽은 잔털이 있다. 포는 꽃받침과 길이가 비슷하며 피침형이고 꽃자루가 짧다.

꽃받침은 과시에는 넓은 달걀모양이며 길이 3~3.5mm로서 5개로 얕게 갈라지고 전샘털이 밀생하며 수술과 암술이 길게 위로 뻗어 있다.

열매

분과는 거의 둥글며 양쪽이 볼록하고 길이 1.2mm로서 윗부분에 선점이 있으며 희미한 그물 같은 무늬가 있다.

줄기

높이 25~40cm이며 곧게 서고 네모지며 털이 밀생한다.

뿌리

땅속줄기가 길게 옆으로 뻗는다.

분포

울릉도와 경기도, 강원도 이남에 분포한다.

생태

여러해살이풀이다. 나무 그늘이나 냇가 근처에서 자란다.

도둑놈의갈고리

 잎

잎은 어긋나기하고 엽병이 길며 3출 복엽이고 장란형 또는 난상 능형으로 길이
4~8cm, 나비 2.5~4cm이며 끝은 둔 하거나 뾰족하고 밑은 둥글며 가장자리는
밋밋하고 탁엽은 침상 피침형으로 길이 3~7mm이다.

꽃

꽃은 7~8월에 연한 홍색으로 피며 잎겨드랑이나 줄기 끝에 총상꽃차례로 달리
고 꽃자루는 길이 5~10mm이다. 꽃받침은 얕은 열편으로 갈라지고 꽃부리는 나
비 형이다.

열매

과실은 협과로 절 사이는 보통 2개이고 반달모양이며 갈고리모양의 털이 있다.

 줄기

윗부분에서 가지가 갈라지며 능선이 있고 자흑색이 돈다.

뿌리

뿌리는 딱딱한 목질이다.

분포

북부지방

생태

여러해살이풀이다. 북부지방의 산야에서 자란다.

독말풀

잎

잎은 어긋나지만 마주난 것처럼 보이며, 넓은 난형으로 길이 8~15cm, 폭 5~10cm이고, 가장자리에 큰 톱니가 있다. 잎자루는 검은 자주색이며, 길이 2~8cm이다.

꽃

꽃은 6~7월에 잎겨드랑이에서 1개씩 달리며, 연한 자주색이다. 꽃받침은 긴 통 모양으로 길이 2~3cm이며, 끝이 5갈래로 얕게 갈라진다. 화관은 깔때기 모양으로 길이 7~12cm이며, 5갈래로 얕게 갈라지며 갈래의 끝이 길게 뾰족하다.

수술은 5개이고, 암술은 1개이다.

열매

열매는 삭과이며, 둥글고 길이 3cm쯤이며, 겉에 가시 모양의 돌기가 많으며, 익으면 4갈래로 갈라진다.

줄기

줄기는 곧추서며, 굵은 가지가 많이 갈라지고, 높이 100~150cm이다.

분포

전국 긱지에 분포한다.

생태

열대 아메리카 원산의 귀화식물로 전국의 들판 또는 길가에 자라는 한해살이풀이다.

이용방안

잎, 꽃, 씨는 약재로 사용한다.

동자꽃

잎

잎은 마주나기하며 엽병이 없고 긴 타원형 또는 난상 타원형이며 양끝이 좁고 가장자리가 밋밋하며 길이 5~8cm, 폭 2.5~4.5cm로서 양면과 가장자리에 털이 있고 황록색이다.

꽃

꽃은 7~8월에 피며 직경 4cm정도로서 진한 적색이고 원줄기 끝과 잎겨드랑이에서 꽃자루가 1개씩 자라 그 끝에 한 송이씩 핀다. 꽃자루는 짧으며 털이 많고 꽃받침은 긴 통같으며 끝이 5개로 갈라지고 겉에 털이나있다. 꽃잎은 5개로 거꿀

심장모양이고 밑 부분이 길게 뾰족해지며 윗부분이 수평으로 퍼지면서 2개로 갈라지고, 각 열편의 가에는 거치가 있으며 목부분에 소열편이 2개씩 있고 양쪽 가장자리 밑에도 소열편이 1개씩 있으며 수술은 10개, 암술대는 5 개이다.

열매

삭과는 긴 타원형이고 꽃받침에 싸여 있으며 9월에 익는다.

줄기

줄기는 높이 40~100cm이고 긴 털이나 있으며 곧게 서고 마디가 뚜렷하다.

뿌리

근경성으로 성글게 뿌리가 내린다.

분포

제주도와 울릉도를 제외한 전국 각지에 분포한다.

생태

숙근성 여러해살이풀로 관화식물이다. 깊은 산 숲속이나 높은 산 초원에서 생육한다.

이용방안

꽃이 우아하고 아름다워서 관상용으로 심는다.

두메자운

잎

잎은 뿌리에서 모여나기하고 원줄기와 높이가 비슷하며 10~20쌍의 소엽으로 구성된 홀수깃모양겹잎으로서 엽병이 길고 소엽은 피침형이며 예두 원저이고 길이 8~15mm, 나비 2~4mm로서 양면에 긴 털이 있으며 가장자리가 뒤로 말린다.

꽃

꽃은 7~8월에 피고 홍자색이며 긴 화경 끝에 1~5개가 밀집되어 총상꽃차례로 달린다. 작은 포 피침형이며 막질이고 길이 15mm정도로서 끝이 길게 뾰족해진다. 꽃받침은 종형이며 겉에 긴 털이 있고 끝이 5개로 갈라지며 꽃잎은 거꿀달걀모양으로서 끝이 파지고 날개꽃잎은 꽃잎보다 다소 짧으며 끝이 비스듬히 파지고 용골꽃잎이 가장 짧다.

열매

협과는 부풀며 긴 타원형이고 겉에 긴 털이 있으며 길이 2cm 정도로서 긴 부리가 있고 5개 정도의 종자가 들어 있다.

줄기

뿌리 선단에서 여러 줄기가 모여나기하며 전체에 명주실 같은 털이 있다.

뿌리

뿌리는 매우 굵고 선단에서 여러 줄기와 잎이 모여나기 한다.

분포

북부지방 이북

생태

여러해살이풀이다. 고산지대의 산에서 자란다.

이용방안

관상용으로 심는다. 민간에서 전초를 중독증에 내용 또는 외용한다.

둥근매듭풀

잎

잎은 장상 3출 복엽이며 턱잎은 막질이고 달걀모양이며 엽병보다 길다. 소엽은 거꿀달걀모양으로 길이 0.5~1cm, 폭 3~8mm이고 요두에 쐐기모양이며 측맥은 밀집되고 표면은 털이 성글게 있으며 주맥에 센털이 있고 뒷면에 주맥도 잎 가장자리와 더불어 백색센털이 있다.

꽃

7월에 길이 5~8mm의 연한 홍자색나비형꽃이 잎겨드랑이에서 1~2개씩 핀다. 꽃받침은 종형으로 자줏빛을 띠고 5갈래이며 흰털이 있다. 기꽃잎은 타원형이며 꽃받침보다 2배 길고 날개꽃잎은 기꽃잎보다 길거나 같고 용골꽃잎은 날개꽃잎보다 길다.

열매

협과는 동글납작하며 1개의 검은 종자가 들어 있고 8~9월에 익는다.

줄기

줄기는 곧추서며 밑에서 가지를 많이 내고 거슬러 난 흰 털이 있다.

분포

전국 각지에 분포한다.

생태

한해살이풀이다. 산야의 모래자갈땅에서 자란다.

이용방안

매듭풀, 둥근매듭풀의 전초를 계안초라 하며 약용한다.

빨간색 꽃(분홍·자주·보라색 포함)

둥근잎꿩의비름

잎

잎은 길이와 폭이 각각 2.5~4.5cm로 난상 원형 또는 타원형이고 엽병은 없으며 마주나기한다. 가장자리에 불규칙하고 둔한 톱니가 있다.

꽃

꽃은 7~8월에 피며 짙은 홍자색으로서 원줄기 끝에 둥글게 모여 달린다. 꽃받침은 끝이 5개로 갈라지며 열편은 피침형이고 녹색이다. 꽃잎은 5개로서 자홍색이 돌며 배모양이고 수술은 10개로서 그 중 5개는 꽃잎과 마주나기하며 수술대는 꽃잎과 길이가 비슷하고 꽃밥은 적색이며 꽃가루는 황색이다. 암술은 5개가 서

로 떨어지고 꽃잎과 마주나기
하며 암술대는 길이 1mm정도
이다.

열매

열매는 골돌로서 5개이다.

줄기

높이 15~25cm이며 밑으로 처
지고 붉은빛이 돈다.

뿌리

몇 개의 굵은 뿌리가 있다.

 분포

경상북도 청송군, 포항시

생태

여러해살이풀이다. 계곡의 바위틈에서 자란다. 절벽의 바위 위에 붙어 생육하거
나 전석지의 돌 틈에서 자생한다. 반그늘의 조건 하에서도 자란다.

이용방안

암석원이나 건조지의 녹화용 재료로 좋으며 절개지 사면의 식재용 으로도 유망
하다. 초물분재로도 좋은 소재이다.

린네풀

잎

잎은 마주나기하며 원형, 넓은 거꿀달걀모양이고 길이와 너비가 각각 1cm이며 가장자리 상반부에 1~3개의 결각상 톱니가 있다. 표면에 잔털이 약간 있거나 없다.

꽃

꽃은 7월에 피고 밑을 향하며 가지 끝에 2개씩 달리고 화경은 길이 2~10cm로서 꽃자루 및 씨방과 더불어 짧은 샘털이 있으며, 꽃자루는 길이 1~2cm이고 작은 포에 샘털이 있다. 꽃받침 통은 달걀모양으로 털이 있으며 열편은 5개로 깊게 갈라지고 가장자리에 털이 있으며 좁은 피침형이고 떨어진다. 꽃부리는 길이

1.2cm로 백색 또는 연한 홍색이며 안쪽에 털이 있고 끝이 5개로 갈라지며 열편은 넓은 달걀모양이다.

🍒 열매

열매는 원형으로 10월에 황색으로 성숙하며 아래로 향한다.

🌳 줄기

원줄기에 잔털이 있고, 가지는 지름이 1mm에 달하며 갈색이 돌고 잔털이 있다.

🗺 분포

북부지방

🌾 생태

상록포복상 반관목이다. 숲속이나 숲가장자리에서 자란다.

💡 이용방안

관상용으로 이용할 수 있다.

마편초

🍁 **잎**

잎은 마주나기하며 달걀모양이고 보통 3개로 갈라지며 열편은 다시 우상으로
갈라지고 길이 3~10cm, 폭 2~5cm로서 표면은 잎맥을 따라 주름져 있으며 뒷면
맥이 융기해 있다.

🌼 **꽃**

꽃은 7~8월에 피고 자주색이며 이삭꽃차례는 원줄기 끝과 가지 끝에서 생기고
화경이 없는 꽃이 밑에서부터 위로 피어 올라가며 길이가 30cm에 달한다. 꽃받
침은 통형이고 5개로 갈라지며 길이 2mm이고 꽃부리는 지름 4mm 정도로서 5

개로 갈라지며 판통이 상부에서 한쪽으로 구부러진다. 수술은 4개로서 화관 통에 붙어 있고 암술은 1개이다.

열매

4개의 분과로서 길이 1.5mm정도이고 뒷면에 줄이 약간 있으며 포는 피침형이고 꽃받침과 길이가 비슷하다.

줄기

높이 30~60cm이고 원줄기는 사각형이고 곧게 서며 상부에서 많은 가지가 갈라지고 전체에 거친 잔털이 있다.

분포

울릉도, 제주도와 남해안 지방에 분포한다.

생태

여러해살이풀이다. 길가나 풀밭에서 자란다.

이용방안

전초를 마편초라 하며 약용한다.

말털이슬

잎

잎은 마주나기하며 좁은 달걀모양 또는 난상 긴 타원형이고 끝이 뾰족하며 밑부분이 둥글거나 얕은 심장저 또는 예저이고 길이 4~14cm, 폭 2~5cm로서 가장자리에 점으로 그치는 희미한 톱니와 더불어 잔털이 있으며 엽병이 엽신 보다 짧고 길이 3~5cm로서 거의 털이 없다. 표면은 맥줄에 다소 털이 있고 뒷면은 털이 없다.

꽃

꽃은 7~8월에 홍백색으로 피고 줄기와 가지 끝에서 총상꽃차례로 달린다.

꽃차례는 꽃이 핀 다음 길게 자라며 짧은 샘털이 있고 꽃받침조각, 꽃잎 및 수술은 각 2개이다. 꽃받침조각은 달걀모양이며 자홍색이고 꽃잎은 거꿀달걀모양이며 꽃받침 길이의 2/3정도로서 2개로 갈라지고 홍백색이다. 수술은 2개이고 씨방은 2실이다.

열매

열매는 견과상으로 넓은 거꿀달걀모양이며 세로로 4개의 홈이 파져 있고 지름 3mm로서 갈고리 같은 털이 있으며 열매의 대는 열매와 길이가 같거나 1.5배 정도 길고, 8~9월에 익는다.

줄기

높이 30~40cm이고 줄기는 곧게 서며 털이 없다.

뿌리

가는 땅속줄기가 옆으로 뻗는다.

분포

전국 각지에 분포한다.

생태

여러해살이풀이다. 중부 이남의 산지나 약간 그늘진 곳에서 자란다.

이용방안

전초를 위장염, 소변불리, 월경불순 등의 치료에 쓴다.

맨드라미

잎

잎은 어긋나기하고 엽병이 길며 달걀모양 또는 난상 피침형이고 끝이 뾰족하며 길이 5~10cm, 나비 1~3cm로서 밑 부분이 예저이고 톱니가 없다.

꽃

꽃은 7~8월에 피고 홍색, 황색 또는 백색이며 정생(頂生)하고 꽃대 상단은 닭의 볏 모양이며 아랫면에 대가 없는 다수의 잔 꽃이 밀착한다. 꽃받침이 5개로 갈라지며 열편은 길이 5mm정도로서 넓은 피침형이고 끝이 날카롭다. 수술은 5개로서 꽃받침보다 길고 수술대 밑이 서로 붙어 있으며 암술은 1개이고 긴 암술대가 있다.

열매

과실은 열리는 열매로서 달걀모양이며 숙존 악에 싸여 있고 끝에 암술대가 남아 있으며 가로로 벌어져서 뚜껑처럼 열리고 3~5개의 종자가 나온다. 종자는 흑색이며 광택이 있다.

줄기

높이가 90cm에 달하며 곧게 자라고 전체에 털이 없으며 흔히 붉은 빛이 돈다.

분포

전국 각지에 분포한다.

🌾 생태

한해살이풀이다. 양토라면 아무데서나 잘 자란다.

💡 이용방안

》 관상용으로 이용된다.

》 꽃차례는 계관화, 경엽은 계관묘, 종자는 계관자라 하며 약용한다.

모시대

잎

잎은 어긋나기하며 밑 부분의 것은 엽병이 길고 달걀모양 심장형, 달걀모양 또는 넓은 피침형이며 길이 5~20cm, 나비 3~8cm로서 끝이 뾰족하고 밑 부분이 예저, 원저 또는 심장저이며 가장자리에 예리한 톱니가 있다.

꽃

꽃은 8~9월에 피고 자주색이며 원줄기 끝에서 밑을 향해 엉성한 원뿔모양꽃차례로 된다. 꽃받침은 5개로 갈라지고 열편은 녹색이며 피침형으로서 가장자리가 밋밋하고 꽃부리는 길이 2~3cm로서 끝이 5개로 갈라져서 벌어진다. 5개의 수술과 1개의 암술이 있으며 씨방은 하위이고 암술머리가 3개로 갈라진다.

열매

타원형의 삭과가 결실한다.

줄기

높이 40~100cm이다.

뿌리

뿌리가 굵다.

분포

전국 각지에 분포한다.

생태

여러해살이풀이다. 숲속의 약간 그늘진 곳에서 자란다.

이용방안

» 연한 부분과 뿌리를 식용으로 하고 뿌리는 봄가을에 캐어서 삶아 먹거나 날 것을 된장이나 고추장 속에 넣어 장아찌로 해서 먹는다.

» 뿌리는 제니, 꽃대와 잎은 제니묘라 하며 약용한다.

물고추나물

🍁 잎

잎은 마주나기하고 엽병이 없으며 긴 타원형 또는 타원상 피침형이고 길이 4~8cm, 폭 1~2.5cm로서 양끝이 둔하거나 둥글며 투명한 점이 있고 잎가에도 투명한 점이 있다.

🌸 꽃

꽃은 8~9월에 피고 지름 1cm로서 연한 홍색이며 윗부분에서 액생한 취산꽃차례에 1~3송이씩 달리고 화경이 짧으며 꽃자루는 극히 짧다. 꽃받침조각은 긴 타원형이고 적갈색이며 길이 3~4mm이다. 꽃잎은 붉은색이고 좁은 거꿀달걀모양이며 길이 6~7mm이다. 9개의 수술은 3뭉치이고 그 사이에 1개씩의 선체가 있으며 꽃밥 끝에 사마귀 같은 돌기가 있다. 암술대는 3갈래이다.

열매

열매는 삭과로 달걀모양이고 끝이 뾰족하며 투명한 맥이 있고 길이 8~10mm로서 많은 종자가 들어 있다.

줄기

높이 30~70cm이고 줄기는 서며 밑 부분에 보통 적자색이 돈다.

뿌리

가늘고 긴 땅속줄기가 옆으로 뻗는다.

분포

중부이남

생태

여러해살이풀이다. 습지에서 자란다.

바늘꽃

잎

잎은 마주나기하며 다소 원줄기를 감싸고 달걀모양 또는 난상 피침형이며 불규칙한 톱니가 있고 중앙부의 잎은 길이 2~10cm, 폭 0.5~3cm로서 가을철에 적색으로 단풍이 든다.

꽃

꽃은 8월에 피며 길이 5~10mm로서 연한 홍자색이고 윗부분의 잎겨드랑이에 1개씩 달리며 가늘고 긴 씨방이 화경같이 보인다. 꽃받침은 4개이고 꽃잎도 4개로서 끝이 2개로 얕게 갈라진다.

열매

삭과는 길이 3~8cm로서 샘털이 밀생하고 익으면 4개로 갈라지며, 소과경은 길이 7~15mm이며 종자는 피침상 긴 타원형이고 끝이 둥글며 길이 1.3~1.8mm로서 겉에 잔돌기가 밀생하고 적갈색 관모가 있다.

 줄기

높이 30~90cm이고 옆으로 뻗는 땅속줄기에서 원줄기가 나와 곧게 자라며 밑부분에 굽은 잔털이 있고 윗부분에 샘털이 있다.

분포

전국 각지에 분포한다.

생태

여러해살이풀이다. 산이나 들, 물가나 습지에서 난다.

이용방안

전주를 심담초라 하며 약용한다.

빨간색 꽃(분홍·자주·보라색 포함)

박주가리

잎

잎은 마주나기하고 난상 심장형이며 끝이 뾰족하고 길이 5~10cm, 폭 3~6cm로서 털이 없으며 약간 두껍고 톱니가 없으며 지맥이 분명하고 뒷면이 분처럼 희다.

꽃

꽃은 엷은 자색으로 7~8월에 피며 총상꽃차례로서 액출하고 길이 2~5cm이며 꽃대가 있다. 녹색의 꽃받침은 길이 4~5mm로서 5조각으로 깊게 갈라지며 열편은 송곳형으로 끝이 날카롭고 꽃부리는 바퀴모양으로 5열 되며 안쪽에 털이 밀생하고 열편은 피침형으로 뒤로 젖혀진다.

열매

골 돌과로서 짐승 뿔모양이며 길이 10cm로서 전면에 고르지 않은 작은 돌기가 있고, 종자는 편평한 거꿀달걀모양이며 길이 6~8mm로서 백색 명주 실 같은 것이 달려 있어 바람에 잘 날린다. 열매를 나마자라 한다.

 줄기

길이가 3m이상에 달하고 자르면 젖같은 액체가 나온다.

 뿌리

땅속줄기가 길게 뻗어 번식한다.

 분포

전국 각지에 분포한다.

 생태

덩굴성 여러해살이풀이다.
양지의 건조한 곳에서 자란다.

 이용방안

» 씨의 털은 인주용으로 이용한다.
» 전초 또는 뿌리를 나마, 과실은 나마자, 과각은 천장각이라 하며 약용한다.

박하

잎

잎은 마주나기하고 긴 타원형이며 양끝이 좁고 길이 2~5cm, 나비 1~2.5cm로서 양면에 유점과 털이 약간 있으며 가장자리에 톱니가 있고 엽병은 길이 3~10mm 이다.

꽃

꽃은 7~9월에 피며 연한 자주색이고 윗부분과 가지의 잎겨드랑이에 윤산 화서로서 밀집하며 꽃받침보다 짧은 꽃자루가 있다. 꽃받침은 종형이며 녹색이고 길이 2.5~3mm로서 끝이 5개로 갈라지며 열편은 가장자리에 퍼진 털이 있고 예두이다. 꽃부리는 통형(筒形)이며 길이 4~5mm로서 4개로 갈라지고 4개의 수술이 있으며 암술대는 끝이 2갈래로 갈라진다.

열매

분과는 타원형이며 길이 2~3mm정도이다.

줄기

높이가 50cm에 달하고 둔한 사각이지며 전체에 짧은 털이나고 줄기는 곧게 서며 가지가 갈라진다.

뿌리

땅속줄기를 뻗어 번식한다.

분포

전국 각지에 분포한다.

생태

여러해살이풀이다. 물가나 습지에서 자란다.

이용방안

전초 및 잎을 박하라 하며 약용한다.

방울비짜루

🌼 꽃

꽃은 6~7월에 피며 암·수꽃이 딴 그루에서 1~2개씩 아귀에 달리고 길이 6~7mm이며 통상 종형이고 황록색이며 꽃자루는 길이 7~8mm로서 중부 또는 중상부에 관절이 있다. 수꽃의 화피조각은 6개로 길이 7~8mm이며 수술은 6개 인데 약(葯)은 수술대보다 길다. 암꽃의 화피는 길이 3mm이다.

🍒 열매

장과는 둥글며 지름 10mm정도이고 3~4개의 종자가 들어있으며 7~8월에 적색 으로 익는다.

줄기

잎처럼 생긴 줄기는 높이 50~100cm이고 곧추서며 위로 뻗는 가지가 있다. 1년 생가지에는 3개의 능각이 있으며 능선 위에는 소돌 기가 있어서 거칠다. 잎처럼 생긴 가지는 1~8개씩 달리고 선형 예두이며 곧고 길이 1~3.5cm로서 능각이 있으며 짙은 녹색이다.

 뿌리

근경은 짧고 2~3mm의 수염뿌리가 길게 뻗는다.

 분포

전국 각지에 분포한다.

 생태

여러해살이풀이다.

 **이용방안**

» 어린 순을 식용한다.
» 민간에서 비짜루와 더불어 뿌리와 전초를 지혈, 이뇨 약으로 사용한다.

백령풀

잎

잎은 마주나기하며 밑 부분이 서로 합쳐져서 원줄기를 완전히 둘러싸고 잎사이에 길이 8mm의 굵은 털이 줄고 돋으며 선형, 피침형 또는 선상 피침형이고 길이 2~3.5cm, 폭 2~5mm로서 뒷면 맥과 가장자리에 털이 있으며 다소 뒤로 말린다.

꽃

꽃은 7~9월에 피고 길이 6mm정도로서 잎겨드랑이에 달리며 꽃자루가 없고 꽃받침조각은 길이 1mm정도이며 털이 없고 끝까지 남아 있다. 꽃받침 통은 열매를 완전히 둘러싸며 거꿀달걀모양이고 길이 3~3.5mm로서 잔털이 있다.

🍒 열매

열매는 삭과, 꽃받침통 속에
들어 있고, 거꿀달걀모양, 잔
털이 있다.

🌳 줄기

높이 20~50cm이고 흔히 줄기
밑에서 가지가 갈라지며 흑자색이 돌고 짧은 털이 다소 밀생한다.

🗺 분포

중부지방

🌱 생태

바닷가에 자라는 한해살이풀이다.

빨간색 꽃분홍·자주·보라색 포함

버드쟁이나물

잎

줄기 잎은 어긋나기하며 중앙부의 잎은 길이 7~8cm, 나비 3~4cm로서 엽병이
없고 우상으로 중앙까지 갈라지며 결각상으로 갈라지거나 결각상의 톱니가 있
고 녹색이며 열편은 선형이고 3~4쌍으로서 둔두이며 끝만 뾰족하고 양면, 특히
가장자리에 짧은 털이 있으며 위에서는 선상 피침형이다.

꽃

꽃은 7~8월에 피고 연한 보라색 또는 흰색인 머리모양꽃으로 피며 머리모양꽃
차례는 지름 2.5cm로서 산방상으로 달리며 화경이 길고 총포는 3줄로 배열되며

외포 편은 선형 둔두이고 내포편은 긴 타원형이며 뒷면은 모두 녹색이고 짧은 털이 있다. 혀꽃은 길이 12mm, 나비 2~2.5mm로서 하늘색이다.

열매

수과는 길이 2.5mm이고 관모는 길이 1/3mm정도로서 작다.

줄기

높이 30~150cm이고 굽은 털이 있으며 가지가 많다.

뿌리

근경이 옆으로 길게 자란다.

분포

전국 각지에 분포한다.

생태

여러해살이풀이다. 양지쪽 풀밭에서 자란다.

버들분취

 잎

근생엽과 밑 부분의 잎은 개화시 까지 남아 있고 길이 5~22cm의 엽병이 있다. 줄기 잎은 긴 타원형이며 끝이 뾰족하고 밑부분이 점차 좁아지며 길이 10~30cm 로서 우상으로 갈라지고 측열편은 4~6쌍으로서 서로 떨어져 있으며 거꿀 피침 모양이고 가장자리가 밋밋하거나 톱니가 약간 있으며 불규칙하게 갈라지기도 하 고 정열편이 작다. 윗부분의 잎은 긴 타원형 또는 피침형으로서 양끝이 좁으며 뒷면에 선점과 더불어 백색털이 약간 있고 우상으로 갈라지거나 톱니가 있다.

꽃은 7~9월에 피며 여러 개의 자홍색 통꽃만으로 이루어진 머리모양꽃차례가 줄기나 가지 끝에 편평꽃차례를 이루고 지름 10mm이다. 총포는 좁은 통형이고 길이 10~14mm, 지름 6mm로서 거미줄 같은 백색 털로 덮여 있으며 자주 색이고 포편은 8줄로 배열되며 외편은 짧고 달걀모양이며 중편은 긴 타원형이고 둔두이며 내편은 선형 둔두이다. 꽃 부리는 자주색이고 길이 11~13mm이다.

열매

수과는 길이 5mm, 지름 1.5~2mm로서 적자색 줄이 있고 관모는 2줄이며 길이 9mm이고 백색이며 우상으로 갈라진다.

줄기

높이가 50~160cm에 달하고 곧게 서며 짧은 털과 선점이 있다.

분포

전국 각지에 분포한다.

생태

여러해살이풀이다. 산지의 볕이 잘드는 풀밭에서 자란다.

이용방안

어린 순은 나물로 한다.

범꼬리

잎

근생엽은 엽병이 길며 넓은 달걀모양이고 점차 좁아져서 끝이 뾰족해지며 밑 부분이 심장저이고 길이 5~10cm, 폭 3~7cm로서 가장자리가 밋밋하며, 앞면은 진한 녹색이나 뒷면은 연한 녹색이며 줄기에 난 잎은 자루가 짧거나 없다.

꽃

화경 밑 부분의 줄기 잎은 어긋나기하며 근생엽과 비슷하지만 작으며 위로 올라갈수록 작아지고 엽병이 없으며 피침형이고 예두 심장저이지만 엽병으로 흘러서 날개처럼 되는 것도 있다. 꽃대는 높이 30~80cm이다. 꽃은 6~7월경에 피며 이삭꽃차례로 달리고 화경 끝에서 길이 3~8cm의 원주형 화수(花穗)가 발달한다. 꽃받침은 연한 홍색 또는 백색이고 길이 3mm로서 5개로 갈라지며 꽃잎은 없고 꽃자루가 약간 길다. 수술은 8개로서 꽃받침보다 약간 길며 꽃밥은 연한 홍자색이고 수술대 밑 부분에 작은 선(腺)이 있다. 씨방은 3개의 암술머리가 있다.

 열매

수과는 난원형이고 길이 3mm이며 숙존악에 싸여 있고 윤채가 있으며 3개의 능선이 있고 난상 원형이다.

 줄기

줄기는 높이 50~100cm이며 전체에 털이 없거나 잎 뒷면에 백색 털이 있다.

 뿌리

근경은 짧고 비후하며 많은 잔뿌리가 나오고 검은 갈색이다.

 분포

전국 각지에 분포한다.

 **생태**

여러해살이풀이다. 산골짝 양지에서 자란다.

 이용방안

» 어린잎과 줄기를 나물로 이용한다.
» 근경을 권삼이라 하며 약용한다.

별나팔꽃

잎

잎은 어긋나고 난원형이다. 첨두, 심장저이고 거치가 없다. 간혹 3열이다. 길이는 3~6cm, 나비는 2~5cm이며, 털이 없다.

꽃

꽃은 잎겨드랑이에 달린다. 꽃대 길이는 8~12cm이고, 꽃은 3~8개이다. 작은 꽃대 길이는 8mm이하이고 능선이 있다. 사마귀 모양의 돌기가 있고, 꽃받침 길이는 8mm이다. 꽃받침 열편은 장 타원형으로 첨두, 섬모이다. 꽃잎은 깔때기 모양으로 지름 15~20mm이다.

열매

열매는 삭과로 구형, 지름 5~7mm.

 줄기

털이 없다.

 분포

남부지방과 제주도

 생태

덩굴성 식물이다. 길가, 쓰레기매립지에서 자란다.

분꽃

잎

잎은 마주나기하고 엽병이 있으며 달걀모양 또는 넓은 달걀모양이고 끝이 뾰족
하며 가장자리가 밋밋하고 밑 부분이 원저 또는 다소 심장저이며 길이 3~10cm
로서 털이 없으나 가장자리에 잔털이 있는 것도 있다.

꽃

꽃은 6~10월에 피고 홍색, 백색, 황색 또는 여러 가지 색이 뒤섞여 피며 저녁때부
터 아침에 걸쳐서 피고 향기가 있다. 취산꽃차례는 가지 끝에 달리며 꽃받침 같
은 포는 녹색이고 5개로 갈라지며 꽃잎 같은 꽃받침은 나팔꽃을 축소시킨 것 같

고 끝이 얕게 5개로 갈라진다.

열매

열매는 둥글고 딱딱한 꽃받침
의 밑 부분으로 싸여 있으며
녹색에서 흑색으로 되고 겉에
주름이 진다. 종자는 둥글며
얇은 백색종의(種衣)로 싸여 있
고 배젖도 밀가루 같은 백색이다.

줄기

높이 60~100cm이고 원줄기는
마디가 굵으며 가지가 많이 갈
라진다.

뿌리

뿌리가 굵으며 겉은 흑색이다.

분포

전국 각지에 분포한다.

생태

한해살이풀이다. 전국각지에서 재배한다.

이용방안

공업용으로 쓸 경우에는 화장품유와 백분을 제조하는데 이용하고 연지를 만드
는 재료로 쓰기도 한다. 뿌리를 자말리근, 잎은 자말리엽, 종자내의 배젖은 자말
리자라 하며 약용한다.

분홍노루발

잎

잎은 타원형, 넓은타원모양 또는 난상 타원형이며 양끝이 둥글고 표면은 윤채가 있으며 황록색이지만 마르면 다갈색으로 되고 얕은 톱니가 있으며 엽병은 길이 3~5cm이다.

꽃

꽃대는 높이 20cm이고 7~15개의 꽃이 밑을 향해 총상꽃차례로 달리며 능선이 있고 꽃은 6~7월에 피며 지름 12~15mm로서 분홍색이다. 비늘 같은 잎은 1~3개로서 넓은 피침형 또는 좁고 긴 타원형이고 길이 7~10mm이며 포는 넓은 피침형이고 끝이 뾰족하며 길이 5~8mm로서 꽃자루보다 길다. 꽃받침조각은 5개로서 좁은 달걀모양 또는 넓은 피침형이고 길이가 나비보다 3~4배 길며 꽃잎도 5개로서 끝이 둥근 타원형이고 수술은 10개이며 꽃밥은 적자색이고 암술대는 꽃 밖으로 길게 나오며 꽃밥부리가 뾰족하다.

열매

삭과는 지름 7~8mm로서 약간 편평한 원형이며 성숙하면 5각편으로 벌어진다.

줄기

때로는 여러 대가 한군데에서 모여나기 한다.

뿌리

근경은 옆으로 뻗으며 뿌리에서 3~5개의 잎이 나온다.

분포

강원도 이북지역

생태

상록 다년초이다. 높은 산의 산림 속에 난다.

이용방안

» 전초를 이뇨제로 사용하고 줄기와 잎의 생즙은 독충에 쏘였을때 바른다.

» 노루발/분홍노루발/콩팥노루발의 전초를 녹수초라 하며 약용한다.

뻐꾹채

잎

근생엽은 꽃이 필 때까지 남아 있고 밑 부분의 잎은 도피침상 타원형 또는 피침상 긴 타원형이며 끝이 둔하고 밑 부분이 좁으며 길이 15~50cm로서 우상으로 완전히 갈라진다. 열편은 6~8쌍으로서 서로 떨어져 있고 긴 타원형이며 둔두이고 백색 털이 밀생하며 가장자리에 불규칙한 톱니가 있거나 결각상이다.
줄기 잎은 어긋나기하고 위로 올라갈수록 점차 작아진다.

꽃

꽃은 6~8월에 피며 지름 6~9cm로서 원줄기 끝에 한 개씩 곧추 달리고 총포는 반구형이며 길이 3cm, 폭 5cm이고 포편은 6줄로 배열되며 외편과 중편은 주걱 모양으로서 윗부분이 넓고 뒷면에 털이 약간 있으며 밑 부분에 털이 많고 내편 은 피침상 선형으로서 끝이 약간 넓다. 꽃부리는 길이 3cm이며 판통의 좁은 부 분이 다른 부분보다 짧고 홍자색이다.

열매

수과는 긴 타원형으로서 길이 5mm, 직경 2mm이고 관모는 여러 줄이 있으며 길이는 2cm이다.

줄기

높이 30~70cm이고 백색 털로 덮여 있으며 가지가 없고 곧게 자란다. 원줄기는 화경상(花莖狀)으로서 줄이 있다.

뿌리

땅속으로 굵은 뿌리가 깊게 뻗어 내려간다.

분포

전국 각지에 분포한다.

생태

숙근성 여러해살이풀로 관화식물이다. 건조한 산지의 능선부 양지에서 자란다.

이용방안

» 어린순을 식용한다.
» 뻐꾹채/큰절굿대/절굿대의 뿌리는 누로, 꽃차례는 추골풍이라 하며 약용한다.

서양메꽃

🍁 잎

잎은 어긋나기(互生) 잎차례이며, 잎자루는 가늘고 잎몸보다 짧다. 잎몸은 달걀모양 또는 긴타원모양이고, 길이 2~7㎝, 폭 1~5㎝, 잎 가장자리는 톱니가 없고, 끝이 둔두 또는 원두이고 기부는 전저 또는 창모양이다.

✿ 꽃

꽃은 7~8월에 연분홍색 또는 흰색으로 피며, 꽃대는 잎겨드랑이에 생기며, 길이 4~9㎝로 잎과 같은 길이 이거나 길고 1~4개의 꽃(보통은 2 개)이 달리며, 꽃대의 끝에 2개의 포가 있다. 포는 마주나기를 하며 거꿀피침모양, 길이 3~4㎜이다.

꽃받침은 5개로, 긴타원모양, 끝이 둔두이며 길이 4~5㎜이다. 꽃잎은 담홍색 또는 거의 백색이며 지름 3㎝이다. 암술머리는 2심열되고 선형이다.

🍒 열매

열매는 삭과다

🌳 줄기

줄기는 덩굴로 뻗어 나가며 지면을 포복하고 길이 1~2m, 가늘고 외줄기 이거나 또는 가지를 친다.

📍 분포

전라북도 군산

🌱 생태

여러해살이풀이다. 길가나 나대지에서 자란다.

석잠풀

🍁 잎

잎은 마주나기하며 피침형이고 끝은 뾰족하며 밑 부분은 절저 또는 원저이고
가장자리에 톱니가 있으며 길이 4~8cm, 폭은 1~2.5cm이지만 점차 작아지고 엽
병은 길이가 5~15mm이다.

🌸 꽃

꽃은 6~9월에 피며 길이 12~15mm로서 연한 홍색이고 마디 사이에서 돌려나기
한다. 꽃받침은 종형이며 길이 6~8mm로서 밑 부분에 털이 약간 있고 열편은 가
시처럼 뾰족하며 판통보다 짧다. 꽃부리는 통 모양이고 끝 부분은 순형 이다.

상순은 원형이고 하순은 3갈래로 갈라져 있으며, 흰색에 가까운 엷은 홍색이 난다. 수술은 4개인데 그 중 2개는 길다.

열매

수과이며, 2~3분과는 모과 있는 구형으로 숙존악 밑에 있다.

줄기

높이 30~60cm이고 마디의 백색 털 이외에는 털이 없고 둔하게 네모가 진다.

뿌리

백색 땅속줄기가 옆으로 길게 뻗고, 마디 부분에서 잔뿌리가 여러 개가 내린다.

분포

전국 각지에 분포한다.

생태

숙근성 여러해살이풀로 관화
식물이다. 습기가 있는 축축
한 점질토나 사질양토에서 잘
자란다.

이용방안

» 어린 순은 식용한다.

» 양봉의 밀원으로도 좋으며, 습기가 있는 정원에 심어 관상한다.

» 뿌리 및 전초를 광엽수소라 하며 약용한다.

선연리초

 잎

잎은 어긋나기하며 1~4쌍의 소엽으로 구성된 1회 우상복엽으로서 정소엽이 소
돌기 같이 퇴화되고 덩굴손이 없다. 소엽은 피침형이며 엽병이 없고 밑 부분이
둥글며 끝이 길게 뾰족해지고 중앙부의 큰 소엽은 길이 7cm, 나비 17mm이며
탁엽은 피침형이고 밑부분이 화살밑 같다.

꽃

꽃은 6월에 피며 홍자색이고 길이 1.5cm로서 나비 모양이며 총상꽃차례에 달린
다. 꽃차례는 윗부분의 잎겨드랑이에서 나오며 긴 화경 끝에 소수의 꽃이 한쪽

으로 치우쳐서 달린다. 꽃받침은 종형이고 털이 없으며 앞쪽 열편은 길이 3.5mm이다.

열매

열매는 협과로 선형이고 검은색으로 익으며 길이 2.5cm, 지름 5mm로서 털이 없다.

줄기

원줄기에 날개가 있고 털이 다소 있다.

분포

강원도 대관령 이북

생태

여러해살이풀이다.

수염가래꽃

잎

잎은 어긋나기하여 2줄로 배열되며 엽병이 없고 피침 형 또는 좁은 타원형이며
길이 1~2cm, 폭 2~4mm로서 가장자리에 둔한 톱니가 있다.

꽃

꽃은 5~8월에 피고 연한 자줏빛이 돌며 꽃자루는 길이 1.5~3cm로서 한 가지에
서 1~2개씩 액생하고 꽃이 필 때는 곧게 서지만 꽃이 진 다음에는 처진다. 꽃받
침은 끝이 5개로 갈라지며 꽃부리는 길이 1cm정도로서 중앙까지 5개로 갈라지
고 열편은 피침형이며 한쪽으로 치우쳐서 좌우 비대칭이 된다. 수술은 합쳐져서

암술을 둘러싸며 씨방은 하위 이고 꽃받침이 남아 있으며 암술대가 2개로 갈라진다.

🍒 열매

삭과는 길이 5~7mm이며 종자는 적갈색이고 길이 1/3mm정도로서 미끄럽다.

🌳 줄기

높이 3~15cm이고 옆으로 뻗으며 군데군데에서 뿌리가 내리고 옆으로 선다.

분포

전국 각지에 분포한다.

🌾 생태

여러해살이풀이다. 논두렁 또는 습지에 난다.

💡 이용방안

뿌리가 달린 전초를 반변련이라 하며 약용한다.

빨간색 꽃(분홍 · 자주 · 보라색 포함)

수염풀

잎

엽초는 다소 껄껄하나 곧 반반하게 된다. 잎은 근생엽과 줄기 잎의 두 가지가 있으며 길이 10~20cm, 폭 2mm로서 꽃대보다 짧고 유연하며 가장자리는 다소 껄껄하다. 잎혀는 막질로서 길이 2~4mm이고 둔두 또는 첨두이다.

꽃

꽃은 7~8월에 피고 원뿔모양꽃차례는 길이 5~15cm로서 마디에서 가지가 2개씩 갈라진 다음 다시 갈라지거나 갈라지지 않으며 끝에 소수(小穗)가 1개씩 달린다. 소수는 피침형이고 길이 5~7mm이며 소수경은 가늘고 길며 기부가 회 백색 또는 암자색을 띤다. 포영은 길이가 같지 않으며 3~5맥과 끝에 털이 약간 있다. 호영은 길이 4mm로서 기부에 털이 있으며 끝이 2개로 갈라진 사이에서 길이 25mm의 까락이 자란다. 까락의 기부는 말리고 중부는 굽으며 전체에 깃같은 백색털이 있어 솔같이 보인다. 꽃밥은 길이 2~3mm이고 끝에 털이 있다.

 줄기

높이 30~90cm이고 곧추서며 모여나기 하고 윗부분에 털이 약간 있다.

 분포

북부지역

 생태

여러해살이풀이다.

숙은노루오줌

잎

잎은 어긋나기하고 근생엽은 엽병이 길며 2~3회 3출 복엽이고 소엽은 달걀모양 또는 넓은 타원형이며 끝이 길게 뾰족해지고 밑 부분이 둔하거나 다소 심장저이 며 길이 4~11cm, 폭 1.5~7cm로서 가장자리에 결각상의 톱니가 있다.

꽃

꽃은 6~7월에 피고 연한 붉은 색이며 원뿔모양꽃차례는 큰 것은 길이 26cm, 지름 16cm로서 옆으로 처지고 꼬불꼬불한 갈색털이 밀생한다. 꽃받침은 중앙에서 5개로 갈라지며 길이 2mm정도로서 털이 없고 꽃잎은 선형이며 길이 5mm, 폭

0.5mm정도로서 연홍색이다. 수술은 10개이고 꽃잎보다 다소 짧으며 꽃밥은 둥글고 암술대 2개이다.

🍒 열매

열매는 꽃받침에 싸이며 끝이 2개로 갈라지는 삭과이다.

🌳 줄기

높이가 60cm에 달하고 갈색털이 있다.

분포

전국 각지에 분포한다.

🌾 생태

여러해살이풀이다. 산지의 응달진 숲 속에서 자란다.

숫잔대

잎

잎은 어긋나기하며 다소 밀생하고 중앙부의 잎은 피침형이며 엽병이 없고 끝이 길게 좁아지다가 둔해지며 길이 47cm, 폭 0.5~1.5cm로서 가장자리에 낮은 톱니 가 있고 윗부분의 잎은 점점 작아져서 포로 되며 밑 부분의 잎은 다소 짧고 끝이 둔하다.

꽃

꽃은 7~8월에 피며 벽자색이고 원줄기 끝에 1개의 총상꽃차례가 달리며 꽃자루 는 길이 5~12mm이고 꽃부리는 중앙 가지 양순형으로 갈라지며 하순은 3개로 중앙까지 갈라지고 열편 가장자리에 긴 연모(軟毛)가 있다. 꽃받침은 씨방에 붙어 있으며 끝이 5개로 갈라진다.

열매

삭과는 길이 8~10mm이며 긴 타원형으로 포배에서 터지고 종자는 편평한 달걀 모양이며 길이 1.5mm정도로서 윤채가 있다.

줄기

높이 50~100cm이고 가지와 털이 없다.

뿌리

짧고 굵은 근경이 있다.

분포

제주도 및 남부 다도해 지역을 제외한 전국

생태

여러해살이풀이다. 강한 햇볕이 드는 계곡의 습지나 냇가 근처에서 자란다.

이용방안

>> 개화기가 길기 때문에 관상 가치가 높다. 초장이 길기 때문에 절화용 소재로 좋다. 습지 녹화용 지피식물로 이용해도 좋다.
>> 뿌리 또는 뿌리가 달린 전초를 산경채라 하며 약용한다.

애기나비나물

잎

잎은 어긋나기하고 2개의 소엽으로 되며 소엽은 달걀모양 또는 난상 타원형으로 길이 15mm내외이고 양끝은 뾰족 하고 다른 한쪽은 예리한 톱니가 있다.

꽃

꽃은 6~8월에 홍자색으로 피고 잎짬에서 화경이 나와 끝에 소수의 꽃이 총상으로 달린다. 꽃받침은 끝이 5개로 얕게 갈라지고 꽃부리는 나비모양이다.

열매

과실은 삭과로 타원형이다.

 줄기

줄기는 모여나며 경질이고 네모지며 가지가 치고 곧추 서거나 비스듬히 올라간다. 전주에 털이 없다.

 분포

제주(한라산)

 생태

여러해살이풀이다. 산지에서 자란다.

애기도라지

잎

잎은 어긋나기하며 밑 부분의 것은 근생엽과 더불어 거꿀피침모양 또는 피침형
이고 밑부분이 좁으며 길이 2~4cm, 폭 3~8mm로서 가장자리가 흰빛이 돌고 두
꺼우며 흔히 물결모양으로 되고 윗부분의 잎은 작으며 적다.

꽃

꽃은 6~8월에 피고 하늘색으로서 가지 끝에 1개씩 달리며 꽃받침은 5개로 갈라
지고 열편은 피침형이며 길이 2~3mm로서 곧게 선다. 꽃부리는 깔대기모양이고
5개로 깊게 갈라지며 길이 5~8mm이다. 5개의 수술과 1개의 암술이 있다.

암술머리는 2~5개로 갈라진다.

🍒 열매

열매는 곧게 서며 도원추형이고 길이 6~8mm의 삭과로서 포배에서 갈라진다. 종자는 여러 개이고 갈색이다.

🌳 줄기

높이 20~40cm이고 능선이 있으며 가늘고 곧게 서며 흔히 밑에서 갈라지고 밑부분의 잎과 더불어 퍼진 털이 있다.

분포

제주도와 다도해 도서지방에 분포한다.

🌾 생태

여러해살이풀이다.

💡 이용방안

뿌리 또는 뿌리가 달린 전초를 난화삼이라 하며 약용한다.

애기땅빈대

잎

잎은 마주나기하고 장 타원형으로 길이 5~10mm, 너비 2~4mm이며 양끝이 둥글고 상반부 가장자리에 잔 톱니가 있고 중앙부에 붉은빛이 도는 갈색의 반점이 있다.

꽃

꽃은 6~7월에 홍색으로 피고 잎겨드랑이에 등잔모양꽃차례로 달린다. 술잔처럼 생긴 총포속에 1개의 수술로 된 수꽃과 1개의 암술로된 암꽃이 들어 있고 겉에 짧은 털이 있다.

열매

과실은 삭과로 3개의 둔한 능선이 있고 겉에 털이 있으며 꽃차례 밖으로 길게 나와 옆으로 처진다.

줄기

줄기는 사상으로 지면을 따라 사방으로 퍼지며 잎과 더불어 털이 약간 있으며 간혹 암홍색이다.

분포

전국 각지에 분포한다.

생태

밭이나 길가에 자라는 한해살이풀이다.

애기메꽃

🍁 잎

잎은 어긋나기하며 3~10cm길이의 엽병이 있고 밑 부분이 양쪽으로 뾰족해지며
각 2개로 다시 갈라지고 피침상 삼각형으로서 점차 좁아지며 밑 부분이 약간 심
장저이고 길이 4~6cm이며 나비는 양쪽의 퍼진 부분과 더불어 3~6cm이고 가장
자리에 톱니가 없다.

🌼 꽃

꽃은 6~8월에 피며 연한 홍색이고 각 잎겨드랑이에 1개씩 달리며 포는 삼각상
달걀모양이고 마주나기 하며 점첨두에 원저이고 길이 1~2cm로서 꽃받침보다 길

다. 꽃받침은 5개로 갈라지고 타원형으로서 둔두이며 길이 5~10mm이다. 꽃잎은 깔때기 모양이며 지름 3~4cm이고 수술은 5개이며 수술대의 기부는 부풀고 꽃부리의 기부와 동합한다. 암술은 1개이며 씨방은 2실이고 암술머리는 2개로 갈라진다.

열매

삭과는 난구형으로서 황갈색이며 길이 1cm정도이고 종자는 흑갈색으로서 길이 4~5mm이며 겉이 잔돌기로 덮인다.

줄기

덩굴지는 줄기를 가지고 있으며 전체에 털이 없다.

뿌리

땅속줄기는 백색이고 다소 굵은 땅속줄기가 가로 뻗으면서 군데군데에서 순이 돋는다.

분포

전국 각지에 분포한다.

생태

덩굴성 여러해살이풀이다.

이용방안

» 어린순과 땅속줄기를 식용한다.
» 전초 또는 근경을 면근등이라 하며 약용한다.

애기앉은부채

잎

잎은 모두 뿌리에서 나오고 엽병이 길며 난상 타원형이다. 이른 봄 다른 식물이 움트기 전에 싹이 돋아 배추 잎처럼 큰 잎으로 자랐다가 6월이 되면 지상부가 사라지고 휴면에 들어간다. 8월에 검붉은색의 포가 자라고 포안에 꽃이 핀다.

꽃

꽃은 길이 1cm정도 되는 육수꽃차례 1~2개가 지면 가까이에 달린다. 꽃차례는 1~2개가 지면 가까이에 달리며 보우트 같은 검은 자갈색의 포로 싸여 있고 넓은 타원형이다. 잎이 자란 다음에 꽃이 핀다.

열매

열매는 다음해 꽃이 필 때 익는다.

 뿌리

근경에서 잎이 모여나기한다.

 분포

강원도 이북

 생태

여러해살이풀이다. 깊은 산 속 낙엽수 하부의 습윤하고 여름철에 시원한 곳에 자생한다.

 **이용방안**

 》 관상용으로 심는다.

애기우산나물

잎

첫째 잎은 둥글고 지름 20~30cm로서 장상으로 갈라지며 열편은 7~9개이고 2~3
회 2개씩 중열되며 소열 편은 나비 4~8mm로서 뒷면에 흰빛이 돌고 가장자리에
불규칙하고 뾰족한 톱니가 있으며 처음에는 뒤로 젖혀져서 거미줄 같은 백색 털
로 덮여 있지만 점차 없어지고 엽병은 길이 10~16cm이다. 둘째 잎은 약간 작으
며 지름 12~24cm이고 열편은 나비 4~5cm이며 엽병은 길이 2~6cm이다.

꽃

꽃은 7~8월에 피고 지름 6~7mm로서 머리모양꽃차례가 복산방꽃차례에 달리며

화경은 길이 6~16mm이고 선상의 포가 있으며 총포는 통형이고 길이 9~12mm
로서 자갈색이며 보편은 5개이다. 낱꽃은 8~10개이고 꽃부리는 길이 10.5mm로
서 끝이 5개로 갈라지며 붉은빛이 돈다.

🍒 열매

수과는 원통형이고 길이 5mm로서 털이 없으며 종선이 있고 관모는 길이
8~10mm로서 오백색(汚白色) 또는 적색이다.

🌳 줄기

높이가 70~120cm이고 원줄기는 자줏빛이 돌며 가지가 없고 2개의 잎이 달린다.

🌱 뿌리

짧은 근경이 옆으로 뻗는다.

🗺 분포

전국 각지에 분포한다.

🌾 생태

여러해살이풀이다.

💡 이용방안

» 어린 순을 나물로 한다.
» 애기우산나물/우산나물의 뿌리 또는 전초를 토아산이라 하며 약용한다.

엉겅퀴

잎

근생엽은 꽃이 필 때까지 남아 있고 경색엽보다 크며 타원형 또는 피침상 타원형이고 길이 15~30cm, 나비 6~15cm로서 밑 부분이 좁으며 6~7쌍의 우상으로 갈라지고 양면에 털이 있으며 가장자리에 결각상의 톱니와 더불어 가지가 있고 줄기 잎은 피침상 타원형이며 원줄기를 감싸고 우상으로 갈라진 가장자리가 다시 갈라진다.

꽃

꽃은 6~8월에 피며 지름 3~5cm로서 가지 끝과 원줄기 끝에 1개씩 달리고 총포는 둥글며 길이 18~20mm, 지름 25~35mm이고 포편은 7~8줄로 배열되며 겉에서 안으로 약간씩 길어지고 끝이 뾰족한 선형이다. 꽃은 전부 관상화이고 꽃부리는 자주색 또는 석색이며 길이 19~24mm이다.

열매

수과는 길이 3.5~4mm이며 관모는 길이 16~19mm이고 백색이다.

줄기

높이 50~100cm로서 전체에 백색 털과 거미줄 같은 털이 있으며 줄기는 곧게 서고 가지가 갈라진다.

뿌리

뿌리, 지상 부를 대계라고 한다.

분포

전국 각지에 분포한다.

생태

여러해살이풀이다.

 이용방안

» 어린 순을 식용으로 한다. 염료용으로 이용할 수 있다.
» 엉겅퀴/바늘엉겅퀴/큰 엉겅퀴의 전초 또는 뿌리를 대계라 하며 약용한다.

여뀌

잎

잎은 엽병이 없고 어긋나기하며 피침형이고 양끝이 좁으며 가장자리가 밋밋하고 길이 3~12cm, 폭 1~3cm로서 표면에 털이 없으며 뒷면은 잔선점이 밀생하고 녹색이며 씹으면 맵다. 잎집의 탁엽은 막질이고 가장자리에 1~5mm의 털이 있으며 속에서 짧은 꽃차례가 나오기도 한다.

꽃

꽃은 6~9월에 피고 이삭꽃차례는 길이 5~10cm로서 길며 가늘고 줄기나 가지 끝에 정생하며 밑으로 처지고 작은 포 가장자리에 짧은 털이 있다. 꽃은 작고 성기게 나며 꽃잎은 없다. 화피는 연한 녹색이고 끝이 약간 적색이며 선점이 있고 길이 2.5~4mm로서 4~5개로 깊게 갈라진다. 수술은 6개, 암술대는 2개이고 씨방은 타원형이다.

열매

열매는 수과로서 흑색이며 편 달걀모양(扁卵形)이고 잔 점이 있으며 길이 2~3mm이고 꽃받침으로 싸여 있다.

줄기

높이 40~80cm이고 전체에 거의 털이 없으며 줄기는 곧게 서고 가지가 많이 갈라진다.

분포

전국 각지에 분포한다.

생태

한해살이풀이다. 습지 또는 시냇가에서 자란다.

이용방안

» 잎과 줄기에서 즙을 내어 고기잡이에 사용하고, 어린순은 식용한다.

» 전초는 수료, 뿌리는 수료근, 과실은 요실이라 하며 약용한다.

연꽃

잎

잎은 근경에서 나오고 엽병이 길며, 물 위에 높이 솟고 둥근 방패모양이며 백록
색이고 잎맥이 사방으로 퍼지며 지름 40cm정도로서 물에 잘 젖지 않고 엽병은
원주형이며 짧고 뾰족한 가시가 산생한다. 꽃잎과 더불어 수면보다 위에서 전개
한다.

꽃

꽃은 7~8월에 피고 지름 15~20cm로서 연한 홍색 또는 백색이다. 뿌리에서 꽃대
가 나오고 화경은 엽병처럼 가시가 있으며 화경 끝에 대형의 꽃이 한송이 핀다.

꽃받침은 4~5조각인데 녹색이고 소형이며 일찍 떨어지고 꽃잎은 여러 개이며 길이 8~12cm, 폭 3~7mm로서 거꿀달걀모양이고 둔 두이며, 꽃턱은 크고 해면질이며 길이와 지름이 각 10cm정도로서 표면이 평탄하고 역원뿔모양이다.

열매

열매는 수과로서 타원형이고 길이 20mm정도이며 검게 익고 먹을 수 있다. 과실을 연실(蓮實)이라 한다.

뿌리

뿌리가 옆으로 길게 뻗으며 원주형이고 마디가 많으며 가을철에 끝부분이 특히 굵어진다.

분포

전국 각지에 분포한다.

생태

다년생 수초이다.

이용방안

» 관상용이나 식용으로 많이 재배한다.
» 과실 및 종자, 근경, 비후근, 잎, 엽병 및 꽃자루, 꽃봉오리, 꽃턱, 수술, 씨껍질, 배아 등을 약용한다.

오이풀

잎

잎은 엽병이 길며 1회우상복엽이고, 소엽은 5~11개로 긴타원모양, 타원형 또는 달걀모양이고 원두이며 심장저 또는 원저이고 길이 2.5~5cm, 폭 1~2.5(3.5cm)cm 로서 삼각형의 톱니가 있고 털은 없으며, 작은 잎자루는 길이 6~30mm이고 밑부분에 흔히 소엽편이 있다. 근생엽은 어긋나기하며 엽병이 짧고 작다.

꽃

꽃은 7~9월에 피며 혈적색이고 이삭꽃차례는 긴 대가 있으며 길이 1~2.5cm, 지름 6~8mm로서 곧게 서고, 포는 넓은 타원형이며 작은 포 피침형이고 가장자리에 털이 있다. 꽃받침조각은 4개이며 넓은 타원형이고 수술도 4개로서 꽃받침보다 짧으며 꽃밥은 흑갈색이다. 심피는 1개이다.

🍒 열매

열매는 수과로서 사각형이고 꽃받침으로 싸여 있다.

줄기

높이 30~150cm이고 원줄기는 곧게 자라며 윗부분에서 갈라지고 전체에 털이 없다.

🌿 뿌리

근경은 옆으로 비스듬히 방추형으로 자라고, 다시 방추형의 뿌리에 잔뿌리가 내린다.

🗺 분포

전국 각지에 분포한다.

생태

숙근성 여러해살이풀이다. 전국의 산야에 자생한다.

💡 이용방안

오이풀, 산오이풀, 긴오이풀, 큰오이풀, 가는오이풀, 애기오이풀의 뿌리 및 근경을 지유라 하며 약용한다.

우산나물

잎

첫째 잎은 둥글고 7~9개 장상으로 깊게 갈라지며 지름 35~40cm(때로는 50cm정도)이고 열편은 흔히 2회 2개씩 갈라지며 호열편은 나비 2~3cm로서 끝이 뾰족하고 털이 있으나 없어지며 뒷면은 흰빛이 돌고 가장자리에 날카로운 톱니가 있다. 둘째 잎은 작으며 엽병도 짧고 열편이 5개 정도이다.

꽃

꽃은 6~9월에 피며 지름 8~10mm로서 원뿔모양꽃차례를 이루며 화경은 길이 3~10mm로서 털이 있으며 포는 길이 1.5~3mm로서 피침형이다. 총포는 원통형이고 길이 9~10mm이며 포편은 5개, 낱꽃은 7~13개이며 꽃부리는 길이 9~10mm로서 끝이 5개로 갈라진다.

열매

수과는 원통형이며 길이 4.5~6mm, 나비 2~1.5mm로서 양끝이 좁고 관모는 오백색이다.

줄기

높이가 70~120cm에 달하고 털이 있으나 없어지며 분백이 돌고 가지가 없으며 2개 간혹 3개의 잎이 달린다.

뿌리

지하부에 짧은 근경이 옆으로 뻗는다.

분포

전국 각지에 분포한다.

생태

여러해살이풀이다. 고산지대의 수림 밑의 반그늘진 습한 곳에 군락을 이루며 자생한다.

이용방안

» 4~5월경에 채취한 어린 싹을 식용으로 한다.

» 애기우산나물/우산나물의 뿌리 또는 전초를 토아산이라 하며 약용한다.

우엉

🍁 잎

근생엽은 모여나기하며 엽병이 길고 심장형으로서 표면은 짙은 녹색이며 뒷면은 백색 털이 밀생하여 흰빛이 돌고 가장자리에 치아모양톱니가 있다. 줄기 잎은 어긋나기 한다.

🌼 꽃

꽃은 7월에 피며 머리모양꽃차례는 원줄기와 가지 끝에 산 방상을 달리고 총포는 구형(球形)이며, 포편은 침형이고 끝이 갈고리모양이다. 꽃은 통상화 뿐이며 검은 자줏빛이 돌고 잔 꽃이 5갈래로 갈라지며 관모는 단형으로 강경(剛硬)하고 갈색이다.

열매

열매를 우방자(牛蒡子)라 한다.

줄기

높이가 1.5m에 달하고 줄기는 곧추서며 줄이 있고 자줏빛을 띠며 가지를 많이 친다.

뿌리

뿌리는 길이 30~60cm정도 곧추 들어가고 육질이다.

분포

전국 각지에 분포한다.

생태

두해살이풀이다. 전국적으로 재배한다.

이용방안

» 뿌리는 식용한다.

» 과실은 우방자, 뿌리는 우방근, 경엽은 우방경엽이라 하며 약용한다.

원지

🍁 잎

잎은 어긋나기하며 길이 1.5~3cm, 나비 0.5~1mm로서 선형이다. 엽병이 없으며 다소 원형이고 가장자리에 톱니가 없고 끝은 뾰족하다.

🌸 꽃

총상꽃차례는 줄기와 가지의 끝에 발달하고 꽃이 드문드문 달리며 꽃은 7~8월에 피고 자주색이며 꽃자루는 길이 4mm정도로서 털이 없다. 꽃받침조각은 5개로서 뒤의 것 1개와 밑의 것 2개는 선형이고 길이 2.5mm로서 녹색이며 양쪽 2개는 꽃잎 같고 길이 5mm, 나비 1.8mm로서 얇은 막질이다. 꽃잎은 윗부분이 벌어지며 밑 부분이 동합하고 길이 6mm이며 밑의 것은 끝이 솔같이 갈라진다.

🍒 열매

삭과는 편평하고 2개로 갈라지며 털이 없고 종자에 털이 많다.

🌳 줄기

뿌리 선단에서 가는 줄기가 여러 개로 나고, 가지가 많다.

🌿 뿌리

뿌리는 굵고 길며 능선이 있고 윗부분에 있는 약간의 꼬부라진 털을 제외하고
는 털이 거의 없다. 뿌리를 원지(遠志) 라고 하며 약용한다.

🗺 분포

경상북도 안동시, 영주시

🌱 생태

여러해살이풀이다. 토질은 겉흙이 깊고 부식질이 많은 땅과 진흙땅이 좋다.

💡 이용방안

원지, 두메애기풀의 뿌리를 원지, 싹은 소초라 하며 약용한다.

유홍초

잎

잎은 어긋나기하며 엽병이 있고 빗살처럼 완전히 갈라지며 열편은 선형이고 좌우로 퍼진다.

꽃

꽃은 7~8월에 피며 홍색 또는 백색이고 잎겨드랑이에서 긴 화경이 나와 그 끝에 1개의 꽃이 달린다. 꽃받침은 5개로 깊게 갈라지며 열편은 긴 타원형으로서 판통보다 길고 끝이 돌기처럼 뾰족해지며 녹색이고 화관통은 길며 끝이 5개로 갈라져서 거의 수평으로 퍼지고 5개의 수술과 1개의 암술대가 꽃밖으로 나온다.

🍒 열매

삭과는 달걀모양으로서 꽃받침이 남아 있으며 종자는 선형이고 길다.

🌳 줄기

길이 1~2m이고 덩굴이 왼쪽으로 감으면서 다른 물체에 기어 올라간다.

📍 분포

전국 각지에 분포한다.

🌱 생태

덩굴성 한해살이풀이다.

💡 이용방안

관상용으로 이용한다.

이삭바꽃

잎

잎은 어긋나기하고 3개로 완전히 갈라지며 열편은 다시 우상으로 중렬 하고 소열 편은 끝이 뾰족하며 예리한 톱니가 있다.

꽃

꽃은 8월에 청색으로 피며 줄기 끝과 위쪽 잎겨드랑이에 총상꽃차례로 달리고 꽃자루에 잔털이 있다. 꽃잎모양의 꽃받침 조각은 5개로 고깔모양꽃부리를 이루고 2개의 꽃잎은 위쪽 꽃받침 속으로 들어가 꿀샘을 이룬다. 씨방은 5개로 털이 거의 없으며 수술은 많고 수술의 하부는 날개처럼 된다.

열매

과실은 골 돌로 타원형이고 끝에 암술대가 남아 있어 밖으로 젖혀진다.

 줄기

줄기는 곧추서고 암수딴그루이다.

분포

전국 각지에 분포한다.

생태

여러해살이풀이다. 산지의 숲 속에 자란다.

빨간색 꽃노랑·자주·보라색 포함

이삭여뀌

잎

잎은 어긋나기하고 타원형, 긴 타원형, 거꿀달걀모양 또는 달걀모양이며 길이 7~15cm, 폭 4~9cm로서 끝이 뾰족하고 밑 부분이 좁으며 길이 5~30mm의 짧은 엽병이 있고 가장자리가 밋밋하며 양면에 털이 있고 표면에는 흔히 흑색반점이 있다. 탁엽은 원통형이며 길이 5~10mm로서 가장자리에 수염 같은 털이 있다.

꽃

꽃은 7~8월에 피고 적색이며 짧은 화경이 있어 약간 휘고 이삭꽃차례는 원줄기 끝과 윗부분에서 나오며 길이 20~40cm로서 꽃이 드문드문 달린다. 꽃잎은 없고 꽃받침은 길이 2~3mm로서 4개로 갈라지며 수술은 5개이고 씨방은 난상 원형이며 암술대는 보다 길고 2개이다.

🍒 열매

열매는 수과로서 양끝이 좁고 납작한 달걀모양이며 암갈색이고 길이 2.5mm가량으로서 끝에 암술대가 남아 있으며 숙존 악에 싸여 있다.

🌳 줄기

높이 50~80cm이고 마디가 굵으며 전체에 거친 털이 산포되어 있고 줄기는 곧게 선다.

🗺 분포

제주, 전남, 경남, 경북, 충남, 충북, 강원, 경기, 황해, 함남, 함북에 분포한다.

🌾 생태

여러해살이풀이다. 산골짝의 냇가, 숲가장자리나 들에 난다.

💡 이용방안

전초는 금선초, 뿌리는 금선초근이라 하며 약용한다.

익모초

잎

잎은 마주나기하고 엽병이 길다. 근생엽은 난상 원형이고 가장자리에 둔한 톱니
가 있거나 결각상이며 꽃이 필 때 없어진다. 줄기 잎은 3개로 갈라지며 열편이
다시 2~3개로 갈라지고 각 소열 편은 톱니모양이거나 우상으로 다시 갈라지며
톱니가 있고 최종열편은 선상 피침 형이며 예두이고 회록색이다.

꽃

꽃은 홍자색으로 7~8월에 피며 윗부분의 잎겨드랑이에 몇 개씩 층층으로 달려
윤산 화서를 이룬다. 꽃받침은 종형이고 5개로 갈라지며 끝이 바늘처럼 뾰족하

고 꽃부리는 아래위 2개로 갈라지며 밑 부분의 것이 다시 3개로 갈라지고 중앙부의 것이 가장 크며 적색 줄이 있다. 수술은 4개로서 그 중 2개가 길다.

🍒 열매

분과는 넓은 달걀모양으로서 약간 편평하며 3개의 능각이 있고 털이 없으며 숙존악 속에 있다. 종자를 충위자라 한다.

🌱 줄기

높이 1m이상 자라는 것도 있고 둔한 사각형이며 백색털이 있어 전체가 백록색이 돌고 가지가 갈라진다. 모가 지며 곧게 선다.

🗺 분포

전국 각지에 분포한다.

🌾 생태

두해살이풀이다. 전국에 야생한다.

💡 이용방안

전초는 익모초, 꽃은 익모초화, 과실은 충울자라 하며 약용한다.

자주개자리

잎

잎은 어긋나기하며 우상 3출 엽이고 소엽은 거꿀피침모양 또는 긴 타원형이며 절두 또는 요두이고 주맥 끝이 뾰족하며 밑 부분이 예저이고 길이 2~3cm, 넓이 6~10mm로서 윗가장자리에 잔 톱니가 있으며 윗면에 털이 거의 없고 뒷면에 털이 복생(伏生)한다. 탁엽은 피침 형이며 가장자리가 밋밋하다.

꽃

총상꽃차례는 액생하며 화경이 있고 꽃은 7~8월에 피며 접형 화는 길이 7~8mm로서 연한 자주색이고 포는 침형이다. 꽃받침은 길이 5~6mm이며 열편은 종형으로서 판통보다 길다.

 열매

협과는 나선상으로 2~3회로 말리며 털이 있고 여러 개의 종자가 들어 있다.
종자는 신형(腎形)으로서 작고 황갈색이다.

 줄기

줄기는 곧추서거나 비스듬히 자라며 가지가 많이 갈라진다. 털이 거의 없고 속이 비어있다.

 뿌리

원뿌리는 원주형이며 땅속에 깊이 자란다.

분포

북부와 중부 지방에 분포한다.

생태

여러해살이풀이다.

이용방안

자주개자리, 개자리의 진초를 목숙, 뿌리를 목숙근이라 하며 약용한다.

자주꿩의다리

잎

근생엽은 2~3회 3출 복엽이고 최종소엽은 심장상 달걀모양 또는 심장상 원형이
지만 달걀모양 또는 원형인 것도 있으며 가장자리에는 큰 톱니가 있거나 3개로
갈라지고 뒷면은 다소 분백이다.

꽃

꽃은 6~7월에 피며 흰빛이 도는 자주색이고 엉성한 원뿔모양꽃차례에 달리며
포는 작고 꽃자루는 가늘며 꽃받침조각은 4~5개이고 자줏빛이 돌며 길이 3mm
로서 타원형이다. 수술대는 끝이 방망이 같고 자주색이며 꽃밥은 긴 타원형으

로 자주색이고 암술은 3~5개로서 암술대가 없다.

 열매

수과는 짧은 대가 있으며 편평한 반거꿀달걀모양이고 6맥이 있다.

 줄기

털이 없다.

 뿌리

뿌리가 흔히 굵어진다.

 분포

전국 각지에 분포한다.

생태

여러해살이풀이다.

자주황기

잎

잎은 어긋나기하고 5~8쌍의 소엽으로 구성된 홀수깃모양겹잎이며 소엽은 긴 타
원형이고 둔 두 또는 예두이며 둔저 또는 원형이고 가장자리가 밋밋하며 탁엽은
막질이고 달걀모양으로서 끝이 길게 뾰족해진다.

꽃

총상꽃차례는 잎겨드랑이에서 나오며 잎과 길이가 거의 비슷하고 꽃은 6~8월에
피며 길이 12~15mm로서 자주색이고 꽃자루는 길이 1mm이며 작은 포 선형이
고 길이 2mm로서 끝 가장자리에 잔털이 있다. 기꽃잎은 끝이 파지며 가장 길

고, 날개꽃잎은 피침형으로 다소 짧고, 용골꽃잎은 날개꽃잎과 같은 길이이다. 꽃받침은 길이 6mm, 지름 2mm이고 열편은 길이 3mm로서 가장자리에 잔털이 있으며 수술은 10개로서 양체로 갈라진다.

열매

열매는 협과로 타원형이고 끝이 날카로우며 배종선이 들어가기 때문에 2실로 된다.

줄기

전체에 잔털이 있고 비스듬히 옆으로 자라며 길이 50~100cm이고 가지는 많이 갈라진다.

뿌리

뿌리는 길고 크며, 땅 속에 깊이 들어간다.

분포

경상북도, 강원도

생태

여러해살이풀이다. 고산의 산 중턱 위에 자생한다.

이용방안

뿌리는 약용한다.

장백패랭이꽃

잎

잎은 마주나며, 긴 피침형으로 가장자리는 밋밋하다. 줄기 아래의 잎은 보통 일찍 시든다.

꽃

꽃은 7~8월에 엷은 자색으로 피며 줄기 끝에 1개씩 달린다. 꽃받침은 원통형으로 끝이 5열하며 꽃 밑의 작은 포는 2개이며 좁은 선형 또는 피침형으로 끝이 둔하고 꽃받침과 등장 또는 약간 길다. 꽃잎은 5개로 끝에 불규칙한 톱니가 있고 수술은 10개, 암술대는 2개이다.

열매

과실은 삭과이다.

 줄기

줄기는 모여 나며, 높이 30cm이고 전체에 털이 없다.

 **분포**

북부지방에 분포한다.

 생태

여러해살이풀이다. 높은 산의 위쪽에서 자란다.

 **이용방안**

관상용으로 심는다.

접시꽃

🍁 잎

잎은 어긋나기하며 엽병이 길고 원형이며 기부는 심장저이고 가장자리가 5~7개
로 얕게 갈라지며 톱니가 있다.

🌼 꽃

6월경에 잎겨드랑이에서 짧은 화경이 있는 꽃이 피기 시작하여 위로 올라가며 끝
에서 긴 꽃차례로 되고 작은 포 7~8개가 밑 부분에서 서로 붙어있으며 녹색이다.
꽃받침은 5개로 갈라지고 꽃잎도 5개가 기와장처럼 겹쳐지며 나선상으로 말리고
종형으로 윗면은 개출하고 홍색, 짙은 담홍색, 백자색 등 여러 가지 색을 갖는다.

한 몸 수술의 꽃밥이 밀집되어 있고 암술대는 1개이지만 끝에서 여러 개로 갈라지고 접시같은 열매가 달린다. 꽃을 촉규화(蜀葵花)라 한다.

 열매

열매는 접시 모양의 삭과이다.

 줄기

높이가 2.5m에 달하고 원줄기는 녹색이며 털이있고 원주형이다.

 뿌리

촉규근이라 한다.

 분포

전국 각지에 분포한다.

 생태

두해살이풀이다.

 이용방안

» 관상용으로 재배한다.
» 꽃, 뿌리, 경엽, 종자를 약용한다.

좀설앵초

잎

잎은 모두 근생엽이고 피침형이며 끝이 둔하거나 뾰족하고 길이 25mm, 나비 7~10mm로서 밑 부분이 점차 좁아져 날개처럼 되며 엽병이 없고 가장자리가 다소 뒤로 말리며 밋밋하거나 희미한 톱니가 있고 뒷면은 황색 가루로 덮여 있으며 털이 없다.

꽃

꽃은 7~8월에 피고 장미색이며 꽃대는 높이 10~17cm로서 끝에 2~15개의 꽃이 산형으로 달리고 총포조각은 선형이며 밑 부분이 넓어지고 동시에 뒤쪽이 부풀며 짧은 꽃자루와 길이가 비슷하고 꽃자루는 길이 4~10mm로서 털이 없다.
꽃받침은 통 형이며 길이 7~8mm로서 중앙까지 5개로 갈라지고 열편은 긴 타원
형이며 길이 3mm정도로서 끝이 둔하다.

열매

열매는 삭과로 타원형이고 꽃받침과 길이가 비슷하며 끝이 5갈래이다.

분포

낭림산에서부터 백두산지역(표고 2,300m 근처)에 분포한다.

생태

여러해살이풀이다. 고산의 습지에 난다.

특징

설앵초에 비해 소형, 잎은 좁고 길며, 거의 톱니가 없다.

중대가리풀

잎

잎은 어긋나기하고 엽병이 없으며 주걱모양 비슷하고 끝이 둔하며 길이 7~20mm, 폭 3~5mm로서 윗부분에 톱니가 약간 있고 앞면에 털이 없으나 뒷면에는 선점과 털이 약간 있다.

꽃

꽃은 7~8월에 피며 잎겨드랑이에 머리모양꽃차례가 1개씩 달리고 꽃차례는 지름 3~4mm로서 녹색이지만 흔히 갈색이 도는 자주색인 것도 있으며 화경이 있거나 거의 없다. 총포는 긴 타원형으로서 2줄로 배열되며 가장자리가 막질이고 외편은 내편보다 크다. 변두리의 암꽃은 꽃부리가 가늘고 끝이 똑똑치 못한 치아가 있으며 가운데 양성꽃은 꽃부리 끝이 4개로 갈라지고 4개의 수술이 있으며 씨방은 하위이다.

열매

수과는 타원형으로서 5개 모서리가 있고 변두리에 긴 털이 있으며 관모가 없고 길이 1.3mm이며 9월에 익는다.

줄기

높이가 10cm에 달하고 옆으로 10~20cm정도 뻗으면서 뿌리가 내리고 가지가 갈라진다. 줄기는 가늘고 밑으로부터 가지를 친다. 털이 없거나 약간 있다.

뿌리

줄기가 지면으로 기면서 뿌리가 내린다.

분포

전국 각지에 분포한다.

생태

한해살이풀이다.

이용방안

꽃이 달린 전초를 아불식초라 하며 약용한다.

쥐꼬리망초

잎

잎은 마주나기하고 긴 타원상 피침형이며 예두 예저이고 길이 2~4cm, 폭 1~2cm로서 가장자리는 밋밋하거나 가느다란 톱니가 있으며 엽병은 길이 5~15mm이다.

꽃

꽃은 7~9월에 피고 연한 자홍색이며 원줄기나 가지 끝에서 길이 2~5cm인 이삭 꽃차례를 이루고 녹색이며 작은 포 및 꽃받침열편은 거의 비슷하다. 꽃받침열편 은 좁은 피침형이며 길이 5~7mm로서 가장자리가 투명한 막질이고 주맥과 더불어 털이 있으며 깊게 5개로 갈라진다. 꽃부리는 길이 7~8mm로서 꽃받침보다 길며 하순은 3개로 갈라지고 백색 또는 연한 홍색 바탕에 적색 반점이 있으며 2개의 수술과 1개의 암술이 있다.

🍒 열매

삭과는 꽃받침과 길이가 비슷하고 2개로 갈라지며, 4개의 종자는 잔주름이 있다.

🌳 줄기

높이가 30cm에 달하며 밑 부분이 굽고 윗부분이 곧추서며 마디가 굵고 원줄기는 사각형이며 녹색이다. 많은 가지가 갈라진다.

🇰🇷 분포

경기도 이남에 분포한다.

🌿 생태

한해살이풀이다. 산기슭이나 밭둑에서 자란다.

💡 이용방안

» 전초를 류마티스(rheumatis) 치료에 사용한다.
» 전초를 작상이라 하며 약용한다.

지네발란

 잎

잎은 어긋나기하며 좌우 2줄로 배열하고 가죽질이며 좁은 피침형이고 길이 6~10mm로서 딱딱하며 끝이 둔하고 표면에 홈이 있다.

 꽃

꽃은 6~7월에 줄기를 덮고 있는 엽초를 뚫고 1개씩 나오며 연한 홍색이고 꽃대는 길이 2~3mm이며 포는 삼각형이다. 꽃받침 조각은 긴 타원형이고 끝이 둔하며 꽃잎은 꽃받침과 비슷하고 다소 짧으며 옆으로 퍼진다. 입술모양꽃부리는 주머니 모양이며 거가 있고 3개로 갈라지며 육질로서 백색이다. 측열편은 귀같고 중앙열편은 삼각상 달걀모양이며 백색이고 끝이 둔하다.

🍒 열매

열매는 거꿀달걀모양이며 길이 6~7mm이고 대가 거의 없다.

🌳 줄기

원줄기는 딱딱하고 가늘며 느슨하게 가지가 갈라진다.

🗺 분포

전라남도 목포시, 신안군, 장흥군, 제주도 서귀포시

🌾 생태

상록 다년초이다. 산지의 바위 겉이나 나무껍질에 붙어 드물게 자란다.

💡 이용방안

수석 또는 분재의 나무에 심을 만하다.

지리바꽃

잎

잎은 어긋나기하고 3~5개로 깊게 갈라지며 엽병이 있다. 열편은 긴 타원형으로서 다시 우상으로 갈라지고 최종열편은 난상 피침형이며 끝이 뾰족하고 털이 없다.

꽃

꽃은 7~9월에 피고 자주색이고 가지 끝과 원줄기 끝에 총상으로 달리며 화경에 털이 있고 포는 선형이다. 꽃받침조각은 5개이며 뒤쪽의 꽃받침조각이 고깔처럼 위에서 내려 덮고 길이 2cm정도로서 이마 끝이 뾰족하게 앞으로 나오며 양쪽 2개는 긴 대가 있어 고깔 같은 꽃받침조각 속으로 들어가고 수술은 여러 개이며 수술대는 밑부분이 퍼진다. 씨방은 5개가 서로 떨어져 있다.

🍒 열매

열매는 골 돌서 끝에 암술대가 길게 남는다.

🌳 줄기

원줄기는 높이가 1m에 달하고 곧추 자란다.

🌱 뿌리

뿌리는 마늘쪽처럼 굵고 육질이다. 덩이줄기를 지리초오(智異草烏)라 한다.

🍂 분포

중부 이북의 산지, 지리산

🌾 생태

여러해살이풀이다.

💡 이용방안

독성이 있으나, 덩이뿌리를 초오두라 하며 약용한다.

지리터리풀

잎

근생엽은 엽병이 길고 손모양겹잎이며 열편은 넓은 달걀모양이고 끝이 꼬리처럼 길며 가장자리의 톱니는 달걀모양이고 자줏빛이 돌며 끝이 날카롭다. 엽병은 길이 30cm이고 옆에 달려있는 잔깃조각은 6~11쌍이며 길이 2~4mm로서 결각상의 톱니가 있고 피침형이다. 탁엽은 타원 형 또는 달걀모양이며 길이 5~7mm이고 줄기 잎은 근생엽과 비슷하지만 훨씬 작다.

꽃

꽃은 7~8월에 피며 밀생하고 꽃받침조각은 달걀모양이며 길이 1mm정도로서 짙은 자홍색이고 꽃잎은 거꿀달걀모양이며 길이 2.5mm로서 분홍색이고 수술대도 길이 3~4mm로서 분홍색이다. 씨방은 1~3개이며 털이 없고 짙은 자홍색이다.

열매

열매는 삭과로서 1~3개이며 털이 없고 짙은 자홍색이다.

뿌리

근경이 굵고 짧으며 흑갈색이다.

분포

지리산

생태

여러해살이풀이다. 지리산의 해발 700m이상의 고지대의 초원지에서 자란다.

참나리난초

 잎

잎은 2개가 전년도의 가짜비늘줄기 옆에서 나와 비스듬히 서며 긴 타원형 또는
난상 타원형이고 길이 6~13cm, 나비 1.8~3.3cm이며 밑 부분이 좁아져서 엽병의
날개처럼 된다.

 꽃

꽃은 6~7월에 피고 녹자색이며 꽃대는 길이 10~18cm로서 능선과 좁은 날개가 있
고 포는 길이 1~1.5mm로서 뾰족하며 씨방은 녹색이거나 자줏빛이 돌고 길이
7~10mm, 지름1mm정도이다. 꽃받침조각은 녹색이며 윗부분의 것은 길이

7~11mm로서 젖혀지고 측열편도 길이 8~10mm로서 젖혀지며 꽃잎은 실처럼 가늘고 자녹색 이며 젖혀진다. 입술모양꽃부리는 중앙부에서 밑으로 활처럼 굽으면서 곧추서며 녹색이고 길이 4~5mm로서 중앙부가 잘록하며 꽃밥은 달걀모양이다.

 열매

열매는 삭과로 둥근 모양 또는 타원형이다.

줄기

비늘줄기는 둥글고 녹색이며 묵은 비늘잎과 엽초에 싸여있다.

뿌리

가짜 비늘줄기는 달걀모양이고 길이 5~10mm로서 지상에 나와 있다.

분포

평북 및 함북에 분포한다.

생태

여러해살이풀이다. 깊은 산 숲속에서 자란다.

이용방안

관상용으로 심을 만 하다.

참여로

잎

잎은 원줄기의 하반부에 달리고 첫째 잎은 긴 타원형 또는 피침형이며 길이 40cm, 폭 10cm로서 끝이 뾰족하고 밑 부분으로 갈수록 좁아져서 엽초로 된다.

꽃

꽃은 9월에 피며 지름 1cm정도로서 원줄기 끝에 검은 자주색 꽃이 원뿔모양꽃차례에 밀생하고 화피열편은 6개로서 긴 타원형이며 둔 두이고 6개의 수술은 화피길이의 1/2정도이다. 씨방은 달걀모양이며 암술대는 3개로 갈라져서 젖혀진다.

열매

열매는 삭과로 짙은 자주색이고 타원형이며 길이 1cm정도로서 3개의 홈이 있고 끝이 3개로 갈라진다.

 줄기

근경 윗부분은 원줄기의 밑 부분과 더불어 엽초가 썩어서 남은 섬유로 덮여있다. 높이가 1.5m정도 된다.

 뿌리

근경은 짧고 밑에서 굵은 수염뿌리가 난다.

 분포

제주도 및 중·북부지방

 생태

여러해살이풀이다. 산지에서 자란다.

 이용방안

» 꽃의 관상가치가 높고 잎이 짙은 자주색으로 특이하므로 지피용 소재는 물론 절화용 화훼로 개발하여도 좋다.

» 뿌리 및 근경을 여로라 하며 약용한다.

채송화

잎

잎은 어긋나고 육질이며, 원주형이다. 잎 끝이 둔하고 잎의 길이는 1~2cm쯤 된다. 잎겨드랑이에 백색털이 속생한다.

꽃

7~10월에 붉은색, 흰색, 노란색 또는 자주색의 꽃이 피며 가지 끝에 한개 때로는 두개 이상씩 달린다. 꽃의 지름은 3cm정도로서 화경이 없으며 밤에는 오므라든다. 꽃받침조각은 두 개로서 넓은 달걀모양이고 막질이며 꽃잎은 다섯 개로

서 거꿀달걀모양이고 끝은 약간 패어져 있다. 수술은 많고 암술대에는 다섯 내지 아홉 개의 암술머리가 있다.

열매

9월에 익는 삭과로서 막질이며 중앙부가 수평으로 갈라지면서 많은 종자가 나온다.

줄기

높이가 20cm에 달하고 가지가 많이 갈라지며 붉은 빛을 띠고 있다.

분포

전국 각지에 분포한다.

생태

1년생 초본. 화단에 식재한다.

이용방안

» 화단에 관상용으로 흔히 심는다.
» 전초를 반지련이라 하며 약용한다.

층층이꽃

🍁 **잎**

잎은 마주나며, 난형 또는 긴 난형, 길이 2~4cm, 폭 1~2.5cm, 가장자리에 톱니가 있다.

🌼 **꽃**

꽃은 7~8월에 피며, 줄기와 가지 위쪽에 층층이 달리고 붉은 보라색이다. 꽃받침은 붉은색을 띠며, 5갈래로 갈라진다. 꽃은 입술 모양이며, 윗입술 끝이 오목하게 들어가고, 아랫입술은 넓고 3갈래다. 입술 안쪽에 붉은 점이 있다. 수술은 4개, 암술은 1개다.

열매

열매는 소견 과이며 둥글다.

 줄기

줄기는 곧추서며 가지가 갈라지고 높이 15~60cm, 네모지고 짧은 털이 있다.

 분포

전국 각지에 분포한다.

 생태

산과 들에 자라는 여러해살이풀이다.

 이용방안

어린순을 식용한다.

빨간색 꽃분홍·자주·보라색 포함)

칠면초(해홍나물)

잎

잎은 어긋나기하고 육질이며 거꿀피침모양이거나 방망이 같고 길이 5~35mm, 폭 2~4mm로서 처음에는 녹색이지만 점차 홍자색으로 변하여 바닷가를 예쁘게 단장한다.

꽃

꽃은 잡성으로서 8~9월에 피며 잎겨드랑이에 수꽃과 더불어 2~10개의 꽃대가 없는 꽃이 모여 달리고 처음에는 녹색 이지만 점차 자주색으로 변한다. 꽃받침은 깊게 5개로 갈라지며 열편은 둥근 달걀모양이고 수술은 5개로서 꽃받침보다 짧으며 암술은 1개이고 2개로 갈라진 암술대가 있다.

 열매

낭과는 원반모양이며 육질의 꽃받침으로 싸여 있고 지름 1.5~2mm로서 렌즈 같은 종자가 1개씩 들어있으며 배(胚)는 나선형이다.

 줄기

높이 15~50cm이고 곧게 서며 윗부분에서 많은 가지가 나오고 털이 없다.

 분포

중부 이남

생태

1년생 초본이다. 서해안 갯벌에서 크게 무리지어 자란다.

이용방안

어린 순을 나물로 한다.

빨간색 꽃분홍 · 자주 · 보라색 포함

큰개현삼

잎

잎은 마주나기하고 엽병이 있으며 긴 달걀모양으로서 예첨두이고 절저 또는 예
저이며 길이 6~10cm, 폭 3~5cm로서 가장자리에 톱니가 있다.

꽃

꽃은 8~9월에 피고 흑자색이며 취산꽃차례는 모여서 전체가 원뿔모양꽃차례로
되고 꽃자루는 길이 7~15mm이다. 꽃받침은 짧으며 5개로 갈라지고 꽃부리는
길이 8~10mm로서 판통이 짧으며 가장자리가 5개로 갈라져서 순형으로 되고
하순이 밑으로 젖혀진다. 꽃대에 샘털이 있다. 수술 4개 중 2개는 길며 꽃대 축

과 꽃자루에 샘털이 있다.

 열매

삭과는 달걀모양으로서 지름 5~8mm이고 2개로 갈라지면서 종자가 나온다.

 줄기

높이가 1m에 달하며 곧게 서고 네모지다. 줄기는 자주색이며 가지가 갈라진다.

 뿌리

뿌리는 다육성의 덩이
뿌리다.

 분포

전국 각지에 분포한다.

 생태

여러해살이풀이다. 산지의 풀밭이나 숲 속에서 자란다.

 이용방안

현삼/큰개현삼/토현삼/섬현삼의 뿌리를 현삼이라 하며 약용한다.

큰메꽃

🍁 잎

잎은 어긋나기하며 엽병이 길고 삼각상 달걀모양 또는 삼각형이며 밑 부분이 옆으로 퍼져서 다시 각 2개로 갈라져 심장저로 되고 위끝이 뾰족하며 길이 4~8cm, 폭 3~7cm로서 양면에 털이 없고 가장자리가 밋밋하다.

✿ 꽃

꽃은 6~8월에 피며 연한 홍색이고 깔때기 모양으로 각 잎겨드랑이에 1개씩 달리며 화경은 길고 윗부분에 주름진 날개가 생기지 않으며 길이는 5~6cm로 애기메꽃보다 크다. 포는 2개로서 녹색이며 달걀모양이고 약간 심장저이며 길이

2~2.5cm이고 꽃받침이 5개로 갈라지며 꽃부리는 길이 5cm정도로서 연한 홍색이다. 수술은 5개, 암술은 1개이며 암술머리가 2개로 갈라지고 씨방은 2실이다.

🍒 열매

삭과는 난 구형으로 황갈색이며 종자는 흑갈색으로 9~10월에 익는다.

줄기

덩굴성으로 전체에 털이 없다. 땅속줄기 군데군데에서 순이 나와 번식한다.

뿌리

땅속줄기는 다소 굵고 길며 백색이고 사방으로 퍼진다.

분포

경기도 이북

생태

덩굴성 여러해살이풀이다.

💡 이용방안

» 어린순은 땅속줄기를 식용한다.

» 꽃은 얼굴 주근깨를 없앤다.

» 메꽃/큰 메꽃의 뿌리 및 전초는 구구앙, 꽃은 선화, 뿌리는 선화근, 경엽은 선화묘라 하며 약용한다.

큰세잎쥐손이

잎

밑 부분의 잎은 엽병이 길며 5개로 갈라지고 열편은 끝이 뾰족한 달걀모양으로서 가장자리에 큰 거치상의 톱니가 있으며 표면에 털이 다소 있고 뒷면은 털이 없거나 맥 위에 털이 다소 있으며 탁엽은 동합하고 피침 형 또는 선형이다. 윗부분의 잎은 엽병이 없으며 3개로 갈라지고 톱니가 약간 있다.

꽃

화경은 길이 10cm이며 꽃자루와 더불어 끝에 꼬부라진 복모가 있고 포는 길이 2~5mm로서 피침형이다. 꽃받침열편은 길이 6~7mm로서 5맥이 있으며 끝의 돌기는 길이 3mm이고 꽃잎은 거꿀달걀모양이며 길이 1.2~1.3cm로서 밑가장자리에 돌기가 있고 자주색이며 맥이 보다 짙은 색이다. 수술대는 밑 부분이 넓고 털이 있다.

열매

열매는 사과로 암술대와 더불어 길이 22~24mm이고 종자는 둥근 타원형이다.

줄기

높이가 60cm에 달하고 털이 없거나 꼬부라진 복모가 있다.

분포
중부 이북

생태

여러해살이풀이다.

이용방안

쥐손이풀 및 이질풀의 동속 근연식물의 과실이 달린 전초를 노관초라하며 약용한다.

키다리난초

🍁 잎

잎은 전년도의 가짜비늘줄기 옆에서 2개가 나와 밑 부분이 3~4개의 초상 엽으로 싸이며 달걀모양 또는 난상 긴 타원형이고 끝이 둔하며 길이 6~12cm 나비 2.5~6cm이고 연한 녹색이며 밑 부분이 엽초처럼 되고 가장자리에 주름이 다소 있다.

🌸 꽃

꽃은 6~8월에 피며 연한 녹색이거나 자줏빛이 돌고 꽃대는 높이 10~40cm로서 능선과 좁은 날개가 있으며 녹색이고 줄기 끝에 길이 10cm되는 총상꽃차례가 달린다. 포는 난상 삼각형이며 길이 1~1.5mm이다. 꽃받침조각은 선상피침형이고 길이 9mm정도로서 끝이 둔하며 꽃잎은 실 같고 꽃받침과 길이가 비슷하다. 입술모양꽃부리는 거꿀달걀 모양이며 길이 7~8mm, 나비 4.5~5.5mm로서 편평하고 끝만 뾰족하며 약간 젖혀지고 자웅예합체는 위쪽 양편에 끝이 둔한 작은 날개가 있다. 씨방은 하위이며 가늘고 길며 자루가 있다.

 열매

삭과는 거꿀피침모양으로서 길이 12mm이며 꼭지는 10mm정도로 8월에 익는다.

 줄기

전체에 털이 없다.

 뿌리

가짜비늘줄기는 난상 구형이며 길이 6~12mm로서 지상에 나와 있고 마른 엽병으로 덮여 있다.

분포

중부이남

생태

여러해살이풀이다. 산지에서 자란다.

이용방안

» 관상용으로 좋다.
» 뿌리가 달린 전초를 양이산이라 하며 약용한다.

키다리바꽃

잎

잎은 어긋나기하며 엽병이 길고 3~5개로 갈라지며 열편은 가장자리에 뾰족한 톱니와 더불어 결각상의 톱니가 있다.

꽃

꽃은 7~8월에 피고 가지끝에서 엉성하게 겹총상꽃차례로 달리고, 자색, 꽃자루에 잎같은 작은 포가 있다. 꽃받침은 5장으로 꽃잎 같으며 뒤쪽 꽃받침조각은 모자 같고 앞에 부리 같은 돌기가 있으며 옆의 것은 넓은 거꿀달걀모양이고 아래쪽 2개는 긴 타원형이다. 꽃잎은 2개이며 뒤쪽의 꽃받침 조각 속으로 들어가서 꿀샘으로 되고 끝부분이 말린다. 수술은 많으며 수술대는 하반부가 백색이고 날개처럼 된다.

열매

골 돌은 3개로서 끝이 가늘며 뾰족하다.

줄기

높이가 2m에 달하고 가지가 다소 꼬불꼬불하다.

분포

평북 및 함경도의 산지에 분포한다.

생태

여러해살이풀이다. 산지에서 자란다.

털동자꽃

🍁 잎

잎은 마주나기하며 엽병이 없고 긴 달걀모양이며 끝이 뾰족하고 길이 4~8cm, 폭 1.5~2.5cm로서 밑 부분이 둥글다. 줄기와 더불어 긴 백색 털이 있다.

❋ 꽃

꽃은 7~8월에 피며 지름 4cm정도로서 짙은 홍색이고 원줄기 끝 부근의 잎겨드랑이와 끝에 달리며 포는 넓은 피침 형 이고 꽃받침과 더불어 전체에 긴 백색 털이 있으며 길이 10~15mm, 폭 5~7mm로서 곧게 선다. 화경은 길이 3~12mm로 털이 밀생한다. 꽃받침은 통같고 막질이며 길이 15~17mm, 폭 5~7mm로서 10맥이 있고 거미줄솜털로 덮였으나 때로는 맥에만 성글게 난 털이 있으며 곧게 선다. 꽃받침조각은 끝이 뾰족한 세모진 모양이며 숙존한다. 꽃 잎은 5개이고 판연은 넓은 쐐기모양이며 짙은 홍색이고 길이 2cm정도로서 2개로 깊게 갈라진다. 열편은 외측에 선상의 돌기가 있으며 긴 타원형이고 끝이 둥글며 다소 톱니같고 후부(喉部)에 각각 2개의 비늘조각이 있으며 수술은 10개, 암술대는 5개이다. 씨방은 곤봉형이다.

 ## 열매

삭과는 8~9월에 익어 끝이 5조각으로 갈라져 흑갈색의 씨를 떨어낸다.

 ## 줄기

높이 50~70cm이고 긴 백색 털이 있으며 줄기는 속이 비고 기부가 원주형이나 상부는 모서리가 있다.

 ## 뿌리

뿌리는 여러 방추형 육질 근이 뭉쳐 내린다.

 ## 분포

중부 이북

 ## 생태

여러해살이풀이다. 산속 습초지, 산비탈의 눅눅한 땅에서 자란다.

 ## 이용방안

관상용으로 이용한다.

털향유

잎

잎은 마주나기하며 엽병은 길이 1~2cm이고 털이 있다. 엽신은 난상피침형이고 점첨두에 쐐기모양이며 길이 4~8cm, 폭 2~3.5cm로서 표면에 센털이 있고 뒷면에 부드러운 털과 선점이 드물게 있으며 가장자리에 둔한 톱니가 있다.

꽃

꽃은 6~7월에 피며 연한 자주색이고 길이 1.4cm로서 줄기 윗부분의 잎겨드랑이에 층층으로 달려 윤산 화서를 이루며 꽃자루가 거의 없고 작은포는 선형이며 끝이 바늘같이 뾰족하고 꽃받침통 또는 꽃받침과 길이가 비슷하다. 꽃받침은 길이 7~8mm로서 통상 종형이며 겉에 센털이 있고 안쪽에 굽은 털이 있으며 5개의 끝이 뾰족한 긴 삼각형의 열편으로 갈라졌다. 열편은 판통과 길이가 비슷하며 때로는 하반부에 샘털이 있다. 꽃부리는 길이 15mm정도로서 깔때기 모양의 판통이 길며 상순은 난원형이고 곧게서며 겉에 센털이 있다. 하순은 3개로 갈라져 앞으로 나오고 가운데 조각에 자주무늬가 있다.

열매

분과는 길이 3mm정도로서 밋밋하고 도란상 원형으로 갈색이며 9월에 익는다.

줄기

높이 25~50cm이며 줄기는 곧게 서고 가지를 조금씩 치며 둔하게 네모나고 마디는 퉁퉁하며 부드러운 센털이 샘털과 함께 섞여 난다.

분포

강원도 이북

생태

한해살이풀이다. 숲변두리, 밭 등 습윤한 풀밭에서 자란다.

이용방안

전초를 위장염, 위궤양, 폐결핵, 기관지염, 천식, 감모 등에 쓴다.

패랭이꽃

🍁 잎

잎은 마주나기하며 엽병이 없고 길이 3~4cm, 폭 7~9mm로서 선형 내지는 피침형이며 끝이 뾰족하고 밑부분이 서로 합쳐져서 짧게 통처럼 되며 가장자리가 밋밋하여 거치는 없다.

❀ 꽃

꽃은 6~8월에 피며 줄기 끝부분에서 약간의 가지가 갈라져서 그 끝에서 한 개씩 핀다. 꽃받침은 원통형이며 길이가 2cm에 5개로 갈라지고, 그 밑에 작은 포가 보통 4개, 꽃받침통과 길이가 같거나 1/2정도 된다. 꽃잎은 5개이고, 기부는 가늘게 길며, 판연 옆으로 퍼지고 가장자리가 얕게 갈라지며 바로 그 밑에 짙은 무늬와 더불어 긴 털이 약간 있다. 수술은 10개, 암술대는 2개이다.

열매

삭과는 원통형으로 9월에 익어 끝이 4개로 갈라지고 꽃받침으로 둘러싸인다. 종자를 구맥자(瞿麥子)라 한다.

줄기

높이 30cm로서 하나 또는 여러 대가 같이 나와 곧게 자라며 가늘고 전체에 분백색이 돌며 털이 없고 매끈하며 마디는 부풀어 있다.

뿌리

줄기뿌리가 있고 거기에서 잔뿌리가 성글게 난다.

분포

전국 각지에 분포한다.

생태

숙근성 여러해살이풀로 관화식물이다.

이용방안

» 정원에 심어 관상하며, 지피조경용으로 생산 출하가 가능하고 분화용으로 재배하여도 좋다.

» 꽃을 포함한 전초를 구맥이라 하며 약용한다.

풀협죽도

잎

잎은 마주나기 또는 3장씩 돌려나기하고 피침 형, 끝이 뾰족, 길이 7~13cm로서 가장자리가 밋밋하고 잔털이 있다. 엽병은 아주 짧으며 윗부분의 것은 엽병이 없고 직접 원줄기를 감싸는 듯하다.

꽃

여름철에 원줄기 끝에서 크고 다소 둥근 원뿔모양꽃차례가 자라며 홍자색 또는 흰색꽃이 여러 송이 밀착하고 꽃받침은 녹색으로서 5개로 갈라지며 뾰족하다. 꽃부리는 지름 2.5cm로서 윗부분이 5개로 갈라져서 수평으로 퍼지지만 기와처

682

럼 겹쳐지며 밑은 통모양으로
길고 수술은 5개이다.

 줄기

높이가 1m에 달하며 줄기는
밀생하고 곧게 선다.

분포

전국 각지에 분포한다.

 생태

여러해살이풀이다. 전국적으로 식재한다.

이용방안

관상용으로 이용한다.

해녀콩

잎

잎은 엽병이 길며 3출 엽으로서 질이 두껍고 표면은 짙은 녹색, 뒷면은 연두이며 정소 엽은 도란상 원형 또는 거의 원형이고 길이 6~12cm, 나비 4~10cm로서 두꺼우며 표면에 복모가 드문드문 있다. 탁엽은 달걀모양이고 끝이 뾰족하며 길이 4~5mm로서 떨어지고 밑 부분이 자라서 선으로 된다.

꽃

총상꽃차례는 액생하며 화경이 길고 마디가 굵어져서 선질(腺質)로 되며 각 마디에 꽃이 2~3개씩 달리고 꽃은 7~8월에 피며 연한 홍자색이고 길이 25~30mm

이다. 포와 작은 포 달걀모양이고 길이 2~3mm로서 일찍 떨어지며 꽃받침은 길이 1cm정도로서 붉은빛이 돌고 5개의 열 편중에서 위쪽 2개는 다소 크며 합쳐진다.

열매

열매는 협과로 다소 편평한 긴 타원형이고 처음에는 털이 있으며 길이 5~10cm, 나비 3~3.5cm로서 2개의 능선이 있다. 종자는 갈색이고 길이 15mm정도로서 타원형이다.

줄기

줄기는 길고, 처음에는 짧고 역향이며 털이 드문드문 나나 뒤에 없어진다.

분포

제주도, 제주도 부속도서.

생태

덩굴성 여러해살이풀이다.

이용방안

민간에서 콩을 삶아서 낙태약으로 사용하였다.

향등골나물

잎

밑 부분의 잎은 작으며 꽃이 필 때 쯤되면 없어진다. 중앙부의 큰 잎은 마주나기 하며 엽병이 짧고 등골나물과 달리 잎이 3개로 갈라지고 정열편은 크며 긴 타원 형이지만 측열편이 작고 피침형이다.

꽃

꽃은 7~10월에 피며 원줄기 끝의 편평꽃차례에 달리고 총포는 원통형이며 길이 5~6mm이고 낱꽃은 5개씩이며 비늘잎은 2줄로 배열되고 바깥 것이 훨씬 짧으며 원두이다. 연한 자주색 꽃이 달리고 향기가 난다.

🍒 열매

수과는 길이 3mm정도로서 원통형이고 선(腺)과 털이 있으며 관모는 길이 4mm 정도로서 백색이다.

🌳 줄기

높이가 2m에 달하고 곧게 자란다. 가지에 꼬부라진 털이 있고 원줄기에 자줏빛 이 도는 점이 있다.

🗺️ 분포

전국 각지에 분포한다.

🌾 생태

여러해살이풀이다.

💡 이용방안

어린잎은 식용으로 이용된다.

향부자

잎

잎은 모여나기하고 길이 30~60cm, 폭 2~6mm로서 선형이며 진한 녹색이고 광택이 나며 밑 부분이 엽초로 되어 화경을 둘러싼다.

꽃

우상모양꽃차례로서 7~8월에 피고 정생(頂生)하며 산경은 성기게 난다. 잎 사이에서 높이 20~30cm의 화경이 나와 꽃이 피고 포는 2~3개이며 꽃차례의 가지는 1~7개로서 길이가 서로 같지 않다. 소수는 선형이고 길이 1.5~3cm, 폭 1.5~2mm로서 20~40개의 꽃이 2줄로 달리며 적색이다. 비늘조각은 좁은 달걀모양이고 비스듬히 위로 향하며 길이 3~3.5mm로서 끝이 둔하고 주맥은 녹색이며 양쪽은 갈색이다. 영(穎)은 주상(舟狀)이며 긴 타원모양이고 암술대는 3갈래로 갈라진다.

열매

수과는 긴 타원형이고 흑갈색이다.

줄기

하부는 둥글고, 윗쪽은 세모꼴이며, 마디에서 모가 생겨서 곧게 선다.

뿌리

밑 부분에 낡은 덩이줄기가 있어 굵어지고 근경은 옆으로 길게 뻗으며 끝부분에 덩이줄기가 생기고 수염뿌리가 내린다. 덩이줄기의 살은 백색이며 향기가 있다. 근경을 향부자(香附子)라고 한다.

빨간색 꽃(분홍 · 자주 · 보라색 포함)

분포

전국 각지에 분포한다.

생태

여러해살이풀이다. 바닷가와 냇가의 양지쪽에서 자란다. 모래땅, 해안 지대, 논두렁이나 길가 등의 척박한 땅에 잘 자란다.

이용방안

경엽은 사초, 근경은 향부이다.

흑난초

🍁 잎

잎은 2~3장으로 달걀모양 또는 난상 타원형이고 길이 5~12cm, 너비 3~5.5cm로 끝이 뾰족하고 3~7맥이 있으며 엽병은 주지를 감싼다.

🌼 꽃

6~7월에 새로난 줄기의 끝과 잎 사이에서 흑자색의 꽃 5~6개가 총상꽃차례에 달린다. 꽃은 지름 12mm정도이다. 꽃받침 열편은 좁은 타원형으로 길이 5mm 정도이고, 곁꽃잎은 선상 피침형이다. 입술모양꽃부리는 쐐기 모양의 달걀모양 이고 구부러진다.

줄기

옆으로 기는 가짜비늘줄기는 몇 개가 옆으로 붙어 있으며, 비후하여 다육성이다.

 뿌리

근경은 매우 짧다.

 분포

전라남도 신안군, 완도군, 진도군, 제주도

 생태

여러해살이풀이다. 산록 숲 속에 자란다.

 이용방안

관상용, 약용으로 이용한다.

빨간색 꽃(분홍·자주·보라색 포함)

흑산도비비추

잎

잎은 타원형이고, 두껍고, 표면이 반짝이며, 뒷면은 약간 회록색이다. 엽병은 짧고, 잎몸의 양 끝은 뾰족하다. 꽃대는 둥글고, 서거나 굽는다.

꽃

꽃은 분백, 꽃잎 위는 진하고 꽃 밑동은 희다. 긴 꽃대가 있고, 10~20송이가 총상꽃차례를 이루며, 5개로 갈라지고, 꽃 갈래는 끝이 뾰족한 피침형이며, 깔때기 모양이다. 수술 3개는 길고 3개는 짧으며, 화관통 밑이 붙고 화고나 밖으로 솟는다. 꽃밥은 자주색이다.

열매

열매는 검은색으로 원주형이고 길이 2.5~3.0cm다.

 줄기

높이 15cm정도로 소형이다.

 분포

전라남도 도서지방

 생태

상록성 여러해살이풀이다.

흰잎엉겅퀴

잎

근생엽은 꽃이 필 때 없어지고 밑 부분의 잎은 엽병이 있으나 중앙부의 잎은 엽병이 없이 어긋나기하며 긴 타원상피침형, 피침 형 또는 달걀모양이고 끝이 뾰족하며 밑 부분이 좁아져서 원줄기를 둘러싸기도 하고 길이 10~20cm로서 표면은 녹색이고 겨 같은 털이 있으며 뒷면은 백색이고 거미줄같은 털로 덮여 있으며 가장자리가 밋밋하거나 침상의 톱니가 있다.

꽃

꽃은 8월에 피고 자주색이며 머리모양꽃차례는 밑에 포가 다소 있고 지름

3~3.5cm로서 줄기 끝과 그 부근의 잎겨드랑이에 곧추 달려 핀다. 총포는 종상 구형이며 길이 15~20mm, 지름 2~3cm로서 흔히 거미줄같은 털이 밀생하고 겉에 점질이 있으며 포편은 6줄로 배열되고 외편은 선형이며 중편보다 짧고 가시가 없다. 꽃부리는 길이 18~19mm이다.

 열매

수과는 편평한 긴 타원형이고 길이 3.5~4mm로서 밑 부분이 좁은 희미한 사각형이며 자주색 줄이 있고 관모는 길이 13~15mm로서 갈색이며 우상이고 8~9월에 익는다.

 줄기

높이 30~100cm이고 줄기는 곧게 서며 녹색 또는 암자색을 띠고 골이 있는 능선이 있으며 겨 같은 털이 다소 있고 가지가 갈라진다.

 뿌리

원줄기 밑에 회백색의 통통한 육질의 덩이뿌리가 있다.

분포

중부 이북

 생태

여러해살이풀이다. 산비탈 초지에서 자란다.

이용방안

관상용. 덩이뿌리를 풍습성관절염, 출혈 등에 쓰며 전초를 황달에 쓴다.

04

파란색 꽃

(하늘색 포함)

구와꼬리풀

잎

잎은 마주나기하며 위로 올라가면서 점차 커지고 달걀모양 또는 타원형이며 중앙부의 잎은 길이 18~25mm, 폭 15~22mm로서 가장 크고 우상 또는 결각상으로 갈라지며 톱니가 약간 있고 끝이 뾰족하며 밑 부분이 심장저·원저 또는 예저이고 엽병은 길이 13mm정도 이지만 윗부분의 것은 짧다.

꽃

꽃은 8~9월에 피며 하늘색이고 정생하는 총상꽃차례에 달리며 포는 선형이고 털이 있으며 톱니가 없고 꽃자루보다 길다. 꽃받침은 거의 밑 부분까지 4개로 갈라지며 열편은 피침 형이고 가장자리에 털이 있으며 끝이 뒤로 젖혀지고 꽃부리가 4개로 갈라지며 수술은 2개로서 길게 밖으로 나온다.

열매
삭과이다.

줄기
높이가 50cm에 달하고 곧게 서며 전체에 꼬부라진 털이 밀생 또는 산생한다.

분포
전국 각지에 분포한다.

생태
여러해살이풀이다. 산지의 풀밭에 난다.

누린내풀

잎

잎은 마주나기하며 엽병이 있고 넓은 달걀모양이며 예두이고 원저 또는 얕은 심
장저이며 길이 8~13cm, 폭 4~8cm이고 가장자리에 둔한 톱니가 있다.

꽃

꽃은 벽자 색으로 7~8월에 피며 원줄기 끝과 가지 끝에 원뿔모양으로 성기게 달
리고 각 잎겨드랑이의 꽃차례는 긴 화경이 있으며 꽃자루와 더불어 샘털이 있
다. 꽃부리는 통상 순형이며 판통이 장형이고 길게 나오며, 상순은 거꿀달걀모
양이고 4개의 열편이 있으며 하순은 대단히 크고 가운데 조각은 길다. 꽃받침은

5개로 갈라지고 처음에는 길이 2~3mm이지만 열매가 익을 때는 길이 5~6mm이며 각 열편은 작은 종형이고, 2강수술이 화후 하부에 달리며 암술대와 더불어 길게 꽃부리 밖으로 나오고 길이 3~3.5cm이다.

열매

열매는 꽃받침보다 짧으며 익으며 4개로 갈라진다. 종자는 길이 4~4.5mm로서 거꿀달걀모양이며 능선이 없고 표면에 그물눈 무늬와 선점이 있다.

줄기

높이가 1m에 달하고 원줄기는 사각형이며 전체에 짧은 털이 있고 가지가 많이 갈라진다. 불쾌한 냄새가 강하게 나며 방형(方刑)으로 모여난다.

분포

제주, 진남(지리산), 충남, 강
원, 경기도.

생태

여러해살이풀이다. 산이
나 들에 난다.

이용방안

피임제, 이뇨제, 기관지염,
복통에 약효로 쓰인다. 전초를 화골 단이라 하며 약용한다.

두메투구풀

잎

잎은 5~8쌍씩 달리며 엽병이 없고 넓은 달걀모양이며 끝이 둔하고 밑 부분이 둥글며 길이 1~2.5cm, 나비 8~15mm로서 가장자리에 몇 쌍의 톱니가 있다.

꽃

꽃은 7~8월에 피고 청자색이고 맥이 있으며 총상꽃차례에 소수의 꽃이 드물게 달리고 다세포로 된 퍼진 털이 있으며 밑 부분의 포는 잎같고 윗부분의 포는 거꿀피침모양으로서 꽃자루보다 짧다.

열매

삭과는 편 원형으로서 끝이 오목하게 들어간다.

 줄기

높이 7~15cm이고 전체에 부드러운 백색 털이 있고 줄기는 곧게 서고 단일하다.

 뿌리

땅속줄기는 짧다.

분포

북부고산지대

생태

여러해살이풀이다. 높은 산의 초지이다.

이용방안

관상용으로 이용한다.

파란색 꽃(하늘색 포함)

둥근잔대

잎

잎은 어긋나기하여 촘촘히 달리며 원상 달걀모양 또는 원형이고 길이 1~1.5㎝, 나비 8~10mm로서 끝이 뾰족하며 가장자리에 3쌍 정도의 톱니가 있고 다소 뒤로 말리며 윗부분의 잎은 작고 달걀모양 또는 타원형이다.

꽃

꽃은 8월에 피며 하늘색이고 줄기 끝에 1개씩 또는 2~3개씩 총상으로 달리며 꽃자루에 털이 없다. 꽃받침조각은 피침 형이고 길이 3~5mm로서 꽃받침통보다 짧거나 다소 길며 가장자리에 돌기 같은 털이 있는 것도 있고 끝이 다소 둔하며 꽃부리는 길이 17mm정도로서 열편 끝이 뾰족하다.

줄기

높이가 15cm에 달하고 뿌리 상단에서 많은 원줄기가 나와 모여나기하며 능선이 있고 털이 거의 없다.

뿌리

굵은 뿌리가 땅속 깊이 뻗어있다.

분포

제주도

생태

여러해살이풀이다. 한라산 정상 부근에 자란다.

이용방안

» 뿌리가 식용으로 이용된다.
» 잔대 및 동속 근연식물의 뿌리를 사삼이라 하며 약용한다.

미국나팔꽃

🍁 잎

잎은 어긋나기(互生)잎차례이고, 잎자루는 길이 6~9㎝, 하향 모가 있다. 잎몸은 윤곽이 달걀모양원형이고 길이 5~8㎝, 폭 4.5~8㎝, 깊게 3열편으로 갈라지며 기부는 심장저이다. 잎 열편은 달걀모양이며 끝이 뾰족하고 톱니가 없다.

🌸 꽃

꽃은 6~10월에 피며, 이른 아침에 피고 곧 오므라든다. 꽃대는 잎겨드랑이에서 생기고 1~3개의 꽃이 달리며, 길이 2~2.5㎝로 잎자루보다 많이 짧다. 포는 2개로 작은 꽃대 기부에서 마주 난다. 꽃받침은 피침 형이고 끝이 길게 뻗고 뒤로 굽으며 뒷면에 길고 거친 털이 밀포된다. 꽃잎은 깔때기 모양이며 담청색이고 지름 2~3㎝이다.

열매

열매는 편 구형(扁球形), 털이 없고, 3개의 삭편이 있다.

줄기

줄기는 길이 100~150㎝, 덩굴성으로 다른 식물을 감아 오르거나 지면을 포복하고 하향모가 많다.

분포

서울을 비롯하여 중·남부지방에 분포한다.

생태

1년생 초본이다. 길가나 들에서 자란다.

솔체꽃

잎

근 엽은 엽병이 길며 피침 형으로 결각상 톱니가 있고 꽃필 때는 없어진다. 경엽은 마주나기하고 우상으로 깊이 갈라지거나 전열하며 열편은 피침 형으로 끝이 뾰족하고 가장자리에 결각상의 큰 톱니가 있으며 중앙부의 잎은 길이 9cm, 나비 3cm이고 포는 선형이다.

꽃

꽃은 7~9월에 하늘색으로 피고 가지와 줄기 끝에 머리모양꽃차례로 달린다. 주변부의 꽃은 5개로 갈라지고 외측열 편이 가장 크며 중앙부의 꽃은 통상화로

4개로 갈라진다. 외측 꽃받침의 판통 끝에 8개의 요점이 있다.

 열매

과실은 수과로 선형이다.

 줄기

줄기는 곧추 선다. 마주나기 분지하고 퍼진 털과 꼬부라진 털이 있다.

 분포

경북, 강원 이북

 생태

두해살이풀이다. 산지에서 자란다.

파란색 꽃(하늘색 포함)

시계꽃

잎

잎은 어긋나기하고 엽병이 길며 5개로 깊게 장상으로 갈라지고 열편은 피침 형으로서 끝이 둥글며 탁엽이 있다.

꽃

꽃은 양성으로서 여름철에 태양을 향해 피고 지름 8cm이며 잎겨드랑이에 1개씩 달리고 꽃자루가 있으며 3개의 포가 꽃 바로 밑에 있고 화피는 10개로서 수평으로 퍼진다. 5개의 꽃받침조각은 안쪽이 연한 홍색 또는 연한 청색이고 수술 간은 덧꽃부리는 수평으로 퍼지며 꽃부리보다 짧고 백색이지만 상하는 자주색이다. 수술은 5개이며 밑 부분이 1개의 기둥같이 되고 씨방은 수술 위에 있으며 암술대는 3개로서 암술머리가 커진다.

열매

열매는 장과로 타원형이고 황색으로 익는다.

줄기

길이가 4m에 달하고 가지가 없으며 덩굴손으로 감아 올라가고 어린 줄기에 능선이 있으며 오래된 줄기는 원주형이다.

분포

전국 각지에 분포한다.

생태

온실이나 화단에 키우는 덩굴성 여러해살이풀이다.

이용방안

관상용으로 식재한다.

제비꼬깔

잎

잎은 어긋나며, 손바닥 모양으로 깊게 갈라진다. 갈래 잎은 다시 2~3갈래로 갈라져서 갈래조각은 선형으로 가늘다.

꽃

꽃은 7~8월에 피며, 줄기 끝에 총상꽃차례로 달리고, 하늘색이다. 꽃받침 잎은 5장, 꽃잎은 2장이다.

열매

열매는 골 돌과이다.

 줄기

줄기는 곧추서며 가지를 치고 높이 30~60cm 자라며, 구부러진 짧고 연한 털이 있다.

 분포

북부지방에 분포한다.

 **생태**

고지대의 풀밭에 자라는 여러해살이풀이다.

 **이용방안**

줄기를 약재로 쓴다.

파란색 꽃(하늘색 포함)

좀닭의장풀

잎

잎은 어긋나기하고 선형 또는 선상 피침 형으로 길이 3~10cm, 나비 1cm정도이며 끝은 뾰족하고 밑은 갑자기 좁아져 막질의 엽초와 연결되며 표면은 녹색으로 털이 없으나 뒷면은 백록색으로 털이 있다.

꽃

꽃은 6~8월에 하늘색으로 피고 잎겨드랑이에서 나온 화경 끝의 총포 안쪽에 달리며 하나씩 나와서 핀다. 총포는 앞 같거나 접혀서 합쳐진 조개껍질 같으며 겉에 9~10맥이 있고 맥위에 털이 있다.

열매

삭과는 타원형이며 마르면 3개로 갈라진다.

 줄기

줄기는 비스듬히 또는 곧추 자라며 밑 부분에서 가지가 갈라지고 땅에 닿으면 뿌리를 낸다.

분포

전국 각지에 분포한다.

생태

한해살이풀이다. 산과 들의 길가에서 자란다.

이용방안

전초는 약용, 어린순은 식용, 꽃은 염색용으로 한다.

수목 편

가시오갈피나무

잎

잎은 어긋나기하며 손바닥모양의 겹잎이고, 소엽은 타원상 거꿀달걀형이며 짧은 점첨두, 예형이고, 표면 군데군데 털이 있고, 뒷면은 어릴 때는 맥 위에 갈색 털이 있으며, 가장자리에 뾰족한 겹톱니가 발달하고, 잎자루 길이는 3~8cm로 가시가 많다.

꽃

꽃은 보랏빛 노란색이 돌며 7월 중순~8월초 개화하고 꽃대는 갈라진 곳에만 밀모가 있다. 꽃받침은 가장자리에 뚜렷하지 않은 거치가 있고, 꽃잎은 달걀모양으로 5개이며 길이 1~2mm이다.

열매

열매는 둥글며 털이 없고 5개의 능각이 지며 지름 8~10mm이고 10월에 검은색으로 성숙한다.

줄기

가늘고 긴 가시가 밀생하고 회갈색이며 특히 잎자루 밑에 가시가 많다.

분포

함경남북도, 평안남북도, 경기도 북부. 강원도.

생태

낙엽 활엽 관목. 강한 햇볕을 싫어하고, 비옥하고 습기가 많은 활엽수림에서 잘 자란다.

이용방안

어린순은 식용한다. 잎을 건강차로 이용하고 꽃과 열매도 약용가치가 있다. 근피는 오가피, 잎은 오가엽이라 하며 약용한다.

가중나무

잎

잎은 어긋나기하고 홀수깃모양겹잎으로 길이 60~80cm이며 소엽은 13~25개이고 넓은 피침상 달걀모양이며 점첨두이고 예저 또는 원저이며 길이 7~13cm, 폭 5cm로서 연모가 있고 하반부에 2~4개의 톱니와 선점이 있으며 표면은 진한 녹색, 뒷면은 연한 녹색으로 털이 없다.

꽃

원뿔모양꽃차례는 가지 끝에 달리고 길이 10~30cm이며 꽃은 자웅이가화로서 지름 7~8mm이고 녹색이 도는 백색으로 6~8월에 개화한다. 꽃받침은 5개로 갈라지며 5개의 꽃잎은 끝이 안으로 꼬부라지고 수술은 10개이며 5심피로된 씨방의 암술대가 5개로 갈라진다.

🍒 열매

시과는 3~5개씩 달리고 연한 적갈색이며 얇고 피침형이며 길이 3~4cm, 폭 1cm로서 날개 가운데 1개의 종자가 들어 있으며 9~10월에 성숙하고 봄까지 달려 있다.

🌳 줄기

높이가 20m에 달하고 수간이 통직하며 나무껍질은 회갈색이고 오랫동안 갈라지지 않고 1년생 가지는 황갈색 또는 적갈색이며 털이 있으나 없어지는 것도 있다.

🗺 분포

전국 각지에 분포한다.

🌾 생태

낙엽활엽교목, 전국의 도로변이나 황폐된 임야의 경계지, 주택 주변에 많이 심고 있으며 특히 황폐하고 상층목이 없을 때 무성하게 자란다.

💡 이용방안

도시의 가로수,공원수로 식재하고 반드시 수나무를 선발하여 심는 것이 좋다. 목재는 기구(농기구)재, 차량재, 무늬목 단판으로 사용된다. 뿌리 또는 수간(樹幹)의 내피는 저근백피, 잎은 저엽, 시과는 봉안초라 하며 약용한다.

갈퀴망종화

잎

잎은 마주나기하며 거꿀피침모양 또는 긴 타원형이고 길이 1~5cm, 폭 5~16mm
로서 끝이 둔하며 밑부분이 좁아져서 짧은 엽병같이 되고 가장자리가 밋밋하
다. 잎겨드랑이의 소엽은 정상엽보다 작으며 끝이 뾰족하고 가장자리가 뒤로 말
리며 표면에 튀어나온 점이 있고 짙은 녹색이며 뒷면은 흰빛이 돈다.

꽃

꽃은 7~8월에 피고 지름 1~1.5cm로서 황색이며 취산꽃차례에 달리고 전체적으
로는 잎이 달린 원뿔모양꽃차례이다. 꽃받침조각은 잎 같으나 잎보다 짧으며, 주

걱모양과 비슷하고, 털이 없으며 꽃잎은 거꿀달걀모양이고, 끝에 짧은 돌기가 있으며, 길이 12mm정도이다. 수술은 많고, 이생(離生)한다.

열매

삭과는 긴 달걀모양이고 길이 5~6mm로서 홈이 있으며 3실로 된다.

줄기

높이 1~2m이고 가지가 많이 갈라지며 나무껍질이 얇은 막으로 벗겨지고 가지에 2개의 능선이 있다.

분포

전국 각지에 분포한다.

생태

소관목이다. 망종화와 비슷하나, 잎이 갈퀴덩 굴과 같아서 갈퀴망종 화라고 한다.

 이용방안

관상용으로 식재한다.

개다래

잎

잎은 어긋나기로 막질이며 넓은 달걀형 또는 달걀형의 타원형이고, 점첨두이며 원저 또는 아심장저이고 길이 8~14cm, 폭 3.5~8cm로서 표면 상반부 때로는 전체가 백색으로 되는 수도 있으며 뒷면은 연한 녹색이고 맥액에 연한 갈색털이 있으며 어릴때는 양면 맥 위에도 연한 갈색털이 있고 가장자리에 잔톱니가 있으며 엽병에 털이 있다.

꽃

꽃은 6~7월에 피고 흰색이며 지름 1.5cm로서 향기가 있고 가지 윗부분의 잎겨드랑이에 달리며 한 화경에 1~3개씩 피고 화경은 길이 3~6cm로서 연한 갈색 털이 있다. 꽃잎과 꽃받침조각은 각각 5개씩으로 넓은 달걀형이며, 씨방에는 털이 없다.

열매

열매는 달걀형의 타원형이며 길이 2~3cm 정도로서 끝이 뾰족하고 9월 말~10월 초에 노란색으로 익는다. 과육은 혓바닥을 찌르는듯한 맛이 있으며 달지 않다.

줄기

길이가 5m에 달하고 1년생 가지는 어릴 때 연갈색 털이 있으며 간혹 가시 같은 억센 털이 있고 속은 백색이며 차 있다.

분포

전국 각지에 분포한다.

생태

낙엽 활엽 덩굴성. 양수 내지는 중용수로 노지에서 월동생육하고 활엽수림하의 부식질이 많은 전석지에서 잘 자란다.

이용방안

지엽은 목천료, 뿌리는 목천료근, 충영이 있는 과실은 목천료자라 하며 약용한다.

개싸리

잎

잎은 어긋나기하고 우상 3출복엽이고 탁엽은 선형으로 털이 있다. 중앙소엽은
측소엽보다 크며 타원형 또는 긴 타원 형이고 길이 3~6cm이다. 양끝이 둥글고
윗면에 잔털이 있으나 뒷면에는 긴 갈색밀모가 있으며 잎맥이 도드라져 있다.

꽃

8~9월에 가지 끝에서 융털로 덮여 있는 굵고 긴 총상꽃차례가 발달하여 많은
꽃이 달리며 꽃은 길이 7~8mm로서 연 한 황백색이고 나비형이며 꽃자루는 짧
으며 털이 있다. 꽃받침은 5개로 깊게 갈라지고 밑부분의 3개는 선형이며 윗 부
분의 2개는 좀 얕게 갈라지고 모두 긴 갈색 융털로 덮여 있으며 기꽃잎은 끝이

뾰족하고 중앙부에 적색 줄이 있다. 총상꽃차례의 정상화는 대개 결실하지 않으며 꽃차례끝이나 밑부분에 있는 닫힌꽃이 결실한다.

열매

협과는 원형이며 표면에 털과 그물맥이 있고 9~10월에 익는다.

줄기

높이가 1m에 달하며 원줄기는 곧추 자라지만 짧고 굵은 가지가 발달하고 원줄기와 가지는 능선과 더불어 긴 갈색 밀모로 덮여 있다.

분포

전국 각지에 분포한다.

생태

낙엽반관목. 산비탈, 양지의 메마른 풀밭에서 자란다.

이용방안

뿌리를 소설인삼이라 하며 약용한다.

개오동

잎

잎은 어긋나기 또는 3돌려나기하며 넓은 달걀형이고 길이 10~25cm로, 대개 3~5
개로 갈라지고 표면은 자줏빛이도는 녹색이고 털이 없으며, 뒷면은 연한 녹색으
로 맥 위에 잔털이 있거나 털이 없고 잎자루는 자줏빛이 돈다.

꽃

원뿔모양꽃차례는 가지 끝에 달리며, 길이 10~25cm로서 털이 없고 꽃은 6월에
피며 지름 25mm로서 황백색이고 화피에 양순이 있으며 안쪽 양면에 황색 선과
자주색 점이 있다. 꽃부리는 종상이고 비스듬한 심장형이다. 수술은 완전한 것
이 2개, 꽃밥이 없는 것이 3개이고 기부에 자주색 반점이 있다.

열매

삭과는 길이 20~36cm, 지름 5~8mm로서 긴 선형이고 암갈색이며 10월에 익는다. 종자는 회갈색으로 편평하거나 또는 반관상(半管狀)이고 길이 3~4cm, 나비 3mm로서 양쪽 끝에는 긴 백색의 털이 있다. 성숙한 과실을 재실이라 하고 나무껍질을 재백피라 한다.

줄기

가지가 퍼지고 1년생 가지는 털이 없거나 간혹 잔털이 있다.

분포

전국 각지에 분포한다.

생태

중국 원산으로 전국에 심어 기르는 큰키나무 이다.

이용방안

가로수나 공원수로 좋다. 근피 또는 나무껍질은 재백피, 목재는 재목, 잎은 재엽, 과실은 재실이라 하며 약용한다.

개회나무

잎

잎은 마주나기하며 넓은 달걀형이고 급한 점첨두이며 원저 또는 약간 심장저로 길이와 폭이 각 5~12cm×3.5~9cm로, 양면에 털이 없으며 가장자리 밋밋하고 잎 자루 길이는 10~20mm이다.

꽃

꽃은 5월~7월에 피고 지름 5~6mm로 흰색이며, 원뿔모양꽃차례로 전년지에서 가지 끝에 달리며 길이 10~25cm, 지름 10~15cm이고, 꽃받침통은 길이 1.7mm이 고 판통 길이는 2mm, 화관열편 길이는 3mm이다.

열매

열매는 삭과로 긴 타원형이며 둔두이고 길이 2~2.5cm로 9월~10월에 성숙한다.

줄기

높이 4~6m에 이르며 나무껍질은 흑갈색이며 가로무늬가 있고, 가지는 퍼지며 털이 없고 회갈색으로 껍질눈이 뚜렷하나 어릴 때는 자줏빛이 돈다.

분포

전국 각지에 분포한다.

생태

산골짜기에 비교적 드물게 자라는 떨기나무이다.

이용방안

정원수나 공원수로 좋고 밀원식물로도 유망하다. 꽃은 향료추출원료로 이용된다. 목재는 기구재나 가구재, 세공용으로 쓰인다. 개회나무/정향나무의 나무껍질, 수간 및 경지를 폭마자라 하며 약용한다.

갯대추

잎

잎은 어긋나기하며 지질이고, 달걀형이며 끝이 둔하고 길이와 폭이 각 3.5~6cm ×2.5~4.5cm로, 아랫부분에 3개의 큰 맥이 있으며 가장자리에 둔한 잔톱니가 있고, 잎자루 길이는 3~8cm이며 어린나무에 턱잎이 변한 가시가 있다.

꽃

취산꽃차례는 1년생가지 윗부분의 잎겨드랑이에 달리며, 꽃대는 짧고 갈백색 털이 밀생하며, 꽃은 연한 녹색으로 지름 5mm로 6월에 피고, 꽃부분은 5수성이다.

🍒 열매

열매는 건과로 구형이며 지름 12~20mm로, 끝이 3개로 갈라져서 날개로 되고 백갈색 복모가 있으며 9~10월에 성숙한다.

🌳 줄기

줄기는 가지와 잎이 밀생하고 가지에 갈백색 털이 있다.

🗺 분포

제주도

🌱 생태

바닷가에 자라는 낙엽 떨기나무이다.

💡 이용방안

뿌리는 마갑자근, 잎은 마갑자엽, 과실은 철리파과라고 하며 약용한다.

검노린재

잎

잎은 어긋나기하며 타원형으로 첨두 예형이고 길이와 폭이 각 3~8cm×
2.5~4.5cm로, 표면은 녹색이고 뒷면은 회녹색으로서 맥 위에 털이 있고 가장자
리 톱니는 뾰족하고 안으로 꼬부라지며, 잎자루 길이는 3~10mm이다.

꽃

꽃은 5월에 피고 백색이며, 원뿔모양꽃차례로 길이 3~8cm이고, 꽃받침조각은 달
걀형으로 연모가 있고, 꽃잎은 깊게 갈라지며 녹색이고, 수술은 25~40개이다.

열매

열매는 핵과로 달걀형의 원형이고 지름 6~8mm로 검은색이며 9월에 성숙한다.

줄기

줄기는 높이 5m정도이고 가지를 친다. 전년도 가지는 갈색이고 햇가지는 녹색으로 가는 털이 있다. 나무껍질은 세로로 갈라지고 가로로 껍질눈이 있고 이년지는 회갈색이다.

분포

경상남도, 전라남도, 제주도.

생태

산지에 자라는 낙엽 떨기나무 또는 작은키나무이다.

검양옻나무

잎

잎은 어긋나기하며 홀수깃모양겹잎이며 길이는 30cm이고 소엽은 7~15개로, 피침상 긴 타원형 또는 넓은 피침형 이며 점첨두이고 길이는 7~10cm로 둔저 또는 예형이며 가장자리는 밋밋하고 털이 없다.

꽃

꽃은 잡성주로 황록색으로 5월에 피고 원뿔모양꽃차례는 잎겨드랑이에서 나오고 길이가 10 ~20cm이다. 꽃받침조각과 꽃잎 및 수술은 각각 5개이다.

🍒 열매

열매는 핵과로 편구형이며 황색이고 지름은 7~10mm정도이고 털이 없으며 10월에 성숙한다.

🌳 줄기

높이가 13m에 달한다. 1년생 가지에 전혀 털이 없다.

분포

전라남도, 제주도

🌾 생태

낮은 지대에 자라는 낙엽큰키나무이다.

💡 이용방안

잎은 야칠수엽, 뿌리는 야칠수근이라 하며 약용한다.

고욤나무

🍁 잎

잎은 어긋나기하며 타원형이고 급한 첨두, 원저 또는 넓은 예형이며 길이와 폭이 각 6~12cm×5~7cm로, 표면은 녹색이고 어릴 때는 털이 있으나 잎겨드랑에만 남고, 뒷면은 회녹색이고 맥위에 굽은 털이 있다.

🌼 꽃

꽃은 암수딴그루로 연한 녹색이며 새가지 밑부분의 잎겨드랑이에 달리고, 수꽃은 2~3개씩 한 군데에 달리며 길이 5mm이고, 수술은 16개가 있다. 암꽃은 꽃밥이 없는 8개의 수술과 1개의 암술로 되어있고 길이는 8~10mm이고, 꽃받침조각은 삼각형이며 꽃부리는 종형으로 6월에 개화한다.

열매

열매는 장과로 둥글며 지름 1.5cm로 노란색에서 흑색으로 10월에 성숙한다.

줄기

높이 15m, 지름 50cm에 이르며 나무껍질은 암회색이고 1년생 가지에 회색 털이 있으나 없어진다.

분포

경기도 이남

생태

심어 기르거나 산과 들에 야생으로 자라는 낙엽 큰키나무이다.

이용방안

목재는 가구재로 이용된다. 열매에는 타닌이 많아서 햇볕에 말려 식용 및 약용으로 쓴다. 감나무 대목으로 사용되기도 한다. 과실을 군천자라 하며 약용한다.

곰의말채나무

잎

잎은 마주나기하며 넓은 달걀형이고 점첨두이며 넓은 예형, 절저 또는 원저이고, 길이 8~18cm로, 표면에 잔복모가 있으며 뒷면은 흰빛이 돌고 털이 많으며, 톱니가 없고, 측맥은 6~10쌍이며 잎자루 길이는 1~3cm이다.

꽃

원추상 취산꽃차례로 지름 8~14cm이고 꽃대는 길이 3~4cm이며, 꽃잎은 넓은 피침형 또는 긴 타원형으로 길이 5mm로 수술대와 길이가 같고, 7~8월에 핀다.

🍒 열매

열매는 핵과로 둥글며 지름 6mm로 짙은 검은색으로 종자는 둥글고 오목한 점이 많으며, 9월에 성숙한다.

🌳 줄기

높이가 15m에 달하고 나무껍질은 회갈색으로 불규칙하게 세로로 갈라져 감나무 나무껍질과 비슷하며, 가지는 털이 없고 황갈색 또는 적갈색으로 광택이 난다. 나무껍질은 회갈색으로 불규칙하게 세로로 갈라지며, 가지는 털이 없고 황갈색 또는 적갈색으로 광택이 있다.

🗺️ 분포

충청남북도, 전라남북도, 경상남도, 경상북도, 울릉도

🌾 생태

산 중턱이나 산골짜기에 자라는 큰키나무이다.

💡 이용방안

꽃이 아름답고 겨울의 새빨간 가지는 흰눈과 조화를 이루어 관상수로 매우 훌륭하다. 심재는 양자목, 나무껍질은 정랑피라 하며 약용한다.

741

광대싸리

잎

잎은 어긋나기하며 막질이고 타원형이며 둔두 원저이고, 길이와 폭은 각 2~6cm ×12~25mm로, 양면에 털이 없으며 표면은 녹색이고 뒷면은 흰빛이 돈다. 잎자루의 길이는 3~7mm이고 턱잎은 길이가 1mm이다.

꽃

꽃은 암수딴그루로 5월~6월 개화하며 노랗게 피고, 수꽃은 잎겨드랑이에서 많이 모여 나며 지름은 3mm이고 꽃대 길이는 2~3mm이다. 꽃받침조각과 수술 각 각 5개이고 암꽃은 잎겨드랑이에 2~5개(간혹 8개)씩 달리고, 꽃대 길이는 5~10mm이다.

🍒 열매

삭과는 편구형이며, 황갈색으로 익으며 지름 4mm로서 3줄의 홈이 있고 3조각으로 갈라져서 6개의 종자가 나오고, 7월~10월에 성숙한다.

🌳 줄기

관목이지만 높이 10m, 지름 21cm에 달하는 것도 간혹 있으며 줄기는 뭉쳐 나며 털이 없으며 잔줄이 있다. 나무껍질은 갈색이고, 가지 끝이 밑으로 처진다.

🗺 분포

전국 각지에 분포한다.

🌿 생태

전국의 산에 흔하게 자라는 떨기나무 또는 작은키나무이다.

💡 이용방안

목재는 땔감으로 하며 열량이 높다. 새순은 봄철에 식용한다. 지엽 및 뿌리를 일엽추라 하며 약용한다.

굴피나무

잎

잎은 홀수깃모양겹잎으로 길이 15~30cm로서 7~19개의 대가 없는 소엽으로 되며 엽축(葉軸)과 엽병에 털이 있으나 점차 없어진다. 소엽은 타원상 피침형 또는 난상 피침형이고 길이 4~10cm로서 긴 점첨두이며 예저 또는 원저이고 약간 낫과 비슷하게 구부러지며 가장자리에 날카로운 톱니가 있고 양면에 백색 털이 있으나 점차 없어진다.

꽃

꽃은 5~6월에 피며 자웅동주이고 취산꽃차례로서 가지 끝에 정생한다. 웅화수는 길이 5~8cm이며 원주형이고 자화 수는 길이 2~4cm이고 긴타원모양이며 꽃잎은 없다.

열매

과수는 긴 타원형이며 길이 3~5cm로서 흑갈색이고 털이 없다. 포편은 떨어지지 않으며 피침형이고 견과는 구과모양 이며 길이 5mm로서 9월에 익는다.

줄기

높이 12m, 직경 53cm이지만 일반적으로 높이 3m, 직경10㎝정도이다. 나무껍질은 회색으로 얕게 갈라진다. 1년생 가지는 털이 있으나 점점 없어지며 황갈색 또는 갈색으로서 뚜렷한 껍질눈이 드문드문 있다. 나무껍질은 물에 잘 썩지 않는다.

분포

경기도 이남

생태

산기슭, 산 중턱의 양지쪽에 나며 특히, 수성암(水成岩)겉에서 많이 자란다.

이용방안

구과는 황색 염료에 이용하고, 나무껍질은 어망 염료에 사용한다. 열매가 달린 가지는 꽃꽂이의 소재, 관상용으로도 이용한다. 잎은 화향수엽, 과실은 화향수과라 하며 약용한다.

꼬리조팝나무

🍃 잎

잎은 길이와 폭이 각 4~8cm×1.5~2cm이고 뒷면에 잔털이 있으며 가장자리에 잔톱니가 발달했다.

🌼 꽃

꽃은 지름 5~8cm이며 5월 말~9월 중순에 줄기 끝에서 큰 원뿔모양꽃차례가 발달하고, 꽃대와 작은꽃대에 털이 많다. 꽃받침통은 거꿀원뿔모양으로, 5개로 갈라지며 각 열편은 달걀꼴 예두이고 꽃잎은 분홍색으로, 거꿀달걀모양의 원형이며 수술은 꽃잎보다 길다.

🍒 열매

열매는 길이 3.5cm정도의 골돌로서 복봉선을 따라 털이 존재하며 갈색으로 매끄럽고, 9월 말~10월 중순에 성숙한다.

🌳 줄기

높이 1~1.5m이며 가지는 능선이 있고 털이 있는 것과 없는 것이 있다.

🌿 뿌리

뿌리부근에서 많은 가지가 나와 군생한다.

🗾 분포

제주도를 제외한 전국에 분포한다.

🌾 생태

산골짝 및 습지 근처에서 자라며 내한성이 강하여 전국 어디서나 볼 수 있고 음지보다 양지를 좋아한다.

💡 이용방안

어린 잎은 식용한다. 줄기, 잎은 월경폐지, 변비, 소변불통, 타박상, 관절염, 기침, 외상 등에 쓴다.

꽝꽝나무

잎

잎은 어긋나기하며 타원형, 긴 타원형이고 예두 또는 무딘형이며 예형으로, 길이와 폭이 각 1.5~3cm×6~20mm로, 표면에 윤채가 있는 짙은 녹색이며, 뒷면은 연한 녹색이고, 작은 샘이 있다.

꽃

꽃은 암수딴그루로, 7월 초에 개화하며, 수꽃은 짧은 총상 또는 복총상꽃차례로 3~7개씩 달리며 퇴화된 암술이 있으며, 암꽃은 잎겨드랑이에 1개씩 달리고, 꽃대가 길며 퇴화된 4개의 수술과 1개의 4실인 씨방이 있다.

열매

열매는 핵과로 지름이 6~7mm로 검은색으로 성숙하고, 열매자루는 길이가 4~6mm로, 9월 말~11월 중순에 성숙한다.

줄기

높이 3m에 이르며 나무껍질은 회백색이며, 가지와 잎이 무성하고 1년생 가지에 잔털이 있다.

뿌리

잔근성이며, 잔뿌리는 많지 않다.

분포

경상남도, 전라남도, 전라북도, 제주도

생태

반그늘 또는 양지에서 잘자라는 상록 떨기나무이다.

이용방안

남부지방에서는 회양목 대신 이용되며, 정원수나 노변의 반복식재로 이용된다. 가지가 치밀하고 맹아력이 강하며 잎이 밀생하며 좋은 수형을 가지며 수세가 강건하고 수형조절이 자유로와 생울타리나 토피아리를 만드는데 사용한다.

나도밤나무

잎

잎은 어긋나기하고 얇으며 타원상 거꿀달걀형 또는 거꿀달걀형의 긴 타원형
이며 예첨두, 예형 또는 원저이고 길이와 폭이 각 (10)12~20(25)cm×4~7cm이
다. 양면에 털이 있으며, 뒷면의 털은 황색 혹은 갈색이며, 가장자리에 끝이
예리하고 잔톱니가 발달했다.

꽃

원뿔모양꽃차례는 가지 끝에 달리며, 길이와 폭이 각 15~25cm×15~25cm이고
꽃잎은 백색으로 5수이고 3개는 원형이나 나머지 2~3개는 선형이다. 수술 3개
는 비늘 같고 2~3개는 완전하며 6월 초~7월 중순에 개화한다.

열매

열매는 핵과로 둥글고, 지름 7mm로 붉은색으로 9월 말~11월 초 성숙한다.

줄기

높이 10m에 이르며 나무껍질은 갈색으로 껍질눈이 많이 산재하며 1년생 가지에 갈색의 샘털이 있다.

분포

전라남도, 전라북도, 경상남도, 충청남도, 경기도, 황해도.

생태

낙엽 활엽 소교목으로 습기가 많은 장소에서 자란다.

이용방안

목재의 향기와 거품을 소세공재로 사용하고 때로는 장식목적으로 쓰인다. 녹음수, 가로수, 공원수의 중층목으로도 사용한다.

나무수국

🍁 잎

잎은 마주나거나 3개씩 돌려나며 타원형이고 길이 5~12cm, 폭 3~8cm로 뒷면은 연한 녹색이며 맥 위에 털이 있다.

🌼 꽃

꽃은 7~8월에 가지 끝에 큰 원뿔모양꽃차례가 달리고, 무성꽃과 양성꽃이 한 꽃차례에 달리며, 꽃받침조각은 백색 이지만 약간 붉은빛이 돌기도 한다.

🍒 열매

열매는 삭과로 10~11월에 익는다.

752

줄기

높이 2~3m에 이르며 나무껍질은 회색이며 1년생 가지는 갈색이다.

 분포

전국 각지에 분포한다.

생태

낙엽 활엽 관목. 화단에 심어 기르는 낙엽떨기나무이다.

이용방안

관상용, 정원수로 이용한다. 또한 독립수, 경계식재용으로 이용한다. 목재는 나무못(목정)이나 세공용으로 쓰이며 나무껍질은 제지용의 풀을 만드는 데 쓰인다. 나무수국, 큰나무수국의 꽃은 분단화, 뿌리는 분단화근이라 하며 약용한다.

753

남천

잎

잎은 어긋나기로 두꺼우며 3회 깃모양겹잎으로서 길이 30~50cm이며 엽축에 마디가 있다. 소엽은 잎자루가 없으며 타원상 피침형이고 점첨두, 예저이며 길이 3~10cm로 톱니가 없고 잎자루 기부가 흔히 흑자색으로 되며 줄기를 둘러싼다. 겨울철에는 홍색으로 변한다.

꽃

양성꽃으로서 6~7월에 피고 가지 끝에서 나오는 길이 20~30cm의 원뿔모양꽃차례에 달린다. 꽃잎은 6매이고 희다. 꽃받침조각은 3수이고 다륜성으로 배열하며 꽃부리는 백색이며 지름 6mm이고 꿀샘은 3~6개, 수술은 6개이며 꽃밥은 황색

이고 세로로 터진다. 씨방은 1개이며 암술대는 짧고 암술머리는 손바닥모양이
다.

열매

열매는 장과로 구형이며 지름
8mm정도이고 10월에 붉은색
으로 성숙한다. 다음해 2월에
익는 것도 있다.

줄기

높이가 3m에 달하고 밑에서 줄기가 많이 갈라진다. 겨울철에 줄기가 붉게 변한
다.

분포

중부 이남지역 분포한다.

생태

상록 활엽 관목이다. 석회암지역에서 무성히 자라는 수종이다.

이용방안

정원수와 조경수로 적합하다. 종자는 새들의 좋은 먹이가 된다. 과실, 잎, 줄기,
뿌리를 약용한다.

넌출월귤

잎

잎은 어긋나기하고 장 타원형으로 길이 7~14mm이며 끝은 뾰족하거나 둔하고 밑은 둥글며 표면은 짙은 녹색으로 윤채가 나고 뒷면은 분백색이며 밋밋하고 엽병은 길이 1mm정도이다.

꽃

꽃은 7월에 연한 홍색으로 피고 가지 끝의 포 짬에서 꽃대가 나와 그 끝에 1개씩 달리며 꽃자루는 길이 3~4cm이고 중앙 부에 2개의 작은포가 있다. 꽃받침은 4열하고 꽃잎은 4개로 뒤로 말리며 수술은 8개이다.

열매

과실은 장과로 붉게 익는다.

 줄기

줄기는 철사처럼 가늘고 물이끼 속으로 뻗으면서 가지가 약간 갈라지며 20cm에 달하고 어릴 때는 짧은 털이 있으나 껍질이 벗겨지면서 없어지며 짙은 적갈색으로 된다.

분포

북부지방

생태

고산 습원에 자라는 상록떨기나무이다.

이용방안

관상용으로 심는다, 과실은 식용한다.

노각나무

잎

잎은 길이 4~10cm, 나비 2~5cm로서 타원형 또는 넓은 타원형이고 어긋나기로 예두이고 원저 또는 넓은 예저이며 표면에 견모가 있으나 없어지고 뒷면에 잔털이 있으며 가장자리에는 물결모양 톱니가 있다.

꽃

꽃은 암수한꽃으로서 6월 말~8월 초에 피며 새가지의 기부에서 액생하고 꽃대길이 1.5~2cm로서 털이 없으며 포는 달걀형 또는 원형이고 길이 4~7mm이다. 꽃받침조각은 둥글며 융털이 발달하였고 꽃잎은 백색이며 거꿀달걀형 절두이고 5~6개이며 길이 2.5~3.5cm로서 가장자리가 약간 물결모양이고 씨방에 견모가 있으며 암술대는 5개로 갈라지지만 서로 합쳐지고 수술은 5개이다.

열매

열매는 5각형의 삭과로 남아 있는 암술대와 함께 길이 2~2.2cm로 9월말~10월 중순에 황적색으로 익으며 견모가 발달했다.

줄기

높이 7~15m이고 1년생 가지에 털이 없다. 나무껍질이 벗겨져 흑황색 얼룩무늬 가 있어 아름답다. 나무껍질은 검은 적갈색으로 벗겨져 매끈해진다. 1년생 가지 에 털이 없다.

뿌리

원뿌리와 곁뿌리가 있다.

분포

중부 이남

생태

낙엽 활엽 교목으로 어느 곳에서나 잘 자란다.

이용방안

목재는 단단하여 가구재나 장식재, 고급기구재 등으로 사용된다. 6~7월에 피는 백색의 아름다운 꽃과 황색의 단풍, 비단 같은 나무껍질의 아름다움을 감상하 기 위해 외국에서는 가로수로 심고 있으나 우리나라에서는 생장속도가 느려서 아직 널리 보급되지 않았다. 그 밖에 정원수, 공원수, 녹음수로도 이용가능 하 다.

눈까치밥나무

잎

잎은 어긋나기하며 오각형이지만 3~5개로 갈라지고 첨두 또는 둔두이며 아심장 저이고 톱니끝이 둔하며 가장자리에 둔한 톱니가 있고, 길이 8cm로서 표면에 짧은 털이 퍼져 나며, 뒷면은 선점과 맥위에 털이나 있다.

꽃

화아는 잎눈과 따로 달리며 총상꽃차례는 길이 2~4cm로서 잔털이 있고 꽃은 5월에 피며 양성꽃으로서 적자색이 돌고 잔털과 선 점이 퍼져 있으며 포는 오랫동안 남아 있다. 꽃받침은 원형이고 꽃잎은 거꿀달걀모양이며 수술은 꽃받침과 마주나기하고 각각 5개이며 씨방은 달걀모양이고 암술은 2개로 갈라진다.

🍒 열매

열매는 장과로서 둥글며 지름 6~8mm이고 털이 없으며 암적색으로 익는다.
새들이 즐겨 먹으나 맛이 없다.

🌳 줄기

줄기가 옆으로 기고, 가지에 가시와 털이 없으며 동아는 달걀모양이고 털이 있
다.

🗺 분포

대관령 이북

🌱 생태

깊은 산의 숲 속에 자라는 낙엽 떨기나무이다.

💡 이용방안

열매는 식용한다.

다릅나무

🍁 잎

잎은 어긋나기하며 홀수깃모양겹잎이고 소엽은 9~11개이며 타원형 또는 긴 달걀형이고 짧은 점첨두이며 원저로 길이 5~8cm로, 양면에 털이 없다.

🌼 꽃

총상꽃차례 또는 원뿔모양꽃차례로 길이 10~20cm이며 위를 향하고 가지 끝에 달리며, 꽃은 7월에 피고 백색이며 지름 8mm~1.2cm이고, 꽃대는 길이 0.3~1cm 이며 꽃받침은 길이가 0.2~0.4cm이다.

🍒 열매

열매는 협과로 넓은 선형이고 털이 없으며 길이와 폭이 각 3.5~5cm×7~9mm이고, 열매자루는 길이 5~10mm이며 종자는 길이 6mm로 콩팥 모양이며 9월에 성숙한다.

심산 지역의 산록, 산복 또는 계곡부의 토심 깊은 비옥적윤지에서 잘 자란다. 내한성, 내음성, 내조성, 내건성이 강하며 각종 공해에도 잘 견딘다.

🌳 줄기

높이 15m, 지름 50cm에 이르며 나무껍질은 흙갈색 또는 황갈색으로 두껍고 평활하다.

분포

전국 각지에 분포한다.

🌾 생태

낙엽 활엽 교목으로 전국의 산에 비교적 흔하게 자라는 큰키나무다.

💡 이용방안

목재는 기구재, 가구재, 완구재, 공예재 등으로 쓰인다. 잎은 가축의 사료로 쓸 수 있으며, 나무껍질은 염료, 약용으로 사용되고, 꽃은 밀원식물로 가치가 높다.

두릅나무

잎

잎은 어긋나기하고 홀수 2회 깃모양겹잎이며 잎축과 소엽에 가시가 있고 소엽은
달걀형이며 점첨두이고 넓은 예형 또는 원저이고 길이와 폭이 각 5~12cm×
2~7cm로, 큰톱니가 있고 뒷면은 회색이며, 맥 위에 털이 있다.

꽃

복총상꽃차례로 길이가 30~45cm이고, 꽃은 양성 또는 수꽃이 섞여있으며 지름
3mm로 흰색이고 꽃잎, 수술 및 암술대는 각각 5개이며 6월 말~8월 말 개화한
다.

🍒 열매

열매는 장과상 핵과로 둥글고 지름 3mm로 검은색이며, 종자는 뒷면에 입상의
돌기가 약간 존재하며 9월 중순~10 월 중순에 성숙한다.

🌳 줄기

가지에 가시 같은 돌기가 발달하였고 털이 많고, 굳센 가시가 많다.

🗺 분포

전국 각지에 분포한다.

🌱 생태

전국의 산에 흔하게 자라는 떨기나무이다.

💡 이용방안

새순은 데쳐서 식용으로 먹을 수 있는 진미식품이다. 밀원, 관상용으로도 가치
가 있다. 근피, 나무껍질을 총목피라 하며 약용한다.

765

등대꽃

 잎

잎은 가지 끝에서 뭉쳐나고 돌려난 것처럼 보이며 타원형 또는 거꿀달걀모양이다.
잎 길이는 3~7cm, 너비 1.5~3.5cm로 양끝이 좁고 잔 거치가 있다. 잎뒤로는 갈색
샘털이 있다.

 꽃

꽃은 6~7월에 총상꽃차례를 이루며 가지 끝에서 밑으로 처지며 5~15개의 꽃이
달린다. 꽃받침은 녹색이고 5개로 갈라지며, 갈라진 조각은 바소꼴이다. 꽃부리는
종형이고 길이 10~15mm이며 연변이 5개로 얕게 갈라진다. 수술은 10개이고 수
술대에 털이 있으며 꽃밥에 2개의 돌기가 있다.

열매

열매는 삭과로 달걀모양의 긴타원모양이 대가 굽어 위를 향한다.

줄기

가지가 돌려나며 비스듬히 퍼진다.

분포

전국 각지에 분포한다.

생태

관상용으로 심어 기르는 낙엽 떨기나무이다.

이용방안

관상용으로 식재한다.

땃두릅나무

잎

잎은 어긋나기하고 둥글며 길이 15~30cm로서 표면의 주맥과 뒷면 맥 위에 가시가 밀생하고 가장자리가 장상으로 5~7개로 갈라지며 열편은 삼각형이고 잔겹톱니가 있으며 엽병은 길며 가시가 밀생한다.

꽃

꽃은 7~8월에 피며 6~10개가 지름 9~13mm의 우상모양꽃차례를 이루고, 꽃차례는 다시 모여 총상으로 갈라진 분지 끝에서 8~18cm의 원추상으로 배열하며 짧은 털과 가시가 밀생한다. 꽃받침조각은 털이 없고 4개이며 가장자리에 뚜렷하지 않은 5개의 톱니가 있고, 꽃잎은 긴 타원상 삼각형이며 청백색의 수술과 더불어 각 5개이고 암술대는 2개 이다.

열매

열매는 핵과로 타원상 원형이며 지름 7~12mm이고 길이 4mm의 암술대가 남으며 8~9월에 적색으로 성숙한다. 열매에 2개의 암술대가 남아 있다.

줄기

높이가 2~3m이고 원줄기는 갈라지지 않으며 길이 1cm의 침상 가시가 밀생하고, 1년생 가지는 회색이다.

뿌리

근경이 굵고 길어 2m에 이르며 마디에서 뿌리가 내리고 껍질이 두껍고 향기를 발산한다.

분포

지리산 이북

생태

깊은 산 숲 속에 나는 낙엽활엽관목이다.

이용방안

뿌리를 자인삼이라 하며 약용한다. 봄에 뿌리를캐서 물에씻어 햇볕에 말려 사용한다.

만병초

잎

잎은 어긋나기하고 가지 끝에서는 5~7개가 모여나기하며, 타원형이고 길이와 폭이 각 8~20cm×2~5cm로, 표면은 짙은 녹색으로 주름살이 진 것 같고, 뒷면은 회갈색 또는 연한 갈색 털이 밀생하며, 가장자리에 톱니가 없고 뒤로 말리며 잎자루 길이는 1~3cm이다.

꽃

꽃은 5~6월에 개화하며 10~20개가 가지 끝에 달리고, 꽃부리는 깔때기모양이며 흰색 또는 연한 분홍이고 안쪽 윗면에 녹색 반점이 있다. 꽃받침은 짧고 5갈래로 갈라지며, 수술은 10개로 길이가 서로 다르고, 꽃대에 털이 있다.

열매

열매는 삭과로 길이 2cm이고 갈색이며 9월에 성숙한다.

 줄기

1년생 가지에 회색 털이 밀생하지만 곧 없어지며 갈색으로 변한다.

 분포

지리산 이북

 생태

상록 활엽 관목. 높은 산 중턱의 숲속에 자란다.

수목 편

만첩빈도리

잎

잎은 달걀모양 또는 넓은 피침형이고 예첨두 원저이며 가장자리에 잔톱니가 있고 양면에 성모가 있으며 길이 3~6㎝, 폭 1.5~3㎝로서 표면은 회록색이고 뒷면은 연한 녹색이며 엽병은 길이 2~5㎜이다.

꽃

꽃은 6월에 피고 총상꽃차례에 달리며 꽃받침통은 종형이고 성모와 더불어 단모가 있으며 꽃받침과 꽃잎은 각각 5개로 갈라지고 수술은 10개이며 꽃잎은 길이 15㎜정도로서 성모가 있고 백색이다. 수술대는 양쪽에 돌기(突起)같은 날개가 있으며 암술대는 3~4개이다. 만첩꽃이 핀다.

열매

삭과는 지름 3.5~6㎜로서 둥글며 성모가 밀생하고 끝에 암술대가 남아있다.

 줄기

1년생 가지는 적갈색이고 성모(星毛)가 있으며 늙은 가지는 나무껍질이 벗겨진다.

 분포

전국 각지에 분포한다.

 생태

정원에 심어 기르는 낙엽활엽 떨기나무이다.

 **이용방안**

관상용으로 심는다.

수목 편

무화과나무

잎

잎은 어긋나기로 넓은 달걀모양이며 길이 10~20cm로서 3~5개로 깊게 갈라지고
열편은 둔두이며 물결모양의 톱니가 있고 표면은 거칠며 뒷면에 잔털이 있고 5
맥이 있으며 잎자루는 길이 2~5cm이다. 줄기잎에 상처를 내면 백색 유액이 나온
다.

꽃

봄부터 여름에 걸쳐 잎겨드랑이에서 주머니같은 꽃차례가 발달하며 그속에 많
은 작은 꽃들이 들어 있다. 꽃은 5~6월에 피며 암수한그루로 수꽃은 상부에, 암
꽃은 하부에 위치하며 화피열편이 3개이고 씨방과 암술대는 각 1개이다.

🍒 열매

은화과(隱花果)로 거꿀달걀모양이며 길이 5~8cm로서 8~10월에 암자색 또는 황록색으로 익으며 식용한다.

🌳 줄기

높이 2~4m이고 나무껍질은 회백색에서 점차 회갈색으로 변하며 가지를 많이 친다. 가지는 굵으며 갈색 또는 녹갈색 이다. 나무껍질은 회백색에서 점차 회갈색으로 변하며 가지를 많이 친다.

🏵 분포

남부 지방

🌿 생태

민가에서 재배하는 떨기나무이다.

💡 이용방안

열매에는 단백질 분해효소가 많이 들어있어 육식을 한 후에 먹으면 날꽃이 잘되며 변비에 특효가 있다. 잘 익은 무화과는 생식하고 잼이나 파이를 만들기도 한다. 건조된 잎을 욕탕료로 사용하면 신경통에 효과가 있다. 건조한 꽃턱은 무화과, 뿌리는 무화과근, 잎은 무화과엽이라 하며 약용한다.

미역줄나무

잎

잎은 어긋나기하며 달걀형이고 밝은 녹색이며 점첨두 또는 첨두, 원저이고 길이
와 폭이 각 5~15cm×4~10cm로, 뒷면 맥 위에 털이 존재하며, 가장자리에 둔한
톱니가 있고, 잎자루는 길이 1.5~3cm로 적갈색이며, 털이 없고 마르면 잎과 더
불어 검은색이 된다.

꽃

원뿔모양꽃차례는 길이와 폭이 각 10~25cm×5~6mm로, 가지 끝이나 잎겨드랑
이에 달리고, 꽃은 백색이며 6~7월에 피고, 꽃부분은 5수성이다.

🍒 열매

열매는 시과로 연한 녹색이지만 붉은빛이 돌고, 날개가 3개 있으며 길이와 폭이 각 12~18mm×12~18mm로 끝이 오목하며 9~10월에 성숙한다.

🌳 줄기

길이 2m에 이르며 가지는 적갈색이고 옴같은 돌기가 밀생하며 1년생 가지는 5줄의 능선이 있고 2년생 가지는 흑갈색이다.

🗺️ 분포

전국 각지에 분포한다.

🌿 생태

전국의 산에 흔하게 자라는 덩굴나무다.

💡 이용방안

척악지나 절사면에 식재하면 황폐를 막을 수 있다. 관상용이나 열매가 달린 가지는 꽃꽂이 소재로 이용된다. 뿌리, 줄기 및 꽃은 뇌공등이라 하며 약용한다.

민산초나무

잎

잎은 홀수깃모양겹잎이며 소엽은 13~21개이고 피침형 또는 타원상 피침형이며
끝이 좁아지면서 요두로 끝나고 밑부분이 예저이며 길이 1.5~5cm로서 가장자리
에 물결모양의 잔톱니가 있고 엽축에는 잔가시가 없다.

꽃

꽃은 6월에 피며 지름 3mm로서 연한 녹색이고 향기가 없으며 정생하는 길이
5~10cm의 편평꽃차례에 달리고 꽃자루에 마디가 있다. 꽃받침조각은 난상 원형
이며 꽃잎은 길이 2mm로서 피침형이고 안으로 꼬부라지며 각각 5개이다.

수술은 꽃잎과 길이가 같고 곧추서기 때문에 밖으로 나오며 암술은 끝이 3개로 갈라진다.

🍒 열매

열매는 길이 약 4mm이며 녹갈색에서 홍색으로 익고 흑색의 종자가 들어 있다.

🌳 줄기

높이 3m정도에 이르며 줄기에 가시가 없다.

📍 분포

전국 각지에 분포한다.

🌾 생태

낙엽활엽관목으로 전국의 표고 1,000m이하의 산야에서 자란다.

💡 이용방안

열매는 식용유를 만드는 원료이며 여러 가지 조미료로 사용된다. 농촌의 주택 주변에 심어 놓으면 모기가 모여 들지 않는다고 하여 모기향 대용으로 사용하기도 한다.

배롱나무

잎

잎은 두꺼우며 마주나기하고 타원형이며 무딘형 또는 예두, 원저이고 길이 2.5~7cm로, 표면에 윤채가 있고 뒷면 잎맥을 따라 털이 있으며 가장자리에 톱니가 없고, 잎자루가 거의 없다.

꽃

원뿔모양꽃차례는 가지 끝에 달리고, 길이와 폭이 각 10~20cm×3~4cm이고, 암수한꽃으로 진한 분홍색이며, 수술은 30~40개로서 가장자리의 6개가 길며 암술은 1개이고 암술대가 수술 밖으로 나오고 8월 중순~9월 중순에 개화한다.

열매

열매는 삭과로 넓은 타원형이며 길이 1~1.2cm로서 6실이지만 7~8실인 것도 있고 10월에 익는다. 열매껍질조각은 단단한 목질이고 그 안에 작은 종자가 많이 들어 있다.

 줄기

높이가 5m에 달하며 줄기는 굴곡이 심한 편이어서 비스듬히 눕기쉽고, 가지는 엉성하게 나서 나무 전체 모양이 고르지 못한 편이나 독립해서 자랄때에는 수관이 둥글게 되는 일이 흔히 있다. 나무껍질은 적갈색이고 평활하며 얇게 벗겨져서 줄기에 얼룩이 잘 지고 또 혹이 잘 생기기도 한다. 1년생 가지는 모가나고 뿌리부터 움가지가 잘 돋아난다.

분포

중부 이남

생태

낙엽 활엽 교목. 토성을 가리지 않으나 비옥적윤한 토양과 양지를 좋아하며 내한성이 약해서 중부지방에서는 방한조치를 해야 월동이 가능하다.

이용방안

꽃을 관상하기 위한 조경수로 이용되고 있다. 염료 식물로 이용할 수 있다. 꽃은 자미화, 뿌리는 자미근, 잎은 자미엽이라 하며 약용한다.

병조희풀

잎

잎은 마주나기하며 3출복엽이다. 소엽은 3개로 다소 두꺼우나 넓은 달걀모양이며 길이 6~15cm로서 첨두이고 넓은 예저 또는 절저이며 양면이 모두 거칠고 털이 약간 있으며 불규칙한 치아상 톱니가 드문드문 있으나 흔히 3개의 얕은 결각이 생긴다. 뒷면에는 구부러진 털이 있고 주맥이 현저히 돌출하며, 잎자루는 길이 15cm이고 털이 있다.

꽃

꽃은 잡성으로서 7월 초~9월 초에 피며 여러 개가 액생하고 우산모양꽃차례를 이루며 꽃대에 백색 털이 있고, 꽃 아래를 향하고 피침형이며 꽃받침열편 4개 있고, 길이 2~2.5cm로 통형이고 짙은 하늘색으로 겉에 털이 있고 뒤로 약간 말리며 화피 길이 20mm이며, 꽃은 아래로 처진다. 암술대는 길이 1.5~2.0cm이며 깃털같은 백색 털이 있다.

🍒 열매

수과는 달걀모양으로서 양면에 돌출하고 2cm 이상으로 홍색 털이 있으며 9월에 성숙하고, 길이 3cm로 백색 털이 있는 실 모양의 암술대가 부착한다.

🌳 줄기

높이가 1m에 달하고 밑부분은 목질이 발달하지만 윗부분은 죽는다. 줄기에 세로 능선이 뚜렷하며 백색털이 밀생하고 회갈색이다.

🚩 분포

전국 각지에 분포한다.

🌾 생태

낙엽 활엽 반관목. 양지나 음지를 모두 좋아하지만 넓은잎나무 밑의 수풀 가장자리나 도로변, 계곡변에서 잘 자란다.

💡 이용방안

뿌리는 한약재로 이용된다. 한여름에 진보라색으로 한데 모여서 피는 꽃은 마치 조화처럼 완전하고 사랑스러워 공원이나 정원의 하목소재로 이용된다.

보리자나무

잎

잎은 어긋나기하고 찌그러진 삼각형, 넓은 달걀모양 또는 심원형이며 예첨두이
고 기부가 옆으로 이그러진 삼장저이며 길이 5~10cm, 나비 4~8cm로서 표면에
털이 없고 뒷면은 엽병과 더불어 회백색 성모가 밀생하며 잎겨드랑이에 잎집으
로 된 털이 없고 가장자리에 예리한 톱니가 있으며 엽병은 길이 1.5~4cm이다.

꽃

산방상 취산꽃차례는 6월에 액생하고 화경에 큰 포가 있으며 길이 4~10㎝이며
거꿀피침모양이며 끝이 둥글고 윗면에 성모가 드문드문 있고 뒷면에는 주맥계
에 털이 있다. 꽃은 양성으로서 연한 황색이고 5개씩의 꽃받침조각과 꽃 잎, 1개

의 암술 및 많은 수술이 있으나 꽃밥이 없는 5개의 수술도 있다. 약간의 향기가 있다.

🍒 열매

핵과는 건과(乾果)이고 둥글며 길이 7~8mm로서 연한 갈회색 성모로 덮여 있고 밑부분에 5개의 능선이 있다.

🌳 줄기

1년생 가지는 회백색 성모가 밀생한다.

🗺 분포

중부 이남

🌿 생태

낙엽교목으로 주로 각 지역의 사찰에 더러 심어져 있으며 사찰에서는 보리수나무라고 한다.

💡 이용방안

열매는 염주를 만드는데 쓴다. 꽃차례는 보리수화, 수피 및 근피는 보리수피라고 하며 약용한다.

비쭈기나무

잎

잎은 2줄로 어긋나기로 두꺼우며 가죽질이고 긴 타원형 또는 달걀형의 긴 타원형이며 예두이고 둔저 또는 예저이며 길이 ⑴4.5~8⑼cm, 폭은 2~3.5⑷cm로서 양면에 털이 없고 표면은 진록색에 광택이 있으며 뒷면은 황록색이고 가장자리가 밋밋하며 잎자루는 길이 3~10mm로서 털이 없다.

꽃

꽃은 암수한꽃으로 6월 초~7월 말에 피고 지름 1.2~1.5cm이며 흰색이지만 노란색으로 변하며 1년생 가지의 아랫 부분에 1~3개씩 달리며 꽃자루는 길이 10~20mm로서 털이 없다. 꽃받침조각은 떨어지지 않고 넓은 타원형이며 꽃 잎은 5개로 길이는 7~10mm이다. 수술은 2줄로 배열되며 20개 정도이고 꽃밥에 투명한 가시털이 있다. 씨방은 2~3실로 털이 없고, 암술대는 1개인데 끝이 2~3개로 갈라지며, 길이는 1cm정도 된다.

열매

열매는 달걀형이며 길이 8~10mm 로서 10월에 흑색으로 익으며, 종자는 많다.

줄기

나무껍질은 자록색을 띠며 매끄럽다. 1년생 가지는 각이져 있고 녹색이며, 동아는 1개의 눈껍질로 싸여 있고 새 발톱 모양으로 구부러져 있으며 털이 없다. 나무껍질은 자록색을 띠며 매끄럽다.

뿌리

곁뿌리가 발달되어 있다.

분포

남부 지방

생태

상록 활엽 소교목으로 추위에 약하여 따뜻한 남쪽지역에서 자란다.

이용방안

정원수나 화분식물로 재배된다.

빈도리

잎

잎은 달걀모양 또는 넓은 피침형이고 점첨두 원저이며 가장자리에 잔톱니가 있고 양면에 성모가 있으며 길이 3~6cm, 너비 1.5~3cm로서 표면은 회록색, 뒷면은 연한 녹색이며 잎자루 길이는 2~5mm이다.

꽃

꽃은 6월에 피고 총상꽃차례에 달리며 꽃받침통은 종모양이고 성모와 더불어 단모(單毛)가 있으며 꽃받침과 꽃잎은 각 5개로 갈라지고 수술은 10개이며 꽃잎은 길이 15mm정도로서 성모가 있고 백색이다. 수술대는 양쪽에 돌기같은 날개가 있으며 암술대는 3~4개이다.

열매

열매는 삭과로 지름 3.5~6mm로서 둥글며 성모가 밀생하고 끝에 암술대가 남아 있다.

 줄기

1년생 가지는 적갈색이고 성모가 있으며 늙은 가지는 나무껍질이 벗겨진다. 나무껍질은 오래되면 벗겨진다. 잔가지는 적갈색이다.

 뿌리

원뿌리와 곁뿌리가 있다.

 분포

전국 각지에 분포한다.

 **생태**

낙엽 활엽 관목이다.

이용방안

관상용으로 심는다. 과실을 수소라 하며 약용한다.

수목
편

뽕잎피나무

잎

잎은 어긋나기하며 뽕나무잎과 비슷하고 달걀모양, 넓은 달걀모양 또는 원형이고 갑자기 길어진 첨두이며 심장저 또는 아심장저이고 길이 1.5~11cm, 너비 1~8㎝로서 표면에 털이 없으며 뒷면은 회록색이고 맥액에 갈색 털이 밀생하며 가장자리에 예리한 잔 톱니가 있고 엽병은 길이 7~45mm로서 털이 없거나 갈색 성모가 있다. 열매가 열리는 잎은 보통잎보다 작으며 길이 3~4㎝에 불과하다.

꽃

화경은 길이 4~5cm로서 꽃자루와 더불어 털이 없거나 갈색 성모가 있으며 3~5개의 꽃이 6월경에 취산꽃차례로 달리고 꽃은 양성으로서 연한 황색이다.

포는 피침형이고 뒷면에는 성모가 산생하며 길이 2~3cm이고 꽃받침조각은 끝에 성모가 있다. 씨방은 둥글며 털이 있다.

열매

열매는 견과로 긴 거꿀달걀모양이고 짧은 털이 밀생한다. 10월에 익는다.

줄기

높이 4~5m이고 1년생 가지에 털이 없거나 갈색 성모가 밀생한다.

분포

전국 각지에 분포한다.

생태

낙엽활엽소교목으로 산중턱에서 자란다.

이용방안

목재는 기구재나 조각재, 바둑판, 상, 펄프재, 악기 등에 쓰이며 껍질은 몹시 질겨서 로프 제조 등 섬유자원으로 쓰인다. 꽃은 밀원이 있어 꿀을 생산할 수 있고, 가로수나 공원수로 어울리며 산간지 조경에 좋다.

사철나무

잎

잎은 마주나기하며, 두텁고 거꿀달걀형 또는 좁은 타원형으로 예두 또는 무딘
형이고, 예형이며 길이와 폭이 각 3~7cm×3~4cm로, 표면에 윤채가 있으며, 뒷
면은 황록색이고 둔한 톱니가 있다.

꽃

꽃은 암수한꽃으로 6~7월에 피며, 지름 7mm로 연한 황록색이며 잎겨드랑이의
취산꽃차례에 달리고, 꽃부분은 4수이다.

열매

열매는 삭과이며 둥글고, 지름 8~9mm로 붉은색이며, 4개로 갈라져서 황적색 종의로 싸인 종자가 나오며, 종자는 흰색으로 길이가 7mm로 한쪽에 줄이 있고, 10월에 성숙한다.

 ## 줄기

높이 3m에 이르며 나무껍질은 회흑색이 나며, 새로 난 가지는 녹색으로 털이 없고 많은 가지가 난다.

 ## 뿌리

잔뿌리가 많다.

 ## 분포

중부 이남

생태

바닷가 산기슭에 비교적 흔하게 자라는 상록 떨기나무다.

이용방안

정원수나 생울타리용수, 경계식재, 차폐식재, 방화수 등으로 이용된다.
뿌리를 조경초라 하며 약용한다.

산초나무

잎

잎은 1회 깃모양겹잎이며 소엽은 13~21개로 피침형 또는 타원상 피침형이고 끝이 좁아지면서 오목형으로 밑부분이 예형이며, 길이는 1.5~5cm로 가장자리에 물결모양의 잔톱니가 있고, 꽃대축에 잔가시가 있다. 산초특유의 향기가 있다.

꽃

암수딴그루로 8~9월에 피고 연한 녹색으로 지름이 3mm로 향기가 없으며, 가지 끝에 달리는 편평꽃차례로 길이는 5~10cm이다. 꽃대에 마디가 있고 꽃받침조각은 달걀형의 원형이며 꽃잎의 길이는 2mm로 피침형이고 안으로 꼬부라진다.

열매

열매는 삭과로 길이는 약 4mm이며 녹갈색에서 홍색으로 익으며, 종자는 검은 색으로 9월 중순~10월 중순에 성숙 한다.

 줄기

줄기에 3~5mm의 가시가 엇갈려서 난다. 1년생 가지에 1개씩 떨어져나는 가시가 있다.

분포

전국 각지에 분포한다.

생태

낙엽 활엽 관목. 산야에서 흔히 자라며 내한성은 강하나 양수로서 내음성이 약하다.

이용방안

열매는 식용유를 만드는 원료이며 여러 가지 조미료로 사용된다. 농촌의 주택 주변에 심어 놓으면 모기가 모여 들지 않는다고 하여 모기향 대용으로 사용하기도 한다. 왕초피나무, 산초나무, 초피나무의 과피는 화초, 뿌리는 화초근, 잎은 화초엽, 종자는 초목이라 하며 약용한다.

새비나무

잎

잎은 마주나기하며 달걀형, 타원형 또는 타원상 피침형이고 점첨두, 원저 또는 예형이며 길이와 폭이 각 (3~4)5~9(13)cm×(1.5)2.5~5cm로, 표면에 짧은 털이 있고 뒷면에 별모양 털이 밀생하며 가장자리에 예리한 톱니가 있고 잎자루는 길이 5~10mm로 별모양 털이 밀생한다.

꽃

취산꽃차례는 잎겨드랑이에 달리며 별모양 털이 밀생하고, 꽃은 연한 보라색이며 꽃부리 길이는 4~5mm이고, 판 통은 꽃받침과 길이가 거의 같고 꽃받침은 4

개로 깊게 갈라지고 별모양 털 또는 깃모양의 털이 밀생하며, 6월 초에 개화한다.

🍒 열매

열매는 핵과로 둥글며 지름 5mm로 보라색이며 9월 초~10월 말에 성숙한다.

🌳 줄기

높이 3m에 이르며 1년생 가지에 별모양 털이 밀생한다.

분포

남부 지방

🌿 생태

남부지방의 바닷가 숲 속에 자라는 낙엽 떨기나무다.

💡 이용방안

도심지의 공원이나 정원에 관상용으로 식재하며 조류의 먹이로도 좋다.

세잎종덩굴

잎

잎은 마주나기하며 3출 또는 2회3출복엽이다. 소엽은 달걀모양이고 점첨두이며 아심장저 또는 절저이고 길이 48cm로서 양면에 잔털이 있으며 가장자리에 예리한 치아모양톱니가 있으나 간혹 3개로 깊이 갈라지기도 하고 엽병은 긴 털이 밀생하며 길이 5mm이다.

꽃

꽃은 정생 또는 액생하고 1개씩 피며 화경은 길이 8~11cm이고 꽃받침은 황색 또는 암자색이며 종같고 아래로 처진다. 꽃받침조각은 4장이고 피침상 달걀모양이며 적자색이고 길이 2.5~3.5cm로서 첨두이며 털이 밀생한다.

꽃밥이 없는 퇴화된 수술은 꽃받침 길이의 1/2정도이다. 5월에 개화한다.

열매

수과는 거꿀달걀모양으로 황갈색이며 길이 5mm, 폭 3mm이고 7월에 성숙하며 회색 털이 있는 길이 4.5cm의 암술대가 부착된다.

줄기

높이가 1m에 달하며 전년도 가지 기부에 눈껍질이 남아 있고 기부는 목질화한다.

분포

전국 각지에 분포한다.

생태

낙엽 활엽 만경목으로 산야에서 자란다.

이용방안

관상용, 어린잎과 줄기는 식용한다.

수목 편

소철

🍁 잎

끝에서 많은 잎이 돌려나기 하며 홀수깃모양겹잎이고, 소엽은 어긋나기 하며 선형이고 가장자리가 다소 뒤로 말리고, 길이와 폭이 각 8~20cm×5~8cm이다.

🌼 꽃

꽃은 암수딴그루로서 수배우체 원줄기 끝에 달리고 길이 50~60cm, 폭 10~13cm로서 많은 씨앗바늘로 된 구과 형이며 비늘조각 뒤쪽에 꽃밥이 달린다. 암배우체는 원줄기 끝에 둥글게 모여 달리고 원줄기에 가까운 양쪽에 3~5개의 밑씨가 달리며 윗부분에서 황갈색의 털같은 것이 밀생한다. 자생지에서 6~8월에 개화한다.

🍒 열매

종자는 길이 4cm정도로 편평하고 씨껍질은 적색이며 10월에 성숙한다. 익은 종자 말린 것을 무루자(無漏子)라고 한다.

🌳 줄기

가지가 없고 줄기가 하나로 자라거나 밑부분에서 작은 것이 돋으며 높이 1~4m이고 원주형으로서 잎자국이 겉을 둘러싸며 끝에서 많은 잎이 바퀴모양으로 퍼진다. 수피 잎자국으로 둘러싸여 자란다.

🇰🇷 분포

제주도

🌱 생태

상록 침엽 관목 또는 소교목으로 제주도에서는 뜰에서도 자라지만 기타 지역에서는 온실이나 집안에서 재배한다.

💡 이용방안

정원수, 유실수로 이용한다. 잎은 봉미초엽, 꽃은 봉미초화, 종자는 철수과이며, 약용한다.

수국

🍁 잎

잎은 마주나기하며 달걀꼴 또는 넓은 달걀꼴이고 두꺼우며 짙은 녹색으로 윤채가 있으며 길이와 폭이 각 7~15cm×5~10cm로, 점첨두이고 넓은 예저이며 가장자리에 톱니가 있다.

✺ 꽃

꽃은 무성꽃이며 6~7월에 개화하고, 편평꽃차례는 크고 둥글며 지름 10~15cm로, 꽃받침조각은 4~5개이고 꽃 잎모양이며 하늘색 또는 연한 붉은색으로 변한다. 암술은 퇴화되어 결실은 하지 못한다.

줄기

크기는 1m에 이르며 줄기는 겨울동안 윗부분이 고사한다.

분포

전국 각지에 분포한다.

생태

낙엽 활엽 관목으로 남부 지방에서 널리 심어 기르는 떨기나무이다.

이용방안

여름철에 피는 우아한 꽃은 관상가치가 높아서 정원의 첨경수서 하목이나 군식이 어울리며, 꽃꽂이용으로도 많이 이용된다. 뿌리, 잎, 꽃를 팔선화라 하며 약용한다.

아까시나무

잎

잎은 어긋나기하며 홀수깃모양겹잎이며, 소엽은 9~19개로 타원형이고 원두 또는 작은 오목형이며 원저이고, 길이는 2.5~4.5cm로, 어릴 때는 뒷면에 털이 약간 있는 것도 있고, 가장자리는 밋밋하다.

꽃

총상꽃차례로, 1년생 가지의 잎겨드랑이에서 나오고 길이 10~20cm로 꽃은 5~6월에 피고, 유백색이지만 기부에 누른빛이 돌고 지름 15~20mm로서 향기가 강하다. 꽃받침은 얕게 5갈래로 갈라지고, 기꽃잎은 뒤로 젖혀지며 백색이지만 기부가 황색이다.

열매

열매는 넓은 선형으로 길이는 5~10cm이며, 편평하고 털이 없으며 종자는 5~10
개씩 들어있고 콩팥모양이고 길이 5mm, 편평하며 흑갈색으로 9월에 성숙한다.

줄기

1년생 가지는 털이 거의 없고 탁엽이 변한 가시가 있으며,나무껍질은 황갈색이
고 세로로 갈라진다.

분포

전국 각지에 분포한다.

생태

낙엽 활엽 교목으로
산이나 들에 자라는
낙엽 큰키나무이다.

이용방안

대표적인 밀원 식물이다. 목재는 차량재, 상판, 목공예 재료로 쓴다.
잎은 사료용으로 쓴다. 꽃을 자괴화라 하며 약용한다.

애기월귤

잎

잎은 어긋나기하고 달걀모양 첨두이며 원저 또는 예저이고 길이 3~6mm, 폭 2mm로서 양면에 털이 있으며, 표면은 짙은 녹색이고 광택이 있으며 뒷면은 분백색이고 가장자리는 뒤로 말리며 물결모양의 톱니가 있고 엽병은 길이 1mm미만으로서 거의 없다.

꽃

꽃은 1~2개가 가지끝에 달리며 밑으로 처지고 꽃자루는 길이 2cm로서 털이 거의 없으며 중앙부에 2개의 작은포가 있다. 꽃받침은 거꿀달걀모양이고 4개의 삼각상 열편으로 갈라지며 꽃부리는 붉은 빛이 돌고 4개로 깊게 갈라져서 뒤로 젖혀지며 열편은 길이 6~7mm이다. 수술은 8개이고 씨방은 하위로서 4실이다.

🍒 열매

열매는 둥글고 지름 6~7mm로서 적색으로 익으며 밑으로 처진다.

🌳 줄기

지상에 나온 가지는 짧고 가지에 짧은 털이 있으나 껍질이 벗겨짐에 따라 짙은 갈색으로 된다.

🗾 분포

북부 지방

🌱 생태

상록 관목으로 고원의 습지에 난다.

💡 이용방안

관상용으로 심는다. 열매는 식용한다.

수목편

오구나무

잎

잎은 어긋나기하고 약간 두꺼우며 길이 3~6cm의 삼각상 능형으로 예첨두, 절저고 끝이 길게 뾰족해지며,가장자리는 밋밋하고 엽병은 길고 상단에 2개의 선점이 있다. 잎뒷면은 담녹백색이다.

꽃

꽃은 일가화로서 6~7월에 피며 가지 끝의 총상꽃차례에 달리고 윗부분에 10~15개의 수꽃이 달리고 향기가 있으며 밑부분에는 2~3개의 암꽃이 달린다. 수꽃의 꽃받침은 술잔 모양이고 수술은 2~3개이며 암꽃은 한쪽에 선체가 있는 작은포로 싸여 있고 꽃받침의 일부가 퇴화되며 암술은 1개이고 암술대는 3개이다.

🍒 열매

삭과는 구상 타원형이며 첨두이고 길이 1cm정도로서 9~11월에 흑색으로 익으며 3개의 종자가 들어 있고 종자는 납질(蠟質)로 덮여 있으며 백색이고 길이가 7㎜이며 독이 있다.

🌳 줄기

높이가 10m에 달한다. 나무껍질이 처음에는 평활하지만 나중에는 불규칙하게 세로로 갈라진다.

🗺 분포

남부 지방

🌾 생태

낙엽활엽교목으로 숲 속에서 자란다.

💡 이용방안

목재는 기구재나 펄프재로 쓰이고 잎은 염료용, 열매는 유지자원으로 이용되고 가을에 단풍이 훌륭하므로 가로수나 공원수로 남해안에 식재하면 좋다. 종자로 초를 만든다. 근피 또는 경피는 오구목근피, 잎은 오구엽, 종자는 오구자라 하며 약용한다.

수목 편

오엽딸기

🍁 **잎**

잎은 5개의 소엽으로 구성된 손모양겹잎으로 중앙의 소엽은 가장 크며 사각상 거꿀달걀모양이고 끝이 뾰족하며 예저이고 길이 5~8cm로서 표면과 뒷면 맥 위에 누운 복모가 다소 있으며 결각상의 겹톱니가 있다. 탁엽은 길이 6~8mm로서 피침형이고 끝이 뾰족하다.

🌼 **꽃**

꽃은 7월에 짧은 가지 끝에 1~2송이씩 달려서 밑으로 처지며 꽃받침은 5개이고 길이 15~20mm로서 샘털이 섞인 짧 은 털과 가시가 있고 열편 끝이 대개 3개로 갈라지는 것이 많다. 꽃잎은 소형이며 뚜렷하지 않다.

🍒 열매

열매는 붉은색으로 익는다. 종자는 길이 2.5㎜로서 종자표면에 무늬가 있다.

🌳 줄기

긴 가지가 처음에는 뿌리에서 곧게 자라다 옆으로 기며, 털과 가시가 있고, 꽃이 달리는 가지는 긴 가지 밑부분의 잎 겨드랑이에서 곧게 자라며 가시가 다소 있거나 털이 있다.

🗺 분포

경상북도

🌾 생태

낙엽 아관목으로 다소 그늘진 곳에 난다.

옻나무

잎

잎은 어긋나기하며 홀수깃모양겹잎으로 잎자루와 더불어 길이가 25~40cm이다. 소엽은 9~11개이고 달걀형 또는 타원상 달걀형이며 길이와 폭은 각 7~20cm×3~6cm로, 표면에 흔히 털이 있고 뒷면 맥 위에 퍼진 털이 있으며, 가장자리가 밋밋하다.

꽃

꽃은 잡성주로 5월 말에 개화하는데 황록색이고, 원뿔모양꽃차례는 잎겨드랑이에 달리고, 5개씩의 꽃받침조각과 꽃 잎이 있으며 수꽃은 5개의 수술이 있고 암꽃은 5개의 작은 수술과 암술대가 3개로 갈라진 1개의 암술이 있다.

열매

핵과는 편구형으로 지름은 6~8mm로 연한 황색이고 털이 없으며 윤채가 있고,
9월에 성숙한다.

 줄기

줄기는 굵고 황색이고, 어릴 때는 털이 있으나 곧 없어진다.

 **분포**

전국 각지에 분포한다.

생태

낙엽 활엽 교목으로 숲의 가장자리, 경사지고 반그늘 진 곳이나 햇볕이 잘 드는
곳에 자란다.

이용방안

옻나무의 수액을 옻칠이라 하는데 옻칠의 주성분은 우루시올(urushiol)로 칠의
도료로서 우수한 것은 우루시올의 함유량에 따라 결정되고 옻그릇 및 공업용으
로 사용한다. 뿌리, 근피 및 건피, 심재, 수지, 잎, 종자 등을 약용한다.

왕모람

잎

잎은 어긋나기하며 가죽질이고 길이 1~5㎝, 나비 1~2㎝인 달걀모양 또는 타원형
이다. 길이 5~10㎜인 엽병에는 적갈색의 털이 밀생한다. 1~5쌍의 잎맥이 있다.
어린 싹의 잎은 1㎝이하로 가장자리에 2~3개의 파형의 거치가 있다. 잎 이 소형
이므로 애기모람이라고 이름이 붙여진 것 같다.

꽃

암수한그루로서 꽃이 액생하여 7~8월에 피고 수꽃과 암꽃 모두 주머니같이 생
긴 무화과 꽃차례속에 밀생한다.

열매

열매는 수과로 거친 털이 있으며, 둥근 모양으로 자루가 있고, 지름이 2cm정도 된다. 열매자루가 있는 열매는 모람 보다 직경이 큰 15~17㎜이다.

 줄기

어린싹의 줄기에 개출모(開出毛)가 있다.

 분포

전라남도, 제주도

 생태

상록의 덩굴성 식물로 해안가 산기슭의 바위나 나무줄기에 붙어 자란다.

 이용방안

바위나 큰키나무 같은 곳에 올려 여러 가지 형상을 만들 수 있으며 잘 익은 열매는 먹기도 한다.

왕작살나무

잎

잎은 마주나기하고 거꿀달걀모양, 달걀모양 또는 긴 타원형이며 긴 점첨두이고 예저이며 길이 10~20cm, 폭 4~7cm이며 가장자리에 거치가 있다.

꽃

꽃은 8월에 피고 연한 자주색이며 취산꽃차례는 액생하고 지름 1.5~3cm로서 처음에는 성모가 약간 있으며 화관통은 길이 2~2.5mm로서 겉에 잔털과 선점이 있고 4개의 수술과 1개의 암술이 있다.

열매

열매는 구형으로 10월에 익는다.

줄기

가지가 굵으며 성모가 있으나 점차 없어진다.

분포

전국 각지에 분포한다.

생태

낙엽 활엽 관목으로 바닷가 근처에서 자란다.

이용방안

가정 정원에는 양식이나 한식 어떤 양식에나 자유로이 다른 화목과 혼식할 수 있으며 여러해살이풀로 화단의 배경화목 으로도 좋다. 정원수로 사용이 가능하다. 열매가달린 가지는 꽂꽂이 소재로 쓴다.

우묵사스레피나무

잎

잎에 털이 없다. 잎은 어긋나기하며 가죽질이고 타원형 또는 긴 타원상 넓은 피침형이며 예두 또는 둔두이고 예저이며 길이 3~8cm, 폭 1~3cm로서 사스레피나무와 달리 톱니가 없다. 표면에 윤채가 있으며 뒷면은 황록색이고 엽병은 길이 1~5mm이다.

꽃

꽃은 이가화로서 4월에 피며 지름 5~6mm이고 연한 황록색이며 전년지의 잎겨드랑이에 1~2개씩 달리고 화경은 길이 1~2mm이며 작은포는 2개이고 끝까지 남아 있다. 꽃받침조각은 5개이며 둥글고 자흑색이며 길이 1~1.5mm로서 가장자리가 막질이고 꽃잎도 5개로서 기부가 동합하며 자백색이고 길이 3~4mm이다. 수꽃의 수술은 10~15개이며 암꽃의 꽃잎은 길이 2mm로서 수술이 없고 씨방이 둥글다.

열매

열매는 지름 5~6mm로서 10월에 자흑색으로 익는다.

줄기

높이 1m정도 자라며 1년생 가지에 털이 없다.

분포

전라남도, 경상남도

생태

바닷가에서 자라는 상록 작은키나무이다.

이용방안

남부지방의 절개지나 사방지 조림과 생울타리, 또는 수벽으로 이용할 수 있다. 지엽을 태운 잿물을 염색매제로 사용한다.

육계나무

🍁 잎

잎은 마주나기 또는 어긋나기하며 가죽질이고 자르면 계피냄새가 난다. 엽병은 길이 1~2㎝이며, 잎길이 12cm정도로서 난상 긴 타원형이고 끝이 길게 뾰족해지며 가장자리는 밋밋하고 털이 없으며 짙은 녹색으로 광택이 있고 뒷면은 담록색 또는 분백색이며 미세모가 있다. 밑부분에서 발달한 3개의 뚜렷한 맥이 있다.

🌼 꽃

꽃은 5~6월에 피며 연한 황록색이고 우상모양꽃차례가 새가지의 잎겨드랑이에서 자라꽃이 달리며 꽃받침은 짧은 통형이고 6개로 갈라져서 2줄로 배열되며 열편은 거의 비슷하고 긴 타원형이며 길이 3.5mm정도로서 짧은 털이 난다. 수술 3개씩 4줄로 배열되고 안쪽 줄의 것은 꽃밥이 없으며 암술은 1개이다. 우상모양꽃차례를 포함하여 꽃길이 3~5㎝에 이른다.

열매

열매는 장과로서 12월에 흑색으로 익으며 길이 1.5cm, 지름 8㎜정도의 타원형이고 1개의 종자가 들어 있다.

줄기

높이 8m이상 자라고 가지와 잎이 무성하며 1년생 가지는 녹색이고 잎과 더불어 털이나 껍질눈이 없다. 나무껍질은 회흑색으로 불규칙하게 벗겨진다.

뿌리

뿌리의 껍질이 맵고, 향기가 있다.

분포

제주도

생태

상록 활엽 교목으로 제주도에서 심어 기른다.

이용방안

맵고 향기가 있는 근피를 계피 대용품 또는 과자의 향료로 사용한다. 간피 및 지피, 약지(若枝), 유유(幼柔)한 과실, 방향유 등을 약용한다.

육박나무

잎

잎은 어긋나기하며 긴 타원형 또는 도란상 피침형이고 길이 7~10cm, 너비 2~4cm로서 둔두 예저이며 가장자리가 밋밋하고 표면은 짙은 녹색으로서 털이 없으며 윤채가 있고 뒷면은 회록색으로서 잔털이 밀생하며 7~10쌍의 깃모양 맥이 있고 엽병은 길이 0.8~1.5cm로서 어릴때 털이 약간 있다.

꽃

7월경에 잎겨드랑이에서 화경이 없는 우상모양꽃차례가 발달하며 밝은 비늘조각으로 싸여 있고 꽃은 이가화이며 총포조각은 황색으로서 꽃잎같고 화피가 뚜렷하지 않게 6개로 갈라지며 수꽃은 9개의 수술이 있고 그 중에서 안쪽 줄의 3

개는 선체(腺體)가 있다.

 ## 열매

열매는 장과로서 구형이며 지름 1cm로서 다음해 7~8월 붉게 성숙한다. 열매 자루는 길이 5~10mm로서 밀모가 있다.

 ## 줄기

높이가 15m에 달하고 나무껍질은 평활하며 연한 흑자색이고 둥글고 큰 비늘처럼 떨어져서 버즘나무, 모과나무의 수피 같이 되어 섬사람들은 해병대 나무라고 한다. 1년생 가지는 자갈색이며 좁은 껍질눈이 있고 털이 없다.

 ## 분포

남부 지방과 제주도

 ## 생태

상록활엽교목으로 남부 섬의 산기슭에서 자란다.

이용방안

방풍수, 기구재, 악기재, 정원수로도 쓰인다. 뿌리를 시피장근이라 하며 약용한다.

음나무

잎

잎은 어긋나기하고 둥글며 5~9개로 갈라지고 열편은 달걀형이고 첨두이며 심장
저로 손바닥모양의 맥은 길이와 폭이 각 10~30cm×10~30cm로 표면에 털이 없
으며, 가장자리에 톱니가 있으며 잎자루 길이는 10~30cm이다.

꽃

꽃은 몇 개의 우상모양꽃차례를 형성하며 암수한꽃으로 지름은 5mm로 황록색
이며, 포 길이는 1~2cm로 빨리 떨어지며, 꽃대 길이는 7~19mm이고, 꽃잎과 꽃
받침, 수술은 각각 5개로 8월 초에 개화한다.

열매

열매는 핵과로 거의 둥글며 길이와 폭이 각 4mm×6mm로 푸른 흑색이고, 종자는 반원형으로 2(3)개이고 편평하며 길이와 폭이 각 4~5mm×3mm이고 9월 말~10월 중순 성숙한다.

줄기

높이가 25m에 달하고 가지에 가시가 많다. 어려서 달렸던 가지는 오래되면서 떨어지며, 나무껍질은 회갈색으로 불규칙하게 세로로 갈라진다.

뿌리

근피를 해동피라 하여 약재로 이용한다.

분포

전국 각지에 분포한다.

생태

전국의 산에 자라는 낙엽 큰 키나무다.

이용방안

4월 초에 연하고 어린 순을 따서 식용한다. 초봄의 새싹을 개두릅나무라 하여 군기전에 채취하여 삶아서 식용으로 하고 있다. 음나무의 나무껍질과 근피는 한방에서 거담제로 쓰이는 약재이며 민간에서는 끓는물에 푹 삶아 그 물로 식혜를 만들어 마시면 신경통에 좋고 또 이 차는 강장, 해열에 효과적이며 요통, 신장병, 당뇨병, 피로회복 등에 좋다.

일본조팝나무

잎

잎은 어긋나기하고 피침형 또는 달걀모양이며 길이 1~8cm, 폭이 0.8~4cm로서 가장자리에 불규칙하고 예리한 톱니가 있거나 결각상의 톱니가 있고 밑부분이 원저 또는 예저이며 뒷면은 색이 연하거나 백색이고 양면 또는 뒷면에 털이 있으며 끝이 뾰족하고 엽병은 길이 1~5mm로서 털이 있거나 없다.

꽃

꽃은 6월경에 피며 지름 3~6mm로서 연한 분홍색이고 가지끝의 편평꽃차례에 모여 달린다. 꽃자루는 길이 0.4~0.6cm이고, 꽃 받침조각은 꽃자루와 더불어 털이 있거나 없으며 열편은 달걀모양이고 점차 뒤로 젖혀진다. 꽃잎은 5개이며 달갈모양 또는 원형 으로서 밑부분에 뾰족한 돌기가 있다. 수술은 꽃잎보다 훨씬 길고 많으며 꽃밥은 백색이고 밀선반 둘레에 꿀샘(蜜腺)이 있다.

열매

열매는 골돌로 5개이고 길이 2~3mm이며 털이 없고 8~9월에 성숙한다.

줄기

높이가 1m에 달하고 가지에 능각이 없으며 털이 있는 것도 있다.

분포

전국 각지에 분포한다.

생태

낙엽 활엽 관목으로 전국 각지에 관상용으로 식재한다.

이용방안

관상용, 생화용으로 재배한다.

자주조회풀

🍁 잎

잎은 3출복엽으로 광란형이며 예저이고 결각(缺刻) 모양의 거친 톱니가 있으며
잎자루는 길다.

🌼 꽃

꽃은 암수딴그루로 8월 초~9월 초에 피고 남청색이며 가지끝 또는 잎겨드랑이
에 나는 우상모양꽃차례에 빽빽하게 달리지만 모여 달리기 때문에 거의 두상으
로 보인다. 꽃받침조각은 4개로서 밑부분만이 합쳐져서 통형으로 되고 윗 부분
은 넓게 수평으로 퍼져서 아름다우며 뒤로 많이 말리며 가장자리에 주름이 진
다. 화피 길이는 28mm이고, 꽃은 아래로 처지지 않는다.

열매

열매는 9월 중순~10월 말에 익으며 많은 수과가 모여 달리고 암술대는 열매에
남아 있으며 길이 2cm이상으로서 긴 털이 밀생하며 우상(羽狀)으로 보인다.
수과는 잔털이 있으며 편타원형이다.

 줄기

가늘고 길다.

 분포

전국 각지에 분포한다.

생태

낙엽 활엽 관목으로 산 중턱의 전석지(轉石地) 및 숲속에 난다.

이용방안

뿌리를 치냉, 건위, 거담에 사용한다.

작살나무

잎

잎은 마주나기하며 거꿀달걀형, 긴 타원형이고 긴 점첨두, 예형이며 길이와 폭이 각 3~12cm×2.5~5cm로, 양면에 샘이 발달하였으며 표면에 짧은 털이 있고 뒷면에는 별모양 털이 밀생하며, 가장자리에 예리한 톱니가 있고 잎자루 길이는 5~10mm로 별모양 털이 밀생한다.

꽃

취산꽃차례로 잎겨드랑이에 달리며 폭 1.5~3cm로, 꽃은 8월에 피고 연한 보라색이며 꽃부리통은 길이 2~2.5mm로 겉에 잔털과 샘이 있고 4개의 수술과 1개의 암술이 있다.

🍒 열매

열매는 둥글며 지름 4~5㎜로 보라색으로 반짝이는 구슬 같고 10월에 보라색으로 익으며 여러개씩 뭉쳐서 액생한 채 오래도록 남아 있다.

🌳 줄기

줄기는 둥글며, 별모양 털이 있으나 점차 없어진다.

분포

전국 각지에 분포한다.

🌾 생태

전국의 산기슭에 자라는 낙엽 떨기나무이다.

💡 이용방안

가정 정원에는 자유로이 다른 화목과 혼식할 수 있으며 여러해살이풀로 화단의 배경화목 으로도 좋다. 열매가 달린 가지는 꽃꽂이 소재로 쓴다.

장구밥나무

🍁 잎

잎은 어긋나기하며 달걀형이고 점첨두, 아심장저로 아랫부분에서 3개의 큰 맥이 발달하고, 길이와 폭이 각 4~12cm×3~8cm로서 표면이 거칠고, 뒷면과 잎자루에 별모양 털이 있으며, 가장자리에 불규칙한 겹톱니가 있고 얕게 갈라진다.

✳ 꽃

꽃은 암수한꽃이고 지름 1cm로 연한 노란색이며 6월 말~8월 초에 개화하고, 취산꽃차례 또는 우상모양꽃차례로 5~8개씩 달리고, 꽃대 길이는 3~10mm이고, 꽃받침조각은 거꿀피침형이며 길이 7~8mm로 겉에 별모양 털이 있다.

🍒 열매

열매는 핵과로 장구통모양이며 노란색 또는 황적색으로 털이 없고, 종자는 지름 6~12mm로 9월 초~10월 말에 성숙한다.

🌳 줄기

줄기는 밑에서 여러 개가 올라오고 나무껍질은 황갈색으로 1년생 가지에 융털이 밀생한다.

분포

서해안 지역

🌾 생태

산기슭에 자라는 낙엽 떨기나무이다.

💡 이용방안

잎과 열매가 아름다워 관상용으로 이용되며 장구 같은 황색의 과육은 감미로와서 식용한다.

좀목형

🍁 **잎**

잎은 마주나기하며 5개 때로는 3개의 소엽으로 구성된 손바닥모양의 겹잎이다. 소엽은 피침형 또는 타원상 피침형이고 첨두 예형이며 길이 2~8cm로, 뒷면에 잔털과 샘이 발달하였고, 가장자리에 큰 톱니는 결각상을 이루며, 잎자루 길이는 30~40mm로, 줄기와 잎에 방향유가 발달한다.

🌼 **꽃**

꽃은 지름 7~10mm이고, 꽃잎은 도란상 원형이며 수술이 20개이고 암술대는 2~4개로서 밑부분이 합쳐진다.

열매

열매는 핵과로 둥글며 지름 2mm로 9월 중순~10월 초에 성숙한다.

줄기

밑에서부터 많은 줄기가 올라온다.

분포

경기도, 경상북도

생태

낙엽 활엽 관목. 낮은 산 계곡면의 양지 바른 절벽이나 바위틈에서 생육한다.

이용방안

정원수, 녹화용 소재로 이용하여도 좋다. 꽃은 꿀샘이 발달되어 좋은 밀원재료로 이용된다. 목형/좀목형의 과실은 모형자, 뿌리는 모형근, 줄기는 모형경, 잎은 모형엽, 줄기즙은 모형력이라 하며 약용한다.

좀참꽃

🍁 잎

잎은 모여나기하고 거꿀달걀모양, 거꿀피침모양이며 첨두, 예저이고 길이 5~8cm
로서 가장자리에 선상의 털이 밀생 하며 엽병이 거의 없다.

🌼 꽃

꽃은 지름 2cm정도로 홍색이고 새가지 끝에 1개씩 달리며 꽃대축에 샘털이 있
고 포가 달린다. 꽃받침조각은 둔두로서 샘털이 있으며 꽃부리는 5개로 갈라지
고 열편은 타원형이며 둔두 또는 미요두이고 6~7월에 개화한다. 수술은 10개이
고 수술대 기부에 털이 있으며 암술대는 털이 있고 수술보다 짧다.

 **열매**

열매는 삭과로 달걀모양이고 털이 있으며 10월에 성숙한다.

 줄기

줄기가 옆으로 누우며 원줄기에서 뿌리가 돋는다.

 **분포**

북부 지방

생태

상록 활엽 소관목이다. 고산시대 초지에서 자란다.

이용방안

관상용으로 이용한다.

좁은백산차

잎

잎은 어긋나기하고 긴 타원형 또는 피침형이며 둔두 또는 예두이고 둔저이며 길이 1~2cm, 폭 2~3mm로서 표면은 짙은 녹색이고 주름이 많지만 뒷면은 향기가 있으며 백산차와 달리 백색털이 없다. 가장자리가 뒤로 젖혀지고 엽병은 길이 1~5mm이다.

꽃

편평꽃차례는 전년지 끝에 달리며 꽃대축에 거친 털이 있고 지점이 밀생하며 꽃은 5~6월에 피고 지름 7~10mm로서 일찍 떨어진다. 꽃받침열편과 꽃잎은 각각 5

개이고 수술은 10개로서 꽃잎보다 짧거나 길다.

열매

열매는 긴 타원형이고 길이 3.5~4mm로서 암술대가 달려 있으며 9월에 익는다.

줄기

높이 15~70cm이며 1년생 가지에 다갈색 밀모가 있다.

뿌리

뿌리에서 맹아가 많이 나온다.

분포

북부 지방

생태

높은 산의 풀밭에 자라는 상록 떨기나무이다.

종덩굴

잎

잎은 마주나기하고 5~7개의 소엽으로된 우상복엽이며 정엽이 덩굴손으로 변하는 것도 있다. 소엽은 달걀모양 또는 난상 타원형으로 길이 3~6cm이고 끝이 뾰족하며 뒷면에 잔털이 약간 있고 가장자리는 밋밋하나 2~3개로 갈라지는 것도 있다.

꽃

꽃은 여름에 암자색으로 피고 종형으로 밑으로 처지며 잎겨드랑이에 1개씩 달리고 꽃대에 2개의 포가 있다. 화피편은 4개로 두껍고 끝이 뒤로 젖혀지며 외면에 털이 없다.

 **열매**

과실은 수과로 편평한 타원형이며 암술대에는 갈색의 털이 우상으로 난다.

 줄기

1년생 가지에 털이 약간 있다.

 분포

중부 이북

 생태

숲 속에 자라는 낙엽 덩굴나무이다.

 **이용방안**

어린잎은 식용한다.

죽절초

잎

잎은 마주나기로 긴 타원형 또는 넓은 바소꼴로 길이 10~15cm, 나비 4~6cm이며 끝이 뾰족하고 치아모양톱니가 있으며 표면은 광택이 있고 뒷면은 황록색이며 잎자루는 5~20mm이다.

꽃

양성꽃으로 6~7월에 피고 연한 황록색이며 가지끝에서 나는 이삭꽃차례에 달리며 포는 끝까지 남아 있다. 꽃잎과 꽃받침이 없으며 수술과 암술이 1개씩 있고 씨방 달걀모양이며 연한 녹색으로 수술은 씨방 어깨에서 수평으로 퍼진다.

🍒 열매

과실은 핵과로, 육질은 둥글며 5~6개 또는 10여개씩 이삭꽃차례로 달리고, 붉은색으로 11~12월에 성숙한다.

🌳 줄기

높이 1m에 이르며 줄기는 녹색이며 마디가 두드러진다.

🗺 분포

제주도

🌱 생태

상록수림에 자라는 상록 떨기나무이다.

💡 이용방안

관상용으로 심는다.

참싸리

잎

잎은 3출엽이며 원형, 타원형이고 끝이 대개 오목형으로 원두이며 밑부분이 원저이고, 뒷면은 잔털이 있고 잎자루는 짧으며 털이 있다.

꽃

총상이지만(싸리나무는 긴 총상꽃차례) 짧기 때문에 머리모양꽃차례로 보이고, 꽃대축에 밀모가 있으며, 꽃은 7~9월에 잎겨드랑이에서 피기 시작하여 서리가 내리기 직전까지 계속하여 홍자색으로 개화한다.

열매

협과는 길이 8mm로 달걀형으로, 털이 있으며 10월에 성숙한다.

 줄기

가지가 많이 갈라져서 원형으로 되며 노목의 가지는 밑으로 처지고 1년생 가지에 능선과 더불어 희고 짧은 털이 있다.

분포

전국 각지에 분포한다.

생태

낙엽 활엽 관목. 양지나 음지에서도 잘 자라며 공해등에도 강해서 도시 식재가 가능하다.

이용방안

관상용이나 사방지나 척악임지, 절개지에 식재한다. 양봉가들에게 밀원식물로 가치가 높다.

치자나무

잎

잎은 어긋나기하며 잎자루가 짧고 긴 타원형이며 길이 3~15cm로, 표면에 윤채가 있고 가장자리에 톱니가 없다.

꽃

유백색의 꽃이피며 독특한 향기를 풍기는 매력있는 화목이다. 원예종에는 겹꽃이 있어 더욱 화려하지만 결실하지 않는다. 꽃은 6~7월에 피며 꽃받침은 능각이 있고 끝이 6~7개로 갈라지며 열편은 가늘고 길다. 꽃부리는 백색이며 열편은 6~7개로서 긴 거꿀달걀모양이고 둔두이며 수술은 6~7개이고 후부에 달린다.

🍒 열매

열매는 꽃받침과 더불어 길이 3.5㎝로서 긴타원모양이며 세로로 6~7개의 능각이 있다. 열매가 달리는 것은 홑겹 치자이며 9월에 주황색으로 익으며 황금색 염료를 갖는다.

🌱 줄기

1년생 가지는 어릴 때 먼지 같은 털이 있다.

분포

남부 지방

🌾 생태

상록 활엽 관목으로 민가에서 심어 기른다.

💡 이용방안

치자 열매는 식품 염료로도 귀중하다. 꽃은 향기로와 화전이나 생식도 하며 데쳐서 샐러드에도 쓸 수 있다. 또 이 향기에서 향료를 뽑는다. 치자나무/꽃치자의 과실은 치자, 뿌리는 치자화근, 잎은 치자엽, 꽃은 치자화라 하 며 약용한다.

털조록싸리

잎

잎 앞·뒷면에 모두 털이 있고 조록싸리보다 잎이 더 길다. 잎은 긴 타원형 또는 달걀형으로 3개의 작은 잎으로 이루어져 있다.

꽃

꽃은 액생 또는 정생하는 7~10cm 정도의 총상꽃차례에 연한 자주색으로 달리고 6~7월에 개화한다. 꽃차례에 개출모가 있으며 꽃받침은 4개로 갈라진다.

열매

열매는 10월에 성숙한 가지와 꽃차례는 물론 잎 앞뒷면에 모두 털이 있으며, 조록싸리보다 잎이 더 길다.

 줄기

높이는 2m정도 자라며 원줄기가 곧으며 가지가 그리 갈라지지 않으며 겨울 동안에도 말라 죽지 않는다.

분포

전라도, 경상도, 충청도, 강원도 및 함경도

생태

낙엽관목으로 해안가의 산록에 분포한다.

 이용방안

황폐지의 사방조림용으로 식재하거나 밀원식물로 가치가 높다. 도로변이나 경관이 좋지않은 곳에 차폐용 생울타리 소재로 적합하다. 또 잎은 사료용, 나무껍질은 섬유용, 나무는 싸리비용 또는 울타리용으로 이용된다.

수목 편

풀산딸나무

잎

잎은 줄기 끝에 1쌍이 있으며 그 잎겨드랑이에 1쌍의 잎이 나오고 엽병이 거의 없으며 좁은 거꿀달걀모양 또는 능형 비슷한 타원형이고 예두 예저이며 길이 3~6cm, 나비 1~2.5cm로서 양면 또는 표면에 복모가 약간 있거나 털이 거의 없고 기부에서 2~3쌍의 잎맥이 발달한다.

꽃

꽃은 흰색으로 잎겨드랑이에서 나온 꽃대축 끝에 산형의 취산꽃차례로 달리고 화경은 길이 1.5~3cm로서 곧게 서며, 총포는 4장으로 넓은 달걀모양이고 예두이며 길이 7~10mm로서 5~7맥이 있으며 10~25개의 백색 꽃이 달리고 짧은 화경이 있다. 꽃잎은 뒤로 젖혀지며 길이 1.5mm로서 피침형 또는 삼각형이다.

열매

열매는 핵과로 둥글며 지름 5~6mm로서 적색으로 익고 복모가 약간 있으며 종자는 긴 타원형으로서 약간 얇은 홈이 있다.

줄기

높이 5~15cm이다.

뿌리

근경은 길게 옆으로 자라며 네모가 지고 털이 없거나 복모가 드문드문 있다.

분포

북부 지방

생태

높은 산 숲 속에 자라는 상록 떨기나무이다.

이용방안

관상용으로 심는다.

합다리나무

잎

잎은 어긋나기하고 홀수깃모양겹잎이며 소엽은 가죽질이고 9~15장이며 엽병이 짧고 난상 타원형 또는 피침상 타원 형이이며 점첨두 예저이고 길이 5~10cm, 나비 2~3.5cm로서 양면 특히 뒷면 맥 위에 털이 많고 끝이 거의 까락같은 낮은 톱니가 드문드문 있다. 엽축에 털이 있다.

꽃

꽃은 정생하는 원뿔모양꽃차례에 달리며 각 분지에 꽃이 총상으로 달리고 꽃은 6월에 피며 백색이고 화경이 짧다. 꽃 잎은 꽃받침보다 3배 정도 길며 둥글고 씨방에 밀모가 있다. 꽃받침은 4개, 대형 꽃잎은 3개이다.

열매

열매는 핵과로 둥글고 지름 7mm이며 9~10월에 붉게 성숙한다.

 줄기

높이가 10m에 달하고 가지는 굵으며 1년생 가지는 황갈색으로 털이 있다.

분포

중부 이남

생태

바닷가 산기슭 양지바른 곳에 자라는 큰키나무이다.

이용방안

목재는 세공재로 사용한다. 어린 순은 식용한다.

헛개나무

잎

잎은 어긋나기하고 넓은 달걀형이며 점첨두이고 일그러진 아심장저 또는 원저,
로 아랫부분에서 3개의 큰 맥이 발달 하였고, 길이와 폭이 각 8~15cm x6~12cm
로, 가장자리에 둔한 톱니가 있다.

꽃

취산꽃차례로 지름 4~6cm이고, 꽃은 양성으로 5수성이고 지름 7mm로 7월 말
개화하며 녹색이고 꽃받침조각은 달걀형으로 꽃잎이 비틀리며 밑부분이 뾰족
하고 꽃대는 짧고 열매가 달리면 굵어진다.

열매

열매는 둥글고 갈색이 돌고 지름 8mm로 3실에 각각 1개의 종자가 들어 있으며, 종자는 편평하고 열매자루는 불규칙하게 울퉁불퉁 살이찌며, 10월에 성숙한다.

줄기

높이 10m, 지름 30~40cm에 이르며 나무껍질은 검은 갈색이다.

분포

전국 각지에 분포한다.

생태

산 중턱 숲 속에 자라는 낙엽 큰키나무이다.

이용방안

열매자루는 달기 때문에 식용으로 하고 과주를 담그기도 하며 약용으로 주독을 제거하는데 쓰이므로 경제성이 있는 나무이다. 다육성의 과병이 붙은 과실이나 종자는 지구자, 뿌리는 지구근, 나무껍질은 지구목피, 수간중의 액즙은 지구목즙, 잎은 지구엽이라 하며 약용한다.

수 록 편

협죽도

잎

잎은 돌려나기하고 선형이며 두껍고 길이 7~15cm, 나비 8~20㎜로 가장자리는 밋밋하며 양면에 털이 없고 길쭉하다.

꽃

꽃은 7~8월에 피고 지름 4~5cm로서 흔히 적색이지만 백색도 있으며 가지 끝에 취산꽃차례로 달리고 꽃자루가 있다. 꽃받침은 5개로 깊게 갈라지며 꽃잎은 윗부분이 5개로 갈라져서 수평으로 퍼지고 후부에 실같은 부속체가 있다. 수술은 5개로서 화통(花筒)에 달리며 꽃밥 끝에 털이 달린 실같은 부속체가 있다.

🍒 열매

골돌과로서 선형이고 길이 10cm 정도이며, 그 안에는 연한 갈색털이 밀생한 종자가 들어 있다.

🌳 줄기

높이가 3m에 달하고 가지는 적갈색이며 털이 있다.

🗺 분포

제주도 및 남부 지방

🌾 생태

인도 원산으로 우리나라 남부지방에서 관상용으로 심어 기르는 상록 떨기나무이다.

💡 이용방안

남쪽지방의 공원수나 가로수 등의 관상용으로 식재한다. 잎 또는 나무껍질을 협죽도라 하며 약용한다.

회목나무

🍁 잎

잎은 마주나기하며, 긴 달걀형 또는 달걀형의 타원형이고, 점첨두 또는 첨두, 예형이며 길이 3~6cm로, 뒷면에 잔 털이 산생하고, 가장자리에 잔톱니가 있으며, 잎자루는 매우 짧으며 털이 있다.

🌼 꽃

취산꽃차례는 잎겨드랑이에 달리고 1~3개의 꽃이 잎 표면의 주맥 위에 달린 것처럼 보이고, 꽃은 적갈색으로 6~7월에 피고, 4수성이며 꽃대는 2cm이다.

열매

열매는 둥글고 지름이 8mm로 4개의 능각이 있으며, 붉은색이고 종자는 붉은 색 종의로 싸여 있는 검은색이고 9~10월에 성숙한다.

줄기

줄기가 가늘게 올라오고 모가 나 있으며, 털이 없고 사마귀 같은 돌기가 있고 나무껍질은 녹색으로 검은 껍질눈이 돌출되어 있고 동아는 가늘며 길다.

분포

전국 각지에 분포한다.

생태

전국의 높은 산에 드물게 자라는 떨기나무이다.

이용방안

관상용으로 이용하거나 생울타리 소재로 이용한다.

회화나무

잎

잎은 어긋나기하며 홀수 깃모양겹잎이며, 소엽은 7~17개씩이며 달걀형, 또는 달 걀형의 피침형, 예두, 원저이고, 길이와 폭이 각 2.5~6cm×15~25mm로, 흔히 소 턱잎이 있으며, 뒷면은 회색의 잔복모가 있으며 잎자루는 짧고 털이 있다.

꽃

꽃은 8월에 피며, 원뿔모양꽃차례로 가지 끝에 달리고 길이 15~30cm이고, 꽃 길 이는 12~15mm로 황백색이며 꽃받침 길이는 3~4mm이고, 복모가 있다.

열매

협과는 염주형으로 길이는 5~8cm이며 잘룩잘룩하고 아래로 드리우고, 약간 육질이며 안에 물기를 함유하고 종자 사이 열매 부분은 축소되어 좁아진다. 종자는 1~4개이고 갈색을 띠며 10월에 성숙한다.

 ## 줄기

줄기는 바로서서 굵은 가지를 내고 큰 수관을 만들며, 나무껍질은 회암갈색이고 세로로 갈라진다. 1년생 가지는 녹색을 띠며 겨울 눈은 대단히 작고 청자색의 밀모가 나있다.

 ## 분포

전국 각지에 분포한다.

 ## 생태

공원이나 길가에 심어 기르는 낙엽 큰키나무이다.

이용방안

좋은 녹음수, 정자 나무이며 내한성과 내공해성이 강하여 공원이나 가로수로 적당하고 병충해가 적은 편이며 수형이 아름다워 정원수로 훌륭하다. 목재는 건축재, 가구재로 쓰인다. 꽃 및 꽃봉오리는 괴화, 약지는 괴지, 근피 및 나무껍질은 괴백피, 잎은 괴엽, 과실은 괴각, 수지는 괴교라 하며 약용한다.

후피향나무

잎

잎은 어긋나기하지만 가지 끝에서는 모여나기하고 가죽질이며 거꿀피침모양, 피침형 또는 도란상 긴 타원형이고 둔 두 예저이며 길이 3~7cm, 나비 1.5~2.5cm로서 양면에 털이 없고 표면은 짙은 녹색이며 윤채가 있고 뒷면은 황록색이며 가장자리에 톱니가 없고 엽병은 길이 2~8mm로서 붉은빛이 돈다. 낙엽 직전의 잎은 영양관계로 진홍색이 되는 경우도 있다.

꽃

꽃은 양성으로서 7월에 피며 지름 2cm정도이고 황백색이며 잎겨드랑이에서 밑으로 처지고 꽃받침조각은 난상원형이며 길이 3~4mm이고 꽃잎은 거꿀달걀모양으로서 길이 5~8mm이며 각각 5개이다. 수술은 많으며 씨방은 구상 달걀모양으로서 털이 없고 2실이며 2개의 암술머리가 있다.

 열매

열매는 둥글고 길이 1.2~1.5cm로서 10월에 익으며 과피는 적색이고 상반부가 불규칙하게 갈라지며 홍색 종자가 5개씩 들어 있다.

줄기

가지는 돌려나기하며 굵다. 나무껍질은 붉은 갈색이나고, 1년생 가지는 녹갈색이며 털이 없다.

분포

전라남도, 제주도

생태

산기슭에서 자라는 상록 큰키나무이다.

이용방안

나무껍질은 다갈색 염료로 사용된다. 목재는 가구재나 기구재로 쓰인다. 상록성의 윤기나는 잎과 수형이 아름 다워 남부지방에서 정원수나 공원수로 적합하며 화분에 심어 관엽식물로 활용한다.

여름에 피는 꽃

초판 1쇄 인쇄 2016년 07월 10일
초판 1쇄 발행 2016년 07월 20일

엮은이 국립생물자원관(현진오·나혜련·이병윤)
펴낸이 이범만
발행처 **21세기사**
등 록 제406-00015호
주 소 경기도 파주시 산남로 72-16 (10882)
전화 031)942-7861 팩스 031)942-7864
홈페이지 www.21cbook.co.kr
e-mail 21cbook@naver.com
ISBN 978-89-8468-683-0